军事科学研究十二五计划课题(11QJ003-014)成果
气象水文预先研究项目(407010602)
全球变化与海气相互作用国家专项
资助

气候变化与国家海洋战略
——影响与风险评估

张　韧　葛珊珊　洪　梅　李　倩　等著

内容简介

本书针对气候变化及其海洋环境变异响应以及由此产生的对我国海洋战略和国家安全的不良影响和隐患，引入风险分析理论，采用机理分析与统计分析、定性描述与定量刻画相结合的途径，开展了气候变化对我国海洋战略与国家安全的影响分析、风险评估和对策研究，构建了气候变化风险评价体系和风险评估模型，并进行了相应的实验风险评估和区划，旨在为国家和军队应对和防范重大气候事件与极端气候灾害提供科学依据、政策咨询和决策支持。

本书可供政府机关和气象、海洋、环境保护、资源规划等部门的科研、业务人员参考，也可作为大气、海洋、地理、资源等学科的本科生、研究生和教师的参考用书。

图书在版编目(CIP)数据

气候变化与国家海洋战略：影响与风险评估/张韧等著．—北京：气象出版社，2014.1

ISBN 978-7-5029-5877-0

Ⅰ．①气…　Ⅱ．①张…　Ⅲ．①气候变化-影响-海洋战略-研究-中国　Ⅳ．①P74

中国版本图书馆 CIP 数据核字(2014)第 005741 号

出版发行：气象出版社
地　　址：北京市海淀区中关村南大街 46 号　　邮政编码：100081
总 编 室：010-68407112　　发 行 部：010-68406961
网　　址：http://www.cmp.cma.gov.cn　　E-mail：qxcbs@cma.gov.cn
责任编辑：张盼娟　　终　　审：章澄昌
封面设计：博雅思企划　　责任技编：吴庭芳
印　　刷：北京中新伟业印刷有限公司
开　　本：787 mm×1092 mm　1/16　　印　　张：14.25
字　　数：356 千字　　彩　　插：2
版　　次：2014 年 1 月第 1 版　　印　　次：2014 年 1 月第 1 次印刷
定　　价：45.00 元

《气候变化与国家海洋战略——影响与风险评估》编委会

主　编：张　韧

副主编：葛珊珊　洪　梅　李　倩

编　委：

彭　鹏　黎　鑫　陈　聪　李相森

周　华　钱龙霞　孙绍华　杨理智

王辉赞　刘淑萍　王爱娟　宋晨烨

张永垂　卢　扬　刘科峰　安玉柱

前　言

近年来，随着人类活动与全球工业化进程的加剧，自然环境不断恶化，全球气候变化凸显，特大暴雨、高温干旱、超强台风、低温雨雪等极端天气事件频发。气候变化导致的水资源短缺、海平面上升、土地荒漠化、径流枯竭、粮食减产等已对社会、经济和人类生存环境产生了日益严重的威胁，同时也给国家安全带来了隐患和风险。

联合国政府间气候变化专门委员会（IPCC）是由世界气象组织（WMO）和联合国环境规划署（UNEP）于1988年联合成立的政府间机构。IPCC自成立以来，已于1990年、1995年、2001年和2007年发布了四次综合评估报告。在最近一次评估报告（IPCC-4，2007年）中指出，气候变暖毋庸置疑，目前从全球平均气温和海洋温度升高、大范围积雪和冰川融化、全球平均海平面逐渐上升的观测中可以看出，气候系统的变暖效应十分明显，且有继续增强的趋势。

气候变化不仅影响人类生产、生活和社会、经济发展，同时也对国家利益和国防安全构成潜在风险，具体表现在如下方面：

（1）气候变化导致的土地退化、粮食减产、冰川融化、径流枯竭等事件可能加剧周边国家的水资源争夺、恐怖活动和民族极端势力滋生等地区性的不稳定因素和边境冲突危险；

（2）气候变化导致的海平面上升、岛屿航道格局变迁、海洋气象水文和海洋地理状况的变异，将引发新的领海主权争端，对海洋权益、海洋资源和海洋战略通道安全产生威胁；

（3）气候变化所导致的沙尘天气加剧、净空条件恶化、冻土地带融沉、港口航道淤积等事件将会严重影响军事基地、军事设施、国防工程的布局规划以及军事人员的生存、生活环境；

（4）气候变化导致的洪涝灾害、高温干旱、热带风暴等极端天气事件将会使其对武器装备效能和应急作战、抢险救灾等军事行动的影响更加复杂化、多样化。

我国对气候变化问题极为关注，中国政府代表团参加了哥本哈根和德班全球气候谈判，并庄严地作出了温室气体减排承诺；在我国“十二五”规划中也将气候问题列为重大基本国策，学术界围绕着气候变化问题开展了深入的研究探讨。

我国地处亚洲大陆东部，东临太平洋、南濒南海—印度洋、西接青藏高原、北连蒙古高原，穿越热带、亚热带、温带、寒带等多个气候带，地理跨度大、气候形态复杂；此外我国也是一个海洋大国，拥有18000多千米的海岸线、6500多个岛屿、300万平方千米的海洋国土。因此，我国也是受气候变化影响最显著、敏感、脆弱和响应形态多样化的国家之一。开展气候变化对我国海洋战略与国家安全的风险评估研究，对于防范和应对气候变化的影响和威胁，科学规划和制定我国的海洋战略与国家安全策略，具有重要意义。

近年来，作者在中国军事科学研究十二五计划课题（11QJ003-014）、气象水文预先研究项目（407010602）以及全球变化与海气相互作用国家专项等相关科研项目的资助下，组织开展了气候变化对我国海洋战略与国防安全的影响评估与风险分析研究，着重关注气候变化不确定、资料不充分、信息不完备条件下的风险指标体系构建和评估建模技术研究，本书即是上述研究成果的总结和汇报。

感谢气象出版社为本书出版提供了平台；感谢解放军理工大学气象海洋学院领导、同事的关心、支持，感谢诸多研究生付出的辛勤工作和努力(由于篇幅所限，在作者姓名中难以一一列出)。

书中参考引用了大量国内外相关的研究成果，在此对所引文献作者表示感谢。

本书第 1 章由张韧、李倩、洪梅撰写；第 2 章由钱龙霞、李倩撰写；第 3 章由孙韶华、杨理智、宋晨烨、王辉赞、张永垂撰写；第 4 章由陈聪、李相森、周华、刘淑萍、王爱娟撰写；第 5 章由张韧、葛珊珊、李倩撰写；第 6 章由张韧、葛珊珊、李倩、洪梅、彭鹏撰写；第 7 章由李倩、洪梅、葛珊珊、彭鹏、黎鑫撰写；附录部分由洪梅、黎鑫、卢扬、刘科峰、安玉柱编写。全书由张韧统一校对和定稿。

鉴于作者从事本领域的研究时间不长、工作积累不足、知识水平和认识能力有限，书中定有不当和缪误之处，敬请读者批评指正。

张韧

2013 年 7 月

目 录

第1章 引 论

1.1 气候变化研究的意义

1.1.1 气候变化研究的紧迫性

近年来，随着超强台风、高温、热浪、暴雨洪灾等极端天气气候事件的频发和危害加剧，气候变化已成为政府部门、科研教育、公众媒体以及相关行业和社会各界共同关注的问题。根据IPCC(政府间气候变化专门委员会)第四次评估报告，由人类活动引起的全球气候变暖毋庸置疑。近百年来(1906—2005年)全球平均地面温度上升了0.74℃，预计到21世纪末，全球平均地面温度(与1980—1999年相比)可能会升高1.1～6.4℃。随着全球变暖的持续发展，未来高温、热浪和强降水的频率，以及热带气旋的强度可能进一步增加。到21世纪末，全球平均海平面将上升0.18～0.59 m，格陵兰冰盖退缩将导致2100年后海平面继续上升。由此，将引起更为普遍的气候灾害：高温和暴雨天气将危及世界更多的地区，导致森林火灾和疫病蔓延；一些地区饱受洪涝灾害，而另一些地区则在干旱中煎熬，面临农作物减产、水质下降、土地荒漠化、径流枯竭等生存困境；受海平面上升影响，海岸带将面临海岸侵蚀、生态退化、海洋灾害肆虐的风险，沿海低洼陆地和低海拔岛屿将面临被淹没的风险。根据联合国《2007/2008年人类发展报告》，气候变化正以空前的规模威胁人类发展，尤其对发展中国家的影响最大，它使若干发展中国家的千百万人口面临缺水、缺食物和营养、生态遭到破坏的恶性循环。由此推测，未来国际社会局势能否维持安全稳定，令人担忧；一些国家的政治、经济、安全战略也将面临严峻考验。美国国家安全智库专家曾在向政府递交的一份绝密报告中指出：全球气候变化对人类构成的威胁将胜过恐怖主义，因气候变暖、海平面上升，将使人类赖以生存的土地和资源锐减，并因此引发大规模的饥荒、骚乱、冲突甚至战争，届时地球将陷入无政府主义状态，成百上千万人将在战争和自然灾害中死亡。该报告警示：气候变暖将摧毁我们。

我国是受气候变化影响最为严重的国家之一。近百年来，我国的年平均气温上升了0.5～0.8℃；近50年来，我国沿海海平面年平均上升速率为2.5 mm，均高于全球同期的平均水平。相关研究表明：气候变化已给我国农业、水资源、海岸带生态系统、海洋资源以及社会经济带来严重影响。胡锦涛主席在中央政治局会议上多次强调：妥善应对气候变化，事关中国经济社会发展全局和人民群众切身利益，事关国家根本利益。无论从科学研究角度还是政府决策层面，气候变化都是我国目前面临的重大挑战和不可回避的紧迫问题。

1.1.2 中国海洋安全的严峻性

海洋是人类文明从远古走向近现代的摇篮，人类居住的地球表面70%以上被海水覆盖。

“百川东到海，何时复西归”，古人对海洋的神秘和浩渺充满了美妙遐想。进入21世纪，随着世界人口增加、人类生存环境的恶化、陆地资源的消耗和海洋开发技术的进步，人们越来越深刻地认识到，海洋不仅仅是巨大的资源宝库，而且是人类生存与发展不可或缺的空间环境，海洋已成为人类拓展生存空间和争夺经济制高点的希望所在。21世纪是海洋世纪，已经成为全球的共识。沿海国家纷纷加强对海洋的研究、开发和保护，从而极大地带动了经济的腾飞。

我国是一个海洋大国，拥有18000多千米的海岸线、6500多个岛屿、300万平方千米的海洋国土。历史上我们开辟了沟通东西方文明的海上丝绸之路，创造了郑和七下西洋的航海壮举；然而近代以来上百次的外敌入侵同样也是来自海上。正如郑和所言：“欲国家富强，不可置海洋于不顾，财富取自海洋，危险亦来自海上。”新中国的成立，结束了我国有海无防的历史，而海洋权益争端却日益凸显：东海方面，日本频频动作，加强对钓鱼岛的“主权控制”，谋求对钓鱼岛的“国有化、合法化”；南海方面，近年来越南、菲律宾、马来西亚等周边国家不断蚕食和侵占我国南沙群岛的诸多岛礁，从舆论造势、外交试探再到驱逐中国渔船，实际控制周边海域。此外，随着经济的快速发展，我国对外贸易的依存度越来越高，而海运重点区域南海、印度洋，尤其是我国海上石油生命线的马六甲海峡，一直弥漫着海盗与恐怖活动阴影，我国能源战略通道安全令人担忧。

随着传统的陆地经济、陆地资源向海洋经济、海洋资源的拓展和延伸，海洋权益、海洋国防和海洋国土意识逐渐被认同和强化，中华民族要实现从海洋大国向海洋强国的转变，必须摒弃传统的重陆轻海观念，关注海洋、利用海洋、经略海洋。中山先生有言：“世界大势变迁，国家之盛衰强弱，常在海而不在陆，其海上权力优胜者，其国力常占优胜。”

海洋对气候变化的影响敏感，南北极冰雪融化与海平面上升以及海上极端天气的变异必将对海洋地理、海洋水文和海洋气象等环境因素产生重大的影响，进而使得海洋生态、海洋资源、航运通道、能源安全和海洋权益面临不确定和潜在的风险。因此，气候变化与国家海洋战略和海上国防安全之间有着密切的关联，气候变化已对中国海洋战略和海洋安全构成了无法回避的、严峻的挑战。开展气候变化对海洋战略与海洋国防安全的影响与对策研究，是事关国家战略发展前瞻性的重大课题。

1.1.3 气候变化与海洋战略风险的关联性

海洋资源、海洋环境与气候系统密切相关，海上交通、海洋开发、海洋科考以及海上军事行动等无不受气象、水文条件的影响和制约。在全球气候变化趋势下，海洋气象、水文环境发生变异：海水酸化将影响海洋生物、渔业资源分布；台风、风暴潮等灾害的加剧将严重危及沿海地区的生产、生活及海上运输通道安全；海平面上升将使沿岸低地和部分岛屿面临被淹没的风险，进而引发更加激烈的主权争议和领海争端。因此，在制定和实施海洋开发、海洋管理、海洋权益捍卫等海洋战略时，必须将气候变化作为重要因素加以考虑。英国政府在2010年2月发布的《英国海洋科学战略》报告中，将应对气候变化列为未来15年英国海洋科学研究的三大重点之一，并成立专门委员会负责推进实施。澳大利亚智库在对澳大利亚海洋管理提出的建议中，也明确强调要重点关注气候变化给海洋带来的威胁，并将处理气候变化、海平面上升、海洋污染、海水酸化等事务的相关援助纳入国家援助计划的重点项目当中。可见，站在国家利益的高度，开展气候变化对国家海洋战略的影响研究，已成为捍卫我国海洋权益，保障我国海洋疆域和能源、经济安全的迫切需要。

气候变化属于自然科学研究范畴,而国家海洋战略属于社会科学范畴,要想建立两者之间的联系,需要找到一个恰当的“桥梁”。“风险”一词的提出,最早是在经济学领域,后被引入自然灾害研究之中,致险因子、承险体大多既含自然属性,又具有社会属性,所以说,风险本身就是一个具有自然和社会双重属性的概念。因此,将“风险”作为联系气候变化和国家海洋战略的“桥梁”,具有合理性和可行性。另一方面,要想准确把握气候变化给海洋战略带来的机遇和挑战,需要进行充分论证和科学决策,而科学决策的前提就是定量评估气候变化产生的影响。目前,学术界对气候变化及其影响的认识还有许多不确定性,对气候变化及其影响的评估尚存在很多的困难。风险分析是一种广泛应用于自然灾害、环境科学、经济学、社会学等领域的一种分析方法,它提供了一种对具有不确定性的复杂巨系统进行定量评估的思路和方法。因此,基于风险分析的理论和方法,开展气候变化对国家海洋战略的影响分析和评估,旨在为科学把握和洞悉气候变化的可能影响、防范和应对气候变化对我国海洋战略的潜在威胁提供科学咨询和决策支持。

1.2 国内外研究现状

1.2.1 应对气候变化研究

1.2.1.1 气候变化研究计划

1979 年,世界气候大会在日内瓦召开,会议制定了世界气候研究计划(WCRP),揭开了全球气候和气候变化研究的序幕。1988 年 11 月,世界气象组织和联合国环境规划署联合成立政府间气候变化专门委员会(IPCC),其主要任务是对气候变化科学知识的现状,气候变化对社会、经济的潜在影响以及适应和减缓气候变化的可能对策与景象提供咨询和评估。该委员会自成立以来,已先后于 1990 年、1995 年、2001 年和 2007 年发表了 4 次综合评估报告。其中最近一次报告将国际社会对气候变化问题的关注提升到了前所未有的高度。继 2009 年世界各国就全球气候变化达成《哥本哈根协议》之后,经过漫长的争论和利益各方平衡,于 2010 年底在墨西哥坎昆举行的《联合国气候变化框架公约》第 16 次缔约方会议上再次达成了《坎昆协议》,取得了许多有意义的控制和应对气候变化的进展。此外,美国也推出了庞大的国家全球变化研究计划(USGCRP),并在总统科学顾问和国家科学技术委员会主持下,组织科学队伍于 1997 年开始进行国家评估,评估报告于 2001 年向全世界公开,受到有关国际机构和各国科学界的关注。2008 年,由美国气候变化科学计划(CCSP)组织撰写的《美国全球变化影响科学评估报告》发布,该报告分析了全球变化的当前状况,预测了未来的主要趋势,评估了全球变化对自然环境、农业、水资源、社会系统、能源生产与使用、交通运输以及人类健康的影响,是一部非常全面的有关全球气候变化对美国影响的评估报告。

英国环境部 20 世纪 90 年代设立了一系列全球气候变化课题,主要研究内容为预测未来几十年内全球气候的可能变化及其影响和对策。法国也发起了“气候变化的影响与管理”计划。日本的全球变化研究优先项目、芬兰的国家全球变化和气候变化研究计划包含了气候变化对生态系统的影响、气候变化的适应与减缓对策等。此外，荷兰、瑞典、瑞士、澳大利亚和俄罗斯等国也发起了国家气候变化研究计划、气候变化对本国生态环境和社会经济的影响及其对策研究，并将其列入各国重点关注与资助的重要领域(许小峰 等,2006)。

我国于1987年成立中国国家气候委员会，同时分别成立了与世界气候计划相对应的气候研究、气候应用、气候影响和气候资料等分会。1990年2月，中国国家气候变化协调小组正式成立，下设科学评价、影响评价、对策和国际公约4个小组。从此拉开了中国气候变化研究的序幕。同时，我国学者积极参与国际气候变化研究，自1988年IPCC成立以来，共有100多位中国科学家参加了其评估报告和特别报告的编写和评审，在第四次评估报告编写过程中，共有30位中国科学家担任主要作者和评审专家。自20世纪90年代以来，通过实施“全球气候变化预测影响和对策研究”、“全球气候变化和环境政策研究”等攻关项目和“中国气候变化研究”等科学合作计划，构建了多种气候评估模式，开展了气候变化对农业、水资源、能源、海岸带、森林、草原、人居设施和人体健康等方面的影响评估(丁一汇,2008;游松财,2002;秦大河 等,2005;蔡锋 等,2008;陈宜瑜 等,2005)。另外，在气候变化的社会经济影响研究中，通过对国外方法和模型进行调整和分析，开发了适合我国国情的方法和模型，并取得初步结果(吕学都,2003)。自2007年起，我国正式公布《气候变化国家评估报告》，全面总结了中国气候变化科学研究成果，为制定国民经济和社会长期发展战略提供科学决策依据。

1.2.1.2 气候变化影响的战略认知

近年来，全球气候变化问题引起了各国政府和决策部门的高度重视，气候变化已远远超出一般意义的气候和环境问题，而被提到国家安全的战略层面上。早在2003年，美国国防部就向布什政府提交了一份题为《气候突变的情景及其对美国国家安全的意义》的秘密报告。2007年4月，美国海军分析中心军事咨询委员会再次发布《国家安全与气候变化威胁》报告，从军事角度评估了未来30到40年气候变化对美国国家安全的潜在威胁，强调美国军方应立即采取措施应对气候变化，该报告在国际社会中引起了强烈反响。2010年，美国国家安全中心发布了题为《开拓视野:气候变化与美国武装力量》的报告，认为气候变化与当前的政治、文化和经济发展相互作用，将对美国的全球利益产生至关重要的影响。英国牛津大学也在2008年发布了名为《一个不确定的未来:法律的执行、国家安全与气候变化》的报告，报告推测到2050年全球将因水源及粮食短缺而陷入战争。

在海洋科学、海洋开发、海洋管理等国家层面战略部署中，气候变化带来的影响也逐渐引起各国相关部门的重视。英国、澳大利亚等国已将气候变化问题列入海洋科学战略和海洋管理中，重点关注气候变化给海洋带来的威胁。我国虽暂未展示具体的国家海洋战略，但气候变化问题一直是海洋科学研究的重要内容之一，“七五”期间我国即开展了“我国气候与海平面变化及其趋势和影响研究”，“八五”、“九五”期间又相继开展了“气候变化对沿海地区海平面的影响及适应对策研究”、“气候变化、海平面变化与太湖平原水资源”等一系列的研究课题。2007年，国家海洋局印发《关于海洋领域应对气候变化有关工作的意见》，对海岸带、近海区域与气候变化相关的各项海洋工作进行了战略部署，将气候变化因素纳入海洋规划的编制，并落实在海域使用和海洋环境管理中。近年来我国在极地、大洋海气相互作用、沿海及近海区域对气候变化的响应与对策研究方面又取得了新的进展，海洋监测和预报技术、海洋生态保护技术和海岸带管理技术得以发展和加强，有关气候变化的海洋基础研究进一步深化，这些都为开展国家海洋战略层面上的气候变化影响评估与对策研究奠定了科学基础。

1.2.2 风险分析与评估研究

关于风险的讨论，西方最早见于19世纪末的经济学研究中。20世纪前半叶，随着保险业的迅猛发展以及灾害研究的不断深入，自然灾害风险评估开始发展起来。最具代表性的是20世纪30年代美国田纳西河流域管理局（TVA）对洪水灾害进行的风险分析理论和评价方法的探讨，该研究开创了自然灾害风险评价之先河（杨郁华，1983）。到了20世纪后半叶，尤其是70年代以后，随着灾害评价由传统的成因机理分析及统计分析发展为与社会经济条件分析紧密结合，灾害风险评价过程也由定性的评价逐步转化为半定量评价或定量评价。一些发达国家开始进行比较系统的单项灾害风险评估理论和方法研究。以美国为例，1973年通过对加利福尼亚州的地震、滑坡等10种自然灾害的风险评估，得出1970至2000年加利福尼亚州10种自然灾害可能造成的损失评估为550亿美元。同一时期，美国地调所和住房与城市发展部的政策发展与研究办公室，还联合开展了预测模型对于美国各县的洪水、地震、台风、风暴潮、海啸、龙卷风、滑坡、强风、膨胀土等9种自然灾害的期望损失估算（马寅生，2004）。20世纪90年代后，美国联邦应急管理局（FEMA）和国家建筑科学院（NIBS）又共同研制出地震、洪水、飓风3种灾害的危险评估系统软件（HAZUS）。除美国之外，日本、英国、澳大利亚、意大利等一些国家的研究者也陆续开展了洪水、海啸、地震、泥石流、滑坡等灾害的风险评估。

我国的自然灾害风险评估工作最早始于20世纪50年代，其中以洪涝和干旱等灾种为主要研究对象。最初的自然灾害研究主要侧重于灾害的自然属性，自20世纪80年代以来，灾害的社会属性逐渐引起人们的普遍关注，此时的灾害研究既重视灾害的自然属性、更重视灾害的社会属性，其中定量评估造成的损失与影响程度是研究的热点。90年代之后，洪水、干旱、暴风雪、台风等各种气象灾害评估逐渐受到重视和加强，但主要仍是进行单灾种和针对特定区域的风险评估，对社会脆弱性方面的评估还较为薄弱或欠缺，系统、深入的气候变化和气象灾害风险评估理论研究仍有待进一步加强。

目前，我国的气象灾害风险研究内容主要包含3个方面。①气象灾害风险评价理论研究，如对我国主要农业气象灾害成灾机理的研究（覃志豪 等，2005）；对我国旱灾开展的分类、分级和危险度评价研究（李克让，1993）以及农业气象灾害指标研究（侯云 等，1994）。②气象灾害的风险评价方法、模型研究，如谭宗琨（1997）对广西农业气象灾害、乐肯堂（1998）对风暴潮灾害、牛叔超等（1998）对暴雨灾害、钟万强（2004）对雷电灾害的研究以及建立的风险评价模型和开展的气象灾害风险评价应用。③气象灾害风险管理，如李坤刚（2003）对我国水旱灾害风险管理问题进行了研究，提出了水旱灾害风险管理对策；魏一鸣等（2002）对我国洪水进行了风险管理研究。随着GIS技术的不断发展，GIS以强大的数据管理和空间分析功能在气象灾害风险评估中发挥着越来越重要的作用（周成虎 等，2000；罗培，2007）。

随着全球气候变化逐渐成为国际社会关注的热点，分析评估随之而来的各种气候变化响应及其潜在风险和社会危机，成为国际社会的共同责任和紧迫任务，风险研究也逐渐从单一的气象灾害风险评估拓展到更大范围、更高层面的气候变化的风险识别与危机管理之中。IPCC在第四次气候变化评估报告中特别强调要在风险管理框架下，采用更为系统的风险评估和管理方法开展气候变化影响研究(IPCC,2007)。张月鸿等(2008)采用国际风险管理理事会(IRGC)的新型风险分类管理体系,对气候变化风险进行了分类,为选择不同类别的评估和管理方法进行气候变化风险研究提供了依据。不仅如此,气候变化风险还延伸到社会政治学领域,英国的马修·帕特森(2005)借助贝克的风险社会理论,分析了气候变化风险政治学的若干问题,认为气候变化风险已渗透到国家、民族、军事同盟和社会各阶层中,海平面的上升,将使一些岛国和人类社会逐渐消失,极端天气状况(如飓风和洪灾)的频繁发生、降雨模式的变化,严重扰乱了人们正常的生活、工作甚至生命规律,给人类社会造成了潜在的威胁或风险。

1.2.3 存在的问题与不足

气候变化问题尽管已得到我国政府和决策层的高度关注,开展了多方位的研究,也取得了不少重要的进展,但是尚存在一些问题和不足,主要表现在以下方面。

1. 气候变化影响和风险研究相对薄弱

目前,气候变化研究大多重点致力于气候变化机理探索和趋势预估以及气候变化的区域响应等方面;气候变化对人类生存、社会发展和政治经济影响和风险分析研究相对薄弱,且主要限于宏观勾画和定性描述。

2. 国防建设和国家安全的研究偏少

目前,国家和行业层面资助的气候变化研究重点倾向于农业、环境、生态、社会、经济、能源以及交通运输等方面,气候变化对国家战略和国防安全影响研究较为薄弱。

3. 气候变化风险评估理论体系亟待完善

近年来,风险分析理论在自然科学和社会科学领域得到了快速发展和应用,但主要集中在地震、泥石流等地质灾害和台风、暴雨、干旱等气象灾害以及财政经济、金融、保险和公共安全等社会领域,气候变化的风险分析研究尚处于起步阶段,相关的研究工作还比较零散,缺乏系统的体系框架、实用的评估方法和科学的概念模型,尚未形成完整的气候变化风险分析理论体系。

4. 气候变化的影响评估有待进一步客观定量化

鉴于气候系统演化的非线性、制约因素的多元性和影响机理的复杂性和不确定性,气候变化的影响目前主要还限于定性分析描述,客观、定量的影响评估研究有待加强。

5. 针对我国国情的气候变化对国家安全战略的影响研究亟待加强

目前,气候变化对中国国家安全战略影响的观点不少是源自欧美等国的研究报告,它们缺乏对中国国情的深入认识,研究结果难免有失偏颇,甚至不乏将科学问题政治化,人为夸大或恶意扭曲。针对中国具体国情的气候变化对我国战略利益和国家安全的影响评估和风险分析研究,是当前较为薄弱和亟待加强的研究课题。

1.2.4 本书主要内容

本书在分析总结全球气候变化趋势及其海洋区域响应的基础之上,重点围绕沿海经济发展、军事基地安全、岛礁主权争端和海洋资源开发等国家海洋战略层面问题,引入风险分析的理论与方法,开展了气候变化对国家海洋战略的影响与风险评估研究。

全书共分为7章,主要内容包括:全球气候变化与海洋环境区域响应特性与趋势预估、我

国的海洋权益与海上安全形势、气候变化对国家海洋战略的风险识别与风险概念模型、风险评价指标体系与风险评估模型、海洋战略的气候变化风险评估与实验区划等。

第1章:引论。从气候变化研究的紧迫性、中国海洋安全面临的严峻性以及气候变化与国家海洋战略之间的关联性等角度,引出了开展气候变化与国家海洋战略风险研究的选题依据和研究的重要性和必要性。总结了国内外在风险分析领域的研究现状、取得的成果以及气候变化风险研究中存在的问题,介绍了本书结构和重点内容。

第2章:风险分析的理论和方法。介绍了风险分析的基本理论,包括风险的定义、分类和风险分析方法;结合气候变化对象,阐述了风险的形成机制、风险表达和风险分析环节和流程,提出了气候变化影响的风险分析流程。

第3章:全球气候变化与海洋环境区域响应。分析了全球及中国区域的气候变化事实和演变趋势以及对海洋环境的影响机理;分别从海洋气象、海洋水文和极端天气以及海平面上升、冰川消融等方面分析了海洋环境对气候变化的响应特性和潜在风险,为气候变化与国家海洋战略的关联性分析提供依据。

第4章:我国的海洋权益与海洋安全形势。介绍了《联合国海洋法公约》的基本要义和原则,领海与专属经济区划分的准则和依据;概要阐述了我国海洋权益面临的主要问题以及中国周边的地缘政治环境和安全形势。旨在为其后的海洋战略风险内涵定义和评价体系提供背景依据。

第5章:气候变化与国家海洋战略——风险概念模型。归纳总结了国家海洋战略内涵,基于气候变化对国家海洋战略的影响机理,提出了"海洋战略风险"的概念和定义,初步构建了我国海洋战略风险的概念模型。

第6章:海洋战略风险指标体系与数学模型。针对海洋战略风险内容和层次结构,对海洋战略风险进行次级风险划分;建立了气候变化背景下各类次级风险的指标体系和风险评估的数学模型。

第7章:海洋战略风险评估与实验区划。基于地理信息系统(GIS)平台,对国家海洋战略风险体系中的沿海经济发展风险、沿岸军事基地风险、主权争端风险和南海油气资源争夺风险等进行了实验评估与区划分析。

最后,给出了气候变化相关情景数据和中国周边岛礁信息附录。

第2章　风险分析的理论和方法

2.1　风险分析概述

风险分析理论针对不同对象、目标和研究着眼点，存在不同的观点和认识。目前风险理论大致有如下几种学说（刘新立，2006）。

（1）风险客观学说。认为风险是客观存在的损失的不确定性，主要包括“损失可能性”学派、“损失不确定性”学派、“损失差异性”学派以及“未来损失”学派。“损失可能性”学派着眼点在于损失发生的可能性，并用概率作为可能性的表达，损失发生的概率越大，风险就越大。“损失不确定性”学派强调的是损失的不确定，也用概率作为度量风险的指标，但是与“损失可能性”学派的风险定义有所不同，当概率在0至1/2之间时，随着概率的增加，不确定性也随之增加，风险也就越大；概率为1/2时，风险最大；概率在1/2至1之间，随着概率数值增加，不确定性随之减少，风险也随之减少；当概率为0或1时，意味着这个事件肯定不发生或者肯定发生，不确定性也就消失了，也就无所谓风险了。“损失差异性”学派强调不确定性事件所造成的结果之间的差异，差异越大、风险越大。“未来损失”学派认为风险为不同概率水平下的危险性。

（2）风险主观学说。此学说并不否认风险的不确定性，但是认为个人对于未来的不确定性的认识与估计可能与个人的知识、经验、精神和心理状态有关，所谓风险的不确定性主要来自于主观意识。

（3）风险因素结合学说。该学说着眼于风险产生的原因与结果，认为人类的行为是风险事故发生的重要原因之一。

综合上述风险学说，结合对本书具体研究目标和问题的认识，作者更倾向于认同“风险的客观存在性及其不利影响的不确定性和人为因素”的观点。

2.1.1　风险定义

“风险”一词的英文是“Risk”，源于古意大利语“Riscare”，意为“To dare”（敢），实指冒险，是利益相关者的主动行为。现代“风险”一词已不具有“冒险”的意义了。风险的定义角度有多种：有些定义强调风险发生的可能性（不确定性），如Kolluru等（1996）认为，风险是给定时间内非期望事件发生的可能性（Risk is the chance(probability) of encountering injury or loss）；韦伯字典中将风险定义为：遭到伤害或损失的可能性（Risk is the chance/probability of encountering injury or loss），这种可能性可以用概率来描述。ISDR（International Strategy for Disaster Reduction）（2004）给出以下风险定义：风险是由于自然灾害或人为因素导致的不利影响或期望损失发生的概率。在经济活动领域，王文晶（2008）认为投资风险是一个投资事件产生不期望后果的可能性；孙星

(2007)认为企业风险是企业在生产经营过程中,由于各种事先无法预料的不确定因素带来的影响,使得企业的实际收益与预期收益发生一定的偏差,从而有蒙受损失或获得额外机会的可能性。黄崇福(2001)给出自然灾害风险的定义:灾害发生的时间、空间、强度的可能性。

而有些定义则强调风险造成的损失或后果,如风险是指一种情景或事件,在这种情景下,人或物处于危险之中,且产生的结果是不确定的(Rosa,1998);联合国人道主义事务部(United Nations,1992)给出 Risk 的定义为:在给定的区域和时间内,由于特定的威胁给人民生命财产和经济活动带来的损失;Lirer 等(2001)认为风险与期望损失有关。

目前,学术界比较主流的风险定义中不仅强调风险发生的可能性,而且强调风险造成的损失或后果,如 Lowrance(1976)定义风险为不利事件或影响发生的概率和严重程度的一种度量;Kaplan 等(1981)认为风险应包括两个基本的要素:不确定性和后果,并指出风险应是一个三联体的完备集,可表达为如下形式:

$$R = \{< s_i, p_i(\varphi_i), \zeta_i(x_i) >\} \tag{2.1}$$

式中,s_i 表示第 i 个有害事件;φ_i 表示第 i 个事件发生的频率,即可能性;$p_i(\varphi_i)$表示第 i 个有害事件发生的可能性为 φ_i 的概率;x_i 表示第 i 个事件的结果;$\zeta_i(x_i)$表示第 i 个事件结果为 x_i 的概率。

风险是某个事件发生的概率和发生后果的结合。国际地科联(IUGS)滑坡研究组风险评价委员会把风险定义为对健康、财产和环境不利的事件发生的概率及可能后果的严重程度,可用发生概率与可能后果的乘积来表达。国际风险管理理事会(IRGC)认为风险是指某客体遭受某种伤害、损失、毁灭或不利影响的可能性以及造成的可能损失。在各类专业风险领域,吕俊杰(2010)认为信息安全风险是指由于系统存在的脆弱性、人为或自然的威胁导致安全事件发生所造成的影响,是特定威胁事件发生的可能性与后果的结合;刘涛等(2005)给出水资源系统风险的定义:在特定的时空环境条件下,水资源系统中非期望事件的发生概率及其所造成的损失程度。Aven(2007)认为风险包括以下成分:不利事件 A 和这些事件造成的影响或后果 C,以及相关的不确定性 U(A 是否发生以及什么时候会发生、影响或后果 C 会有多大),风险就是不利事件后果的严重程度以及不确定性。

除了从风险发生可能性和后果这两个角度来定义风险外,Haimes(2009)从系统论的方法和角度提出了一种复杂的风险定义,他认为:①系统的性能是状态向量的函数;②系统的脆弱性和可恢复性向量是系统输入、危险发生的时间和系统状态的函数;③危险造成的结果是危险的特征和发生时间、系统的状态向量以及系统脆弱性和可恢复性的函数;④系统是时变的且充满各种不确定性;⑤风险是概率和后果严重性的度量。

虽然以上对于"风险"的定义用词各异,没有统一的严格标准,但是其基本意义是相同或相近的,其中都包含有类似的关键词:"损失"的"可能性/期望值"。因此,可以这样理解,风险是一种可能的状态,而非真实发生的状况,由于人类预防、抵抗风险的能力和措施不同,这种可能性的状态可能发生也可能不发生或部分发生;损失可能是期望值,也可能是部分值甚至没有任何损失。综合以上风险概念,本书将在分析气候变化趋势及其与国家海洋战略的关联之后,提出本研究的"风险"定义。

2.1.2 风险的分类

风险分类的目的是为了便于风险识别和对不同类型的风险采取不同的管理措施。从不同的角度，按不同的原则和标准，风险有着不同的分类，对于一般风险来说，常用的几种分类如表 2.1 所示。

表 2.1　常用风险分类

分类原则和方法	分类结果
风险因素	自然风险，社会风险，政治风险，金融风险，管理风险
风险承担者	个人风险，国家风险，区域风险，企业风险，公众风险
风险作用强度	低度风险，中度风险，高度风险
风险承受能力	可接受风险，不可接受风险
风险控制角度	可管理风险，不可管理风险

对于气候变化风险，张月鸿等(2008)根据国际风险理事会(IRGC)提出的新型风险分类体系，将气候变化风险归类为简单风险、复杂风险、不确定风险和模糊风险。黎鑫(2010)从风险致灾机理考虑，把海洋环境风险分为固有风险和现实风险，其中固有风险(或称自然风险)是指客观存在的固有海洋致险因子对承险体产生的风险，具体是指由于海洋地理、海洋气象、海洋水文等自然因素导致的风险；现实风险也称人为风险，是指由于人为因素，如恐怖袭击、海盗活动、主权争端等造成的风险。

2.1.3　风险要素与结构

研究风险的形成机制，若从系统论的角度更容易理解。首先定义风险系统：描述未来可能出现灾害状态的系统称为风险系统。风险系统的基本要素可归纳为如下方面。

1. 风险源

风险产生和存在的第一个必要条件是要有风险源。风险源不但在根本上决定某种风险是否存在，而且还决定着该种风险的大小(章国材，2009)。风险源也可称风险因子，如气候变化风险源即是指由于气候变化所引发的一系列不利天气气候事件。当气候系统的一种异常过程或超常变化达到某个临界值时，风险便可能发生。这种过程或变化的频度越大，对社会经济系统造成破坏的可能性就越大；过程或变化的超常程度越大，对社会经济系统造成的破坏就可能越强烈；因此，社会经济系统承受的来自该风险源的风险就可能越高。

风险源的这种性质通常被描述为危险性(Hazard)(苏桂武 等，2003)，用下式表示：

$$H = f(In, P) \tag{2.2}$$

式中，H 是风险源的危险性；In 是风险源的变异强度；P 是不利事件发生的概率。

2. 承险体特征

有危险性并不意味着风险一定存在，因为风险是相对于行为主体——人类及其社会活动而言的。只有当某风险源有可能危害某风险载体后，风险承担者相对于该风险源才具有了风险。本书中海洋战略风险的承险体包括我国周边海域、海洋资源、海峡水道、航行船舶、沿海地区及岛屿的人口、经济、军事设施等。

承险体特征要素主要反映承险体的脆弱性、承险能力和可恢复性，包括：承险体种类、范围、数量、密度、价值等。在国外，风险载体的脆弱性被统一定义为 Vulnerability，可用下式表示：

$$V = f(p, e, \cdots) \tag{2.3}$$

式中，V 为脆弱性；p 为人口；e 为经济等因素。

3. 风险防范能力

风险防范能力是人类社会,特别是风险承担者用以应对风险所采取的方针、政策、技术、方法和行动的总称,一般分为工程性防范措施和非工程性防范措施两类。防范能力也是某类风险能否产生以及产生多大风险的重要影响因素,可表示为下式:

$$R = f(c_e, c_{ne}) \tag{2.4}$$

式中,R 表示防范能力;c_e 表示工程性防范措施;c_{ne} 表示非工程性防范措施。

工程性防范措施是人类为了抵御风险主动进行的工程行为,如为了防御风暴潮、保护城市和农田而筑起的防波堤;非工程性防范措施包括灾害监测预警、防灾减灾政策、组织实施水平和应急预案策略以及公众的风险意识和知识能力等方面。

风险是由风险源的危险性、承险体的脆弱性和风险防范能力三要素组成。对于海洋战略风险,可以认为是由全球气候变化可能引发的不利气候事件的危险性、海洋承险体的脆弱性以及各个国家或区域的风险承受和防范能力等要素组成的(图 2.1)。

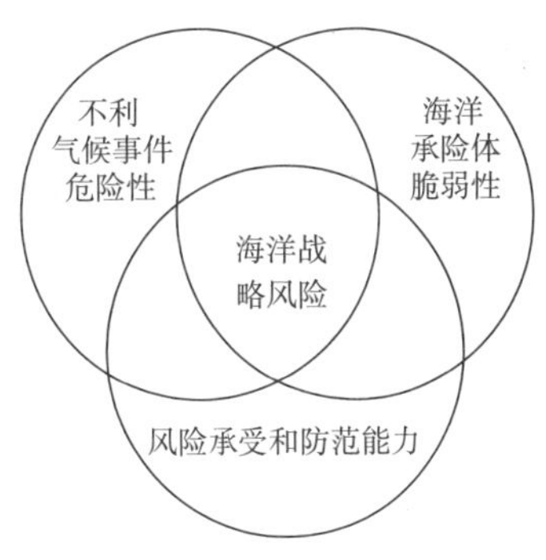

图 2.1 海洋战略风险要素与结构

2.1.4 风险的表达

风险可以用风险度来表达,它是一个归一化的函数,是基于对风险定义和形成机制的理解而得来的。

Maskrey(1989)提出的风险表达式为:风险度=危险度+易损度。该表达式首次将风险度表达为危险度和易损度的函数,即风险不仅与致险因子的自然属性有关,而且与承险体的社会经济属性有关。然而,风险是由风险源对承险体的非线性作用产生的,将风险源的危险度与承险体的易损度简单线性叠加来表达风险,从方法论上是不严谨的,会造成极不合理的结果。例如内陆城市根本不存在风暴潮的风险,但是因为任何城市都存在易损性,若将二者相加仍可得出内陆城市存在风暴潮风险的荒谬结论。为此,人们提出了如下几种改进的定义。

Smith(1996)提出的风险表达式为:风险度=概率×损失;Deyle 等(1998)以及 Hurst(1998)提出的风险表达式为:风险度=概率×结果。这两种表达式将灾害发生的概率与灾害造成的损失(结果)有机地联系起来。

Nath 等(1996)提出的风险表达式为:风险度=概率×潜在损失;

Tobin 和 Montz(1997)提出的风险表达式为:风险度=概率×易损度。这两种表达式实质上是相同的。将损失改为潜在损失或期望损失,是一个很大的进步,体现出风险是损失的可能性,对风险本质的把握更加准确。

联合国人道主义事务部(1991,1992)提出的自然灾害风险表达式:风险度=危险度×易损度。该表达式基本上反映出了风险的本质特征。其中,危险度反映了灾害的自然属性,是灾害规模和发生频率/概率的函数;易损度反映了灾害的社会属性,是承险体的人口、财产、经济和环境的函数。该评价模式目前已得到国内外越来越多学者的认同。

张继权等(2007)提出气象灾害风险表达式为:气象灾害风险度=危险性×暴露性×脆弱性×防灾减灾能力。该式将风险内涵作了进一步的拓展和丰富。

本书综合上述风险定义，并针对海洋战略目标的具体特性，提出如下风险表达式：

$$风险度=危险性\times脆弱性\times防范能力 \tag{2.5}$$

危险性是指风险因子即气候变化不利事件的变异危险程度，主要由气候变异因子或极端气候事件强度和发生频率/概率决定。气候变异因子强度越大，发生频率或概率越高，则影响或危险越严重，海洋战略风险就越大。

脆弱性表示海洋承险体易遭受气候变化威胁的性质和状态，包括暴露性和敏感性两方面。暴露性指可能遭受气候变化威胁的承险体的范围、数量、价值等信息；敏感性是指承险体对不利事件响应或受损与威胁的敏感与难易程度，它决定于承险体本身的物理属性，反映了承险体自身抵御风险的能力。暴露于风险环境中的承险体越多、敏感性越高，则可能遭受的潜在损失或威胁越大，风险也就越大。

防范能力是人类社会抵御和应对风险的政策、法规、工程、技术、能力的总称，防范能力越高，则可能遭受的损失越小，风险也就越小。

2.2 风险分析评估

风险是与某种不利事件有关的一种未来情景，这就决定了风险分析也就是要认识未来的情景。风险分析属于预测方法研究范畴，即利用科学的方法对事物的未来发展进行推测，并推算未来情景的相关预期。许多人认为，未来情景的随机性，可以通过对现有统计资料的分析而加以描述。因此，人们热衷于用统计数据进行风险评估。从理论上讲，或许存在描述风险系统的确定性状态方程或随机状态方程，但是风险分析面临的是瞬息万变、充满不确定的世界，不可能精确、仔细地寻找状态方程，更不可能等待很长时间以获取足够多的统计资料后再来评估事件发生的概率。使用有限的知识和资料快速进行风险分析和评估，是风险分析的活力所在；快速而合理的风险判断，为及时而有效地规避风险提供科学依据，是风险分析最重要的任务（黄崇福 等，2010a）。基于以上考虑，本书在对全球气候变化情景下国家海洋战略风险进行分析评估时，在科学合理的前提下，力求方便快捷、简单明了、能用实用。

2.2.1 风险分析原理

风险分析是风险科学的核心，是风险管理的基础。风险分析的目的是反映风险的各种可能状况。黄崇福等（2010b）通过对各领域风险问题分析方法的考察，归纳出了风险分析的共同特点：①明确具体的风险内涵，框定风险问题涉及的系统；②涉及风险源、影响和后果；③进行不确定性意义下的量化分析。此外，还给出了风险分析的基本步骤：明确风险内涵和涉及的系统→正视风险源、影响场和作用对象的复杂性和不确定性→从风险系统最基本的元素着手分析，对其进行组合→进行不确定意义下的量化分析。

根据风险分析原理，风险分析主要包括以下三个环节。

（1）第一个环节是风险识别。即对面临的潜在风险加以判断、归类和鉴定，从而明确风险内涵、框定风险系统的过程。

（2）第二个环节是风险评估。即对风险因子的致险可能性及承险对象可能遭受的危害进行综合评价和科学估计。需注意的是，风险评估不能与灾害评估混淆。灾害评估一般是指灾后评估，即通过调查分析，对灾害事件的人员伤亡、经济损失、自然环境破坏及其产生原因进行评估。而风险评估因其具有不确定性，故更加复杂。

(3)第三个环节是风险区划。即给出风险的空间分布与区域差异。需要注意风险区划与灾害区划的差别：灾害区划一般是按照自然灾害时间演变和空间分布规律，对其空间范围进行划分的过程；而风险区划则表现若干年内可能达到的潜在风险程度。

风险管理是指在风险分析基础之上采取的风险控制措施，以达到规避风险、减缓风险的目的。风险分析与风险管理的概念模型如图 2.2 所示。

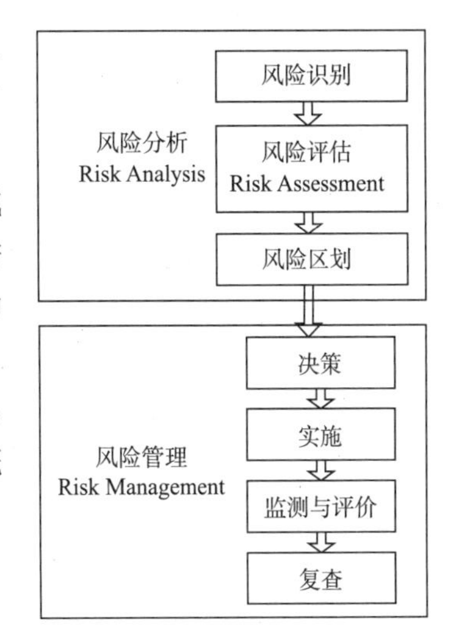

图 2.2 风险分析与风险管理概念模型与流程

2.2.2 风险分析方法

黄崇福等人(2010b)认为，风险分析的精髓，是如何从风险源的分析开始，推演出风险情景，本质上是基于现有科技手段对客观系统的量化分析。这就涉及风险分析的方法问题。

风险分析主要有两种方式：一是利用相关历史资料对风险进行量化，计算出风险值大小，给出不利事件在某区域发生的概率以及产生后果的评价；二是根据风险形成机理，利用各种可获取的信息资源，对风险指标进行分析计算，综合预估风险指数。

基于风险分析认识，并考虑气候变化及其影响的不确定性，本书主要采用第二种方式开展气候变化对国家海洋战略影响的风险分析：通过气候变化对国家海洋战略影响的风险机理研究，给出相应的风险指标定义、构建风险指标体系；然后从最底层指标着手，进行量化分析；通过指标的逐层融合，给出定量的风险评价与趋势预估。

风险分析中各环节可以运用的方法如表 2.2 所示。但在实际分析或评估时，应依据可用资料及其翔实程度、评估要求、评估空间尺度等特性，选用适宜的方法。

表 2.2 自然灾害领域中常用的风险分析方法

目的	方法
风险辨识	列表法、问卷调查法、风险列举法、风险因素预先分析法、幕景分析法、历史灾情分析法、事件树法、灾害链法
风险评估	风险评价指数法、概率统计法、灰色综合评价法、生存环境风险评价法、信息扩散风险评价方法、基于地理信息系统的风险评价与区划方法
指标量化	灰色关联度分析、定量化理论、分级赋值法
确定指标权重	层次分析法、Delphi 法、主成分分析法、模糊评判法、神经网络法、熵权系数法
指标综合建模	加权综合评价法、模糊逻辑推理方法
风险区划	最优分割法、模糊聚类法

2.2.3 风险分析流程

针对气候变化对国家海洋战略影响的问题和目标，相应的风险分析过程可描述为：

(1)首先基于 IPCC-4 等权威气候评估报告对气候变化的预估和环境、社会、经济响应的展望，整理、分类和提炼出关系国家海洋战略安全与稳定的气候变化关键要素与区域响应特征，在此基础之上，定义和构建气候变化对国家海洋战略影响的风险概念模型；

(2)研究构建相应的风险评价指标体系；

(3)科学建立气候变化对国家海洋战略影响的风险评估数学模型，并进行相应的风险评估与区划。

因此，气候变化对国家海洋战略影响的风险分析流程包括：风险识别及概念模型阶段、指标体系构建阶段和风险评估区划阶段(图 2.3)。

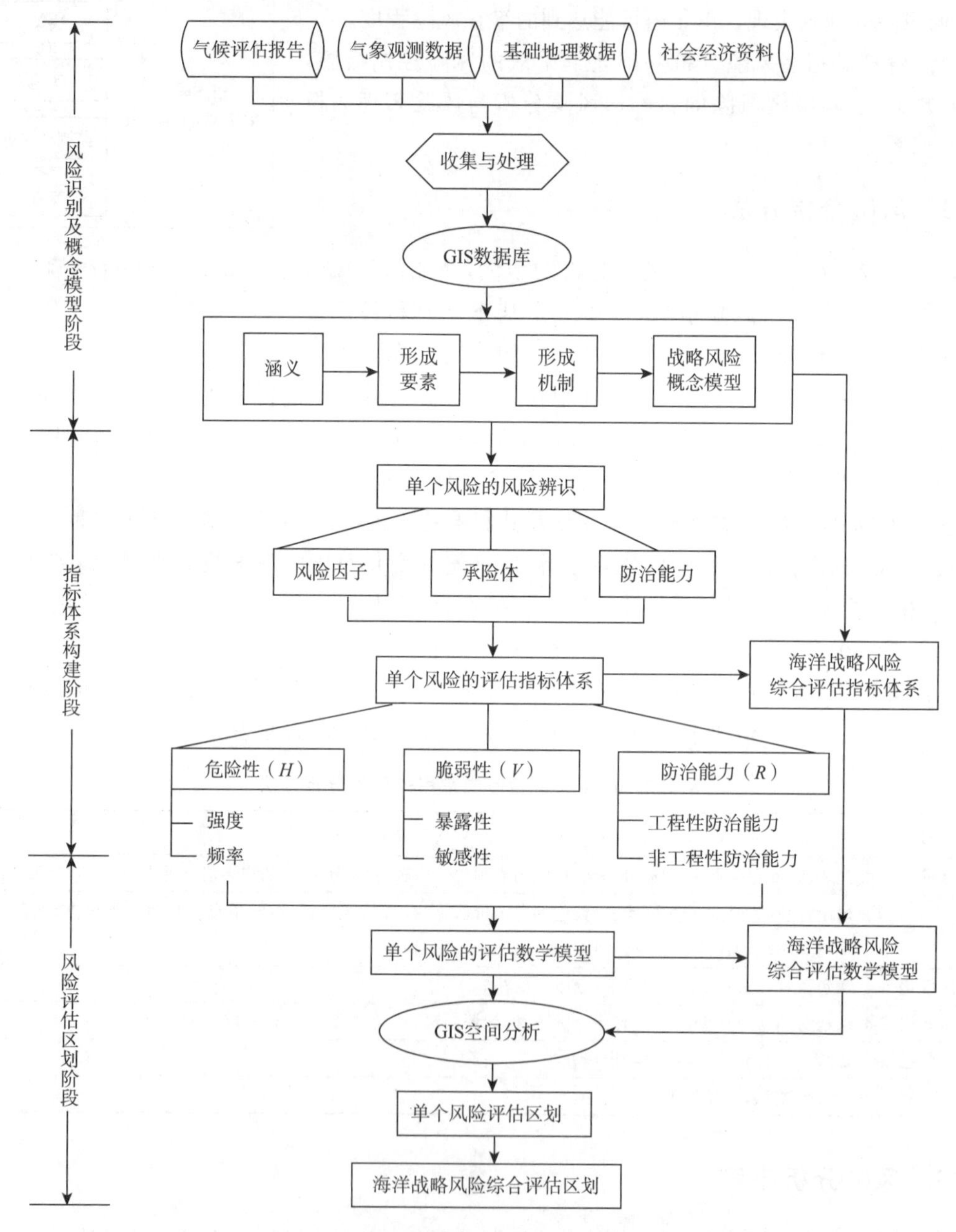

图 2.3　全球气候变化对国家海洋战略影响风险分析流程

2.3 风险评估与区划GIS平台

地理信息系统(GIS)是20世纪60年代中期兴起的一门交叉边缘学科。它利用计算机建立地理数据库,将空间地理分布状况及所具有的属性进行数字存储,建立数据管理系统,同时开发各种分析和处理功能,以便快速获取信息,并将处理结果以地图、图形及数据的形式表示出来,其核心是管理、计算、分析地理坐标位置信息及相关位置上属性信息的数据库系统。

地理信息系统根据其内容可分为两大基本类型:一是工具型地理信息系统,也就是GIS工具软件包,如Arc/Info、MapInfo等,具有空间数据输入、存储、处理、分析和输出等GIS基本功能;二是应用型地理信息系统,是以某一专业领域或工作为主要内容,包括专题地理信息系统和区域综合地理信息系统(陈正江 等,2005)。ArcGIS是目前主流的GIS软件产品,其功能强大,具有强大的数据操作和管理分析功能,适合于大规模海量数据的存储和分析,是一个统一的地理信息系统平台。

1. GIS在自然灾害风险分析与评价中的作用

GIS在自然灾害风险分析与评价中发挥着重要作用,表现为:

(1)各种自然灾害的研究都要涉及大量的空间数据和属性数据,GIS能方便地统一管理这些空间数据和属性数据,并提供数据的查询、检索、更新及维护操作。

(2)GIS具有的强大空间分析和图形表达功能,可以直接为灾害监测预警和减灾工作提供决策服务。如利用GIS的空间叠加分析功能,可以进行灾情的快速评估等。

(3)利用GIS空间建模功能,能够构建各种具有专业性、综合性、集成性的分析建模来完成具体的实际工作,解决以前只有靠专家才能解决的复杂专业问题。

因此,近年来,GIS技术被越来越多地应用于风险评估研究中。如周成虎等(2000)在分析洪灾形成的各主要因子的基础上,提出基于地理信息系统的洪灾风险区划指标模型,得出了辽河流域洪灾风险综合区划;罗培(2007)运用地理信息系统 MapInfo Professional 软件实现了重庆地区冰雹灾害风险评估和区划;廖永丰等(2007)应用GIS栅格数据模型和域面分析技术构建了城市空气质量健康风险空间量化评估模型,模拟了主要大气污染物 NO_x 的剂量—效应函数关系,并根据污染物的分布进行了城市局地尺度 NO_x 健康风险评估;孙伟等(2009)利用GIS技术将热带气旋危险性评价结果与人类活动背景要素进行组合分析,开展了区域热带气旋灾害风险性评价研究。

2. 基于GIS的气象灾害风险评估的基本思路和步骤

参考刘小艳等(2009)的研究成果,基于GIS的气象灾害风险评估的基本思路和步骤可归纳如下:

(1)选择风险评估所需要的基础图件,收集选定区域的GIS信息资料、气象数据、社会经济数据,建立相应的数据库;

(2)构建危险性、脆弱性和防范能力的评估模型,在GIS的支持下,利用其空间叠加、分析、图斑合并以及属性数据库操作功能,对三者进行评估;

(3)建立风险评估模型,将危险性、脆弱性、防范能力三个指标进行综合,计算出风险指标值并进行等级划分，最后实现 GIS 平台之上的风险区划与可视化。

借鉴 GIS 技术在自然灾害风险评估中的应用，本书的海洋战略风险分析，包括气候风险因子的数字化识别、数据插值、指标融合、模型计算、分级区划和可视化等内容大多基于 Arc GIS 平台。

第3章　全球气候变化与海洋环境区域响应

开展全球气候变化对国家海洋战略的风险分析研究，基本前提是科学把握和正确认识全球气候变化的基本特征以及海洋环境对于全球气候变化的区域响应，合理筛选提取气候变化对国家海洋战略影响的关键孕险环境和重要致险因子。

3.1　气候变化的科学含义

狭义上的气候是指某一地区天气状况的长期平均，或者更确切地说，是以均值和变率等术语对相关变量在一段时期内(从数月到数千年或数百万年不等)状态的统计描述。广义上的气候是指地球气候系统的基本状态，包括统计意义上的特征描述。

一个地区的气候是通过该地区各气象要素(气温、湿度、降水和风等)多年平均及个别年份的极端值反映出来的。描述气候的统计量有：月(季、年)平均值、总量、极值、频率、方差、各种天气现象的日数及其初终日期，以及某些要素的持续日数等。世界气象组织将表征气候状态的基本年限规定为30年，即以30年作为气候统计周期的基本年限要求。以30年的气象要素月(季、年)的平均值为气候正常值，当某个时期的距平绝对值达到两倍及以上标准差时，一般就认为出现了气候异常现象。

气候系统是由大气圈、岩石圈、冰雪圈、水圈以及生物圈组成的相互作用的系统。大气圈是气候系统的核心，也是气候系统中最不稳定、变化最快的部分，不但受到其他圈层的影响，还与人类活动有着最密切的关系。

在漫长的地球演化历史中，气候始终处在不断变化之中。气候的变化，是由气候系统的变化引起的。《联合国气候变化框架公约》中明确指出，气候变化除了指某一时期内观测到的气候的自然变率之外，还包含由于直接或间接的人类活动改变了地球大气的组成而造成的气候变化。即，造成气候系统变化的原因可分为自然原因和人为原因，前者指自然的气候波动，包括太阳辐射变化、火山爆发、陆地及其植被变化、大气与海洋环流变化等；后者是指人类活动的影响，包括人类燃烧矿物燃料以及毁林引起的大气中温室气体浓度的增加、硫化物气溶胶浓度变化、土地利用变化和城市化发展等综合效应。

引用IPCC第四次评估报告中对气候变化的理解：气候变化是指气候状态随时间发生的变化，既包括自然变率，也包括人类活动引起的变化。

关于气候变化的原因，IPCC第四次评估报告(IPCC，2007)指出：自20世纪中叶以来，大部分已观测到的全球平均气温的升高“很可能”是由于已观测到的人为温室气体浓度增加所致。而第三次评估报告的结论是“过去50年观测到的大部分变暖‘可能’是由于温室气体浓度增加”。也就是说两次报告之间，人类活动引起的气候变暖的可能性已由大于66%(第三次评估报告中的“可能”)提高到大于90%(第四次评估报告中的“很可能”)。

但是气候系统主要的变化原因,是自然造成的,还是人类活动造成的,仍然存在争议(王绍武 等,2010)。气候系统具有复杂的混沌特性,目前对于其演变方式和反馈机制尚未完全了解,科学家对气候变化的许多过程及其可能影响的认识还存在高度的不确定性和争议(张月鸿等,2008)。IPCC在处理气候变化的不确定性时,使用了信度(confidence)和可能性(likelihood)两个定量术语。信度用于表述被评估对象的某项研究结果的正确性概率,可能性则用来表述被评估对象的特定结果的发生概率。信度等级和可能性区间的定量标准可参见附录2。

3.2 气候变化趋势及影响效应

3.2.1 气候变化趋势

IPCC第四次评估报告指出,目前的直接观测结果表明气候变暖毋庸置疑。近百年(1906—2005年)全球平均地表气温上升了0.74℃,而过去50年的增暖速率是过去100年增暖速率的2倍。自1850年以来最暖的12年中有11年出现在过去的12年(1995—2006年中,除1996年)(图3.1)。

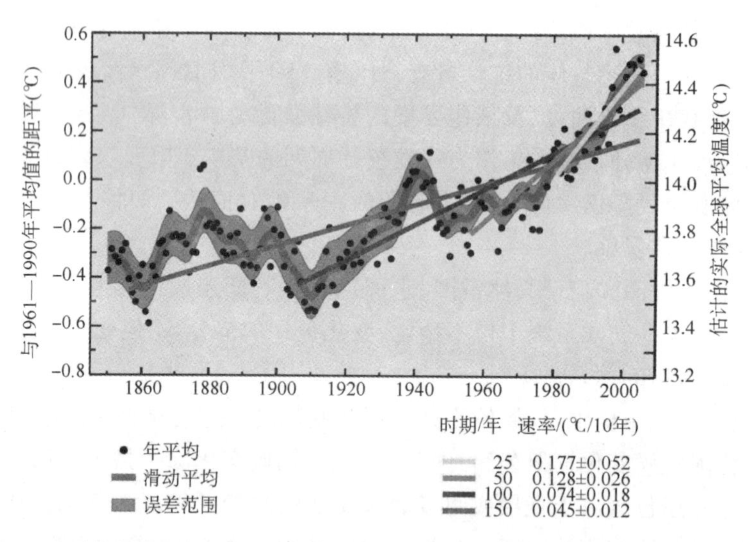

图3.1 观测的全球地表年均温度(黑点)以及不同时期的线性增暖趋势(IPCC,2007)

直线表示线性增暖速率。注意:时间越短,距现在越近,斜率越大,说明变暖加速越明显。

大陆、区域和海盆尺度上已观测到的气候多种长期变化状况包括:降水量、海水盐度、风场,以及干旱、强降水、热浪、热带气旋等极端气候事件和北极温度与冰盖的广泛变化(IPCC,2007;Trenberth *et al*,2007)。预测表明,温室气体若以当前或高于当前的速率排放,在21世纪期间将造成温度进一步升高,并将诱发全球气候系统中的许多变化。现有的科学研究普遍认为,化石燃料的燃烧、大规模的工业污染、森林砍伐以及土地利用改变等种种人类活动,是造成大气中温室气体浓度上升的主要成因,也是海洋和植被吸收温室气体能力减退的主要原因。这些成因削弱了地球依靠自身恢复碳循环平衡的能力,直接造成了现在全球平均气温升高的局面(联合国人类住区规划署,2011)。在全球变暖背景下,中国近百年的气候也发生了明显变化。中国的气候变化趋势与全球的总趋势基本一致，中国未来的气候变暖趋势还将进一步加剧（中国国家发展和改革委员会，2007）。

观测表明，近百年来中国年平均地表气温明显增加，升温幅度为0.4～0.8℃，近50年来增暖尤其明显，在20世纪80年代中期以后，气温升高了约1.1℃，其中秋季和冬季升温幅度最大。中国西北地区基本都表现为显著的增温趋势，增温的速率普遍为0.2～0.9℃/10a，大部分地区高于0.22℃/10a的全国平均水平，与全球变暖的大背景相一致，并在1994年发生了一次增温突变（过寒超 等，2011）。

对于气候变化未来的发展情况，自2007年英国出版《气候变化经济学》（即著名的《斯特恩报告》）后，社会各界对于气候变化以及应对气候变化两个问题有了较为全面的认识。《斯特恩报告》中较为乐观地认为科技发展在以前是影响了气候变化，未来则可用以改变气候变化，使之朝着有利的方向发展。当前全球气候议题是循着“人类活动”—“气候变化”—“福利受损”—“应对气候变化”的逻辑主线发展，这其实也为未来进一步理解和解决气候议题提供了不同的可能选项，比如除了目前的主动干预对策外，是否还需发展出适应“气候变化”的被动应对方案，以及比照历史的教训，警示我们是否有可能避免犯同样的错误，这些问题都有待于深入探讨和研究（李志青，2011）。依据文献（中国国家发展和改革委员会，2007；IPCC，2007；Trenberth *et al*，2007），表3.1～表3.3总结归纳了全球和中国区域气候变化主要观测事实及其演变的情景预估和结果。

气候变化中，极端天气的变化因其影响力较大、破坏力较强、规律性较低，长期以来一直受到国内外学者的广泛关注。极端天气或气候事件是一种在特定地区和时间内的罕见事件（丁一汇 等，2002），但罕见的定义有多种，IPCC采用事件发生概率小于10%来确定（IPCC，2007）。

在全球变暖的背景下，与温度有关的极端气候事件（如洪水、干旱、台风、高温和低温等）发生的频次越来越高，强度越来越大，影响范围越来越广（徐雨晴，2009），造成的经济损失也越来越大，严重影响和制约着社会和经济的发展。就极端天气总体发展趋势而言，除极端低温以外，其余极端天气的发展频次均有所加强，而极端低温天数减少的速率大于极端高温天数增加的速率，且极端低温和极端高温都呈现出增温趋势（Gruza *et al*，1999）。另外，由于全球变暖使水循环加快，使得极端水文事件也趋于增多（孙桂丽 等，2011）。

中国最近50年极端事件变化的研究成果与IPCC科学评估报告的结论基本一致，即在气候变暖的背景下，极端降水发生频率和强度均有增加的趋势，干旱和洪涝极端事件同时趋于增多。在全球变暖背景下，总降水量增大的区域其强降水事件极可能有明显增加的趋势，即使平均总降水量减少或不变，也存在着强降水量及其频次增加的现象（张利平 等，2011）。翻看近10年来的“气象记录簿”，可以发现，极端高温的影响范围是多年均值的近4倍；暴雨发生频次和影响范围呈增加和扩大的趋势，10年间有7年暴雨日数超过常年；东北、华北和西南等地区干旱也呈增多趋势，1996年以来的15年，平均每年出现中等以上干旱日数分别增加了37%、16%和近10%；登陆我国的热带气旋中有一半以上最大风速达到或超过12级，登陆我国的台风和强台风次数也有明显增加。2010年，我国极端高温和极端降水事件呈现出同时多发的特点，这与以往极端高温和极端降水事件“此消彼长”的特点存在较大的差异。

表 3.1　全球和中国区域主要气候变化观测事实及情景预估(IPCC,2007)

区域	要素	平均地表气温			降水量	风场变化	冰雪变化	极端天气
		升幅	速率	特征描述				
全球范围	观测到的变化	1906—2005 年:0.74℃	1979—2005 年:0.27℃/10a 近 50 年:(0.13±0.03)℃/10a 1906—2005 年:(0.07±0.02)℃/10a	冬季增温明显高于夏季,陆地增暖速率高于海洋,北半球冬春季增暖最快,冬夏温差有减小趋势,气温日较差以 0.07℃/10a 的速率减小	(1900—2005 年)北美和南美东部、欧洲北部、亚洲北部和中部显著增加,萨赫勒、地中海、非洲南部、亚洲南部部分地区减少。总体来说,20 世纪 30°～85°N 的地区降水增加,10°S～30°N 的地区降水显著减少	自 20 世纪 60 年代以来,南北半球的中纬度西风带西风都在加强	河流及湖泊结冰期缩短,冰川数量和范围缩小,北半球许多地域雪盖减少	已观测到包括极端温度、强降水、干旱、热带气旋等在内的极端天气方面的变化,详见表 3.2
全球范围	未来情景预估	2020 年:0.4℃,2100 年:1.1～6.4℃(相对于 1980—2000 年)		陆地和北半球高纬地区增暖最为明显,北极气温增幅达到最大	中高纬地区降水很可能继续增加,多数热带和副热带地区降水量可能减少		积雪退缩,大部分多年冻土区融化深度广泛增加,南北极海冰进一步消融	部分地区可能发生从未有过的极端事件;干旱、洪涝、高温和强降水发生频率很可能持续上升;热带气旋可能变得更强,并伴随着更大的极值风速和更强的降水;温带风暴路径向极地方向移动
中国区域	观测到的变化	1908—2007 年:1.1℃ 近 50 年北方:4℃		季节上冬季增温最明显;地域上西北、华北和东北变暖明显,长江以南地区变暖趋势不显著,西南部自 20 世纪中期以来一直呈变冷的趋势	华北大部、西北东部和东北地区明显减少,平均每 10 年减少 20～40 mm,其中华北地区最为明显;华南与西南明显增加,平均每 10 年增加 20～60 mm		山地冰川快速退缩,并有加速趋势	华北和东北干旱趋重;南方地区强降水增多,洪涝灾害频发;西部地区雪灾发生几率增大。南涝北旱的雨型正在形成
中国区域	未来情景预估	2020 年:1.3～2.1℃ 2050 年:2.3～3.3℃ 2100 年:3.9～6.0℃ (相对于 2000 年)		季节上冬半年变暖明显;地域上温度升幅度由南向北递增。预计至 2030 年,西北升温 1.9～2.3℃,西南升温 1.6～2.0℃,青藏高原升温 2.2～2.6℃	未来 50 年中国年均降水量将呈增加趋势,预计到 2020 年,全国年均降水量将增加 2%～3%,到 2050 年可能增加 5%～7%,到 2100 年可能增加 10%～12%,其中东南沿海增幅最大		青藏高原和天山冰川将加速退缩,一些小型冰川将消失,估计到 2050 年,中国西北冰川面积将会显著减少	未来 100 年中国境内极端天气与气候事件发生频率可能增大,干旱范围可能扩大,土地荒漠化可能加重

表 3.2　观测到的全球极端天气现象变化(IPCC,2007)

现象	变化	区域	时间	信度
冷日/夜、霜日	减少,尤其是冷夜	70%以上全球陆地	1951—2003 年(欧洲和中国过去 150 年)	很可能(>90%)
暖日/夜	增多,尤其是暖夜	70%以上全球陆地	1951—2003 年	很可能(>90%)
热浪日数	增加	全球	1951—2003 年	可能(>66%)
冷季/暖季(季节平均)	新证据表明存在季节变动	欧洲中部	1961—2004 年	可能(>66%)
强降水事件(每年)	增加(与平均降水的比例增加)	许多中纬度地区(包括总降水量减少的某些地区)	1951—2003 年	可能(>66%)
少雨事件	增加	仅少数地区有充分数据(如英、美)	1893 年以来	可能(>66%)
干旱(季节/年)	干旱区域增加	世界许多陆地	1970 年以来	可能(>66%)
热带气旋	生命期变长,强度加强,但频率未见变化	热带地区	1970 年以来	可能(>66%);对强度和频率有更大可能性
温带强风暴	主要是频率和强度增加,以及登陆点向高纬移动	北半球登陆地点	1950 年以来	可能(>66%)

2010 年是一个极端事件多发的年份。纵观世界范围,2009/2010 年冬季,英国等欧洲国家经历了自 1981 年以来持续时间最长的寒流;2010 年 2 月 27 日,罕见的强风暴“辛加”(Xynthia)袭击欧洲多国;南亚夏季风季节,巴基斯坦遭遇了自上世纪 80 年以来最严重的暴雨洪涝;7—8 月中旬,俄罗斯的极端高温干旱引发多起森林火灾;7—9 月,南美亚马孙部分地区经历了 40 年来最严重的干旱;10 月中旬,超强台风“鲇鱼”(Megi)给菲律宾北部及我国台湾和福建等地造成了严重损失。除此之外,印度和巴基斯坦遭遇了 50°C 的极端高温干旱天气;美国大陆经历了自 1984—1985 年以来最冷的冬季;乌干达大范围泥石流夺走了百余条人命;严重雪崩肆虐亚洲中南部;巴西里约热内卢大暴雨刷新历史纪录。回首我国的 2010 年,1 月上中旬,新疆出现了近 60 年来最严重的雪灾;西南地区经历了长达半年的特大干旱;6 月,东北地区经历了 40℃极端高温天气;8 月,甘肃舟曲发生特大山洪泥石流;10 月,海南出现近 50 年同期罕见强降雨。这一年是我国近 10 年来极端天气气候事件发生频率、强度及影响最大的一年,创下了 21 世纪以来 4 个“之最”:①夏季高温日数和平均最高气温为 1961 年以来之最;②极端最高气温破历史纪录且影响范围增大;③极端降水事件为 1961 年以来最多;④台风登陆比例为有记录以来最高。据统计,2010 年全球(包括海洋和陆地)平均气温比 1961—1990 年 30 年的平均气温(14℃)增加(0.53±0.09)℃,是自 1880 年以来最热的年份。2001—2010 年全球 10 年平均气温比 1961—1990 年的 30 年平均高 0.46℃,是有气象记录以来最热的 10 年(陈洪滨等,2011)。

表 3.3　观测到的气候变化影响及未来情景预估(IPCC,2007)

区域		粮食	渔业	水资源	海岸带和小岛屿	人居环境和社会	人体健康
全球		低纬地区,特别是季节性干燥区域和热带区域,预估农作物生产力会降低	特殊鱼类物种分布和产量预计会发生区域性变化;珊瑚白化和大范围死亡,对其依附物种产生不利影响;对变暖敏感的海冰生物群落受到影响	中纬干旱地区和热带干燥地区以及依靠冰雪融化地区的水资源受到压力,预计 2050 年之前其径流量将减少 10%～30%;预计本世纪中叶,小岛屿水资源减少;海水倒灌、侵蚀、盐碱化影响水质,可用淡水减少	海岸带湿地丧失;洪水、风暴潮、侵蚀以及其它海岸带灾害;到 21 世纪 80 年代,预估受洪水威胁的人口会增加 2～3 倍(数百万以上)	制冷能源需求增高;城市空气质量下降;洪水、热带气旋等将破坏人居环境、商业、运输和社会,使基础设施受到压力;财产损失;潜在人口和基础设施迁移	由于热浪、洪水、风暴、火灾和干旱导致的死亡、疾病和伤害增加;腹泻疾病增加;心肺疾病发病率上升;疟疾、登革热等低纬常见流行病向更高纬度扩展,并将波及世界 40%的人口
亚洲		对于几个发展中国家,预估饥荒风险会维持在很高水平		未来 20～30 年,喜马拉雅地区冰川融化,预估会导致洪水及不稳定山坡引起的岩崩事件增加并影响水资源;随着冰川退缩,江河径流将减少	大部分亚洲沿海可能会发生大范围洪水,海岸带受到侵蚀或沙化	预估气候变化会加重对自然资源和环境的压力,这与快速城市化、工业化和经济发展有关。	
亚洲	中亚	到 21 世纪中叶,预估农作物减产 30%		预估可用淡水减少,尤其大的江河流域;到 21 世纪 50 年代,气候变化可对十亿以上的人口造成不利影响			
亚洲	南亚		海岸水体中浮游生物量和鱼苗有可能减少		人口众多的大三角洲地区将可能面临最大风险		预估腹泻发病率和死亡率上升,南亚霍乱数量增多和/或毒性反应加大
亚洲	东南亚	到 21 世纪中叶,预估农作物增产 20%					
亚洲	东亚						
亚洲	温带区					更多极端天气,如热带气旋;热带印度洋地区未来季节性极端降水强度可能更强	
亚洲	热带区						

续表

区域＼影响	粮食	渔业	水资源	海岸带和小岛屿	人居环境和社会	人体健康
中国	局部地区农业减产。若2020—2030年平均气温增暖0.5～4.2℃，将使中国农业减产5%～10%	气候变暖将造成渤海、黄海、东海和南海四大海区主要经济鱼种的产量和渔获量不同程度降低	水资源时空分布不均衡，水资源的供需矛盾加剧。近20年来，黄河、淮河、海河、辽河径流量明显减少，水资源总量大约减少12%	海岸侵蚀和海水入侵；近海生态系统退化，珊瑚礁生长减缓。预计河口湾生态系统和海岸带经济将受到影响；滨海湿地、红树林和珊瑚礁等损害程度将加大；台风和风暴潮等自然灾害发生几率增大，造成更严重的海岸侵蚀及盐渍化	酷热、干旱、暴雨、冰雹、台风等极端天气发生频次和强度明显增加。2001—2008年，自然灾害造成的经济损失占中国GDP的2.8%	2004年2月中旬，在冬春交替季节，南京气温变化无常，面瘫病人增多；2006年7月30日，北京许多人因天气异常闷热而突发急症进了医院
非洲	2020年，某些国家雨养农业减产50%；适于农业的地区生产期长度和生长潜力下降，尤其是干旱和半干旱过渡区，粮食安全受影响	大型湖泊渔业资源减少，持续过度捕捞可能导致情况更加恶化	到2020年，预估有7500万到2.5亿人口面临加剧的缺水压力；到2080年，预估干旱和半干旱土地增加5%～8%	接近21世纪末，预估海平面上升将影响人口众多的海岸带低洼地区。适应成本总量至少可达到国内生产总值(GDP)的5%～10%	由于存在多种压力且适应能力低，非洲是对气候变化最脆弱的大陆之一	
北极	冰川、冰盖厚度减少，多年冻土层季节性融化深度增加；1978年以来，北极年平均海冰面积以每10年2.7%(2.1%～3.3%)[①]的速率退缩，较大幅度的退缩出现在夏季，为每10年7.4%(5.0%～9.8%)；某些预估结果显示，21世纪后半叶北极夏季后期的海冰几乎会完全消融			海岸带侵蚀加重	冰雪状况变化对基础设施和传统本土生活方式产生不利影响，供暖成本降低，北部航线增多	

① 结果的不确定性范围一般为90%的不确定性区间，即取值高于方括号中给定范围的可能性为5%，同时低于该给定范围的可能性为5%，所评估的不确定性区间并非总是以相应的最佳估算值为中心对称。

当然,对于全球气候变化也存在不同的观点和见解。由于洪涝、干旱等极端事件的年际变化表现出高度的非线性和复杂性,目前对年际尺度气候预测准确率仍较低,气候变化规律还需进一步研究揭示(杨秋明 等,2011)。气候变化的不确定性及其内在矛盾主要表现为以下方面。

(1)气候变化的方向和影响因素存在争论。根据最近美国的一项民间问卷调查,认同变暖观点的比例已经下降到50%左右,而在一年前,这个比例还高达70%;客观上IPCC本身也并没有得出100%的肯定结论,说明在气候变化方向及其影响因子等问题上还有待进一步科学论证,并非盖棺定论。

(2)人类采取相应手段主动应对和干预气候变化,其效果和作用并不确定。我们在全力找寻应对和解决气候变化源头(即碳排放)的各种方法时,却在其最直接影响的应对和干预等问题上束手无策,这似乎证明了当前气候变化应对策略的某种盲目性或无效性。

(3)作为一个非强制性的松散型政治议题,无法对各国和地区的政策形成强制性制约,从而带来政策行动上的随机性和无序性,表现为各国和地区的态度和政策极不协调和统一,国家行为的外部性程度依然很高。

(4)作为有史以来影响范围最广、影响程度最深、影响规模最大的全球环境问题,气候变化与由外部引起的一般性环境问题的区别是,它从根本上挑战了人类发展对于资源和物质永无止境的开发和攫取。

因此,今天需要进一步考虑的重点已不再是近期发展,而是中长期内国际社会应该如何有效应对和适应气候变化(李志青,2011)。

3.2.2 气候变化影响

目前气候变化的影响已经逐渐显现,体现在冰冻圈、水资源、农业、生态系统、海岸带、人类健康等诸多方面,预计未来的影响将会更加严重(王伟光 等,2009)。

世界银行的气候变化特使安德鲁·斯蒂尔指出:如果你在当今世界关注贫困问题,就必须关注气候变化,因为气候变化已经给发展中国家带来了不利的影响。这种影响主要体现在以下四个方面(邹晶,2011)。

(1)气温上升。气温升高将影响到农业,如可能会改变病虫害的特征等。

(2)海平面上升。估计3.5亿生活在发展中国家沿海城市的人们将因此会受到洪水灾害的直接影响。

(3)气候变化带来的台风、龙卷风等极端气候事件频发。目前世界上许多国家都正感受着这类威胁,如菲律宾、越南等国越来越多地受到台风的影响和威胁。

(4)水循环的变化。这使得我们无法准确地预测雨季与旱季,如什么地区会变得干旱,什么地区会多雨。

参照文献(刘允芬,2000;王伟光 等,2009;中国国家发展和改革委员会,2007)整理得到的表3.3中概述了世界不同区域观测到的气候变化影响及其未来影响的情景预估。其中,中国是世界上对气候变化最为敏感和脆弱的地区之一,气候变化对中国的影响表现在社会、经济、自然等诸多方面。

3.2.2.1 对社会的影响

气候变化会通过影响国家决策、人民生活等方面进而对社会造成重大的影响。

世界银行在其2010年度世界发展报告中指出：气候变化是人类在新世纪面临的最为复杂的挑战之一，没有哪个国家能独善其身，也没有哪个国家能独立应对（世界银行，2010）。气候变化是全人类共同面临的挑战，应对气候变化也需要人类共同采取行动。随着哥本哈根会议等全球气候会议的召开，世界各国集聚在一起就气候问题为人类未来发展做出讨论，而实则在这些会议上，也是一个国家综合国力、国际号召力、国际责任感的重要体现。

另外，气候变化不断促进环境法律制度的完善和环境法律原则的拓展：气候变化将导致环境法律原则由社会发展优先向协调发展、环境优先等原则转变，当经济建设和环境保护发生矛盾或不协调时，应坚持环境优先原则。气候变化也会导致环境法律由预防为主、防治结合向风险防范等原则转变，只要有造成环境污染的风险，就必须进行环境保护。气候变化也会导致超标违法原则等不断拓展，环境维持、不得恶化等原则不断创设。对于环境容量大的西藏等地区，应坚持公平的国际气候原则，保持现有环境不得恶化。与此同时，气候变化也会引导和推进我国应对气候变化的环境法律制度的发展，环境信息公开和环境保护公众参与法律制度将获更大的拓展空间；为了保护整体环境和生态，生态受益补偿制度也将不断充实；把握项目的科学可持续协调发展，环境影响评价制度将进一步完善；针对潮汐能发电、风能发电、太阳能发电等低碳能源的利用者低碳补贴等制度将渐获创设（郑莉，2011）。例如，2004年，国务院颁布了《能源中长期发展规划纲要》（2004—2020年），国家发改委发布了《节能中长期专项规划》；2005年全国人大审议通过了《可再生能源法》；2007年修订了《节约能源法》，制定了《可再生能源中长期发展规划》，发布了《中国应对气候变化国家方案》；2008年又发布了《可再生能源发展十一五规规划》和《中国应对气候变化的政策与行动》。

气候变化还会对城市这个特殊区域产生重大的影响。气候变化可能会在全球范围内影响各个城市的供水系统、生态系统、能源供给、工业和服务业等；还可能会扰乱当地经济并使城市居民遭受财产和生计损失，在某些情况下，甚至还可能引发大规模的人口迁移。这些影响还很可能会加剧城市分化。因此，气候变化可能通过扰乱城市的社会功能结构并让更多市民沦为贫民（张波 等，2011）。

对于人们的生活方式而言，随着全球气候的进一步变化，在经济快速发展和人们对生活质量要求不断提升的背景下，今后气候调节耗能量的比例必然迅速增加。人们的生活能耗可能会由目前以收入增长为主的驱动模式向以温度变化为主的驱动转变，更多地表现出目前发达国家的能耗特征（罗光华 等，2012）。

3.2.2.2 对自然环境的影响

全球气候变化将引发一系列的环境后果，如冰川退缩、湖泊水位下降、源头水量逐年减少、草场退化、水土流失日趋严重等。

1. 对冰川的影响

自1860年以来在21个有测量记录的最热年份中有20个发生在过去25年里。北极圈永久冻土层开始融化，世界上的冰河、冰川退化。预计到2030年“冰川国家公园（Glacier National Park）”里将不再有冰川。随着极地海洋冰层的融化，北极熊面临绝迹。美国鱼类和野生动物服务署根据《濒危动物法》(Endangered Species Act)已将北极熊列为濒危动物(许浩,2011)。研究表明:如果气温升高1℃,那么世界主要的冰架将会在21世纪消失(IPCC,2007),而全球变暖2℃将足以毁掉西南极的冰盖(Oppenheimer *et al*,2005)。

2. 对水资源的影响

气候的异常变化将改变全球水文循环的现状,对降水、蒸发、径流、土壤湿度等造成直接影响,导致洪涝灾害、干旱等极端水文事件发生,进一步增加水灾害风险,而这些正成为人类生存所面临的重大挑战(张利平 等,2011)。

淡水资源是人类赖以生存的重要资源,而它与气候变化有很大关联性,水质受到多种气候因子影响,如气温、水温、降水、极端事件等。其中,水体污染是气候影响的重要体现之一。水体污染物的来源包括点源和面源,面源污染是由降雨、融雪形成的地表径流或土壤中流携带的营养物或污染物造成的。

(1)气象要素对水质的具体影响(Z. W. 昆兹威克斯 等,2011)

①气温升高造成水体升温,加快了水体中的化学反应过程和反应速率,同时使水体中的活化分子比率增加。此外,温度升高还会加快营养物质循环,降低携氧量,导致河流自净能力下降。

②在气候变暖的情况下,与水相关的极端事件(如洪水、干旱)也越来越频繁和严重,这也会给水质带来较大的影响:强降水过程将影响通过径流进入河流的污染物(如营养物、重金属、致病微生物和有毒物质等)浓度和比率。2002年,德国易北河流域洪水期间发生了一次严重的死鱼事件,其原因就是强降水形成的地表径流将大量农业化学物质带入河流。而洪水期间,超负荷的暴雨排水系统和污水管网也可能成为水体的污染源。对于干旱来说,其造成的水质问题虽与洪水产生的问题不同,但同样非常严峻,因为水量减少对水体中营养物的稀释和污染物的负荷十分不利。

(2)气候变化对水文、水资源影响的基本途径(涂永彤 等,2011)

①气候变化对水文、水资源径流的影响表现在:径流区域分配的变化,年径流量的变化,以及径流系数的变化。

②气候变化对水文、水资源系统的影响表现在:影响水文水资源质量,影响水文水资源的用水供求,以及影响湿润地区与干旱地区的敏感性。

3. 对海平面的影响

海平面上升是缓发性灾害,随着全球气候变化,目前海平面上升已成为人类面临的主要威胁之一(Carton *et al*,2005)。海平面持续上升将加剧沿海地区土地淹没、风暴潮和洪涝灾害,导致城市抗灾能力降低、土壤盐渍化加重以及由咸潮入侵造成的水资源短缺等生态灾害,直接影响社会经济发展和人民的生活质量(IPCC,2007)。据最近科考证据表明,到21世纪末,海平面将上升7英寸至两英尺*不等,届时将会给数百万人口带来灭顶之灾。目前,人们最关注的问题是格陵兰岛和南极大陆的冰山是否可能发生突然坍塌、滑入海中,若此类事件发生,将可能导致海平面急剧上升10或20英尺。海平面如此幅度的上升必将给世界数以百万以上的人口带来毁灭性的灾难。世界人口多数居住在低纬度沿海地带,同时这也是世界上最贫困人

* 1英寸=25.4毫米,1英尺=0.3048米。

口的聚居区。若海平面上升 20 英尺，那么印尼和马来西亚将有 2300 万人、孟加拉国将有 2400 万人、印度将有 4600 万人、中国将有 9600 万人不得不进行迁徙(许浩，2011)。

4. 对空气质量的影响

气候变化可加速某些大气污染成分(如 O_3)的前体物(如 VOC_S)的自然源排放，影响污染物的垂直混合和扩散速度，还可以通过改变大气环流形势，进而改变污染物的传输方式；气候变化不仅影响到室外空气质量，还可以影响室内空气质量，给人体健康带来威胁(孙家仁 等，2011)。

5. 对动植物的影响

气候变化对动植物的生长发育都会带来影响。例如，气候变化导致的海平面上升会影响到沿海、滩涂生物种群的生存；另外，气候变化也通过温度、降水量等的变化影响动植物的分布和生活习性。温度升高，将会加快植物的物候；温度降低，将延缓植物的物候(张翠英 等，2011)。气温与降水、光照等的共同变化已引起极地灌木扩张、高山植物分布海拔上升(Walther *et al*，2002)以及荒漠化加剧、土壤侵蚀加剧、生态系统退化、生物多样性锐减等一系列的植物乃至陆地生态系统不同尺度的变化。气候变化还将导致热带森林生态系统中沼泽、幼林和高原生物种量的显著增加，而低地和斜坡地上生物量则减少。植物分布范围的迁移与物候变化紧密相关，随着全球变暖，物种向极地和高纬度地区迁移，物种在极地与内陆之间的迁移范围扩大，超越了原先的地理分布和生活范围(表 3.4)(龚春梅 等，2011)。

表 3.4　近年来阿尔卑斯山和极地植物随纬度和海拔高度的迁移

物种	地理位置	可见变化	气候关联因子
北极灌木	阿拉斯加州	灌木扩张	气候变暖
高山植物	阿尔卑斯山	植物分布海拔上升 1～4 m/10a	气候变暖
南极植物	南极洲	植物分布改变	水分利用和气温增加

3.2.2.3　对农业的影响

气候变化会对社会经济产生严重影响。对我国而言，气候变化对社会经济生产的严重影响最直接和最突出地表现在对农业生产的影响。

目前人们已切身感受到冰川融化、干旱蔓延、作物生产力下降、动植物行为发生变异等气候变化带来的影响。在综合大量研究结果基础上，可以认为全球气候变化首先对农业产生重大影响。主要表现在对农作物产量、生长发育、病虫害、粮食安全、农业水资源及农业生态系统结构和功能等方面的影响。气候变化带来的极端水文过程增加，其直接影响就是加剧土壤侵蚀与水土流失。就我国而言，据估计，未来气候变化将使 3500 万农民可能损失 50%以上的收入(崔静 等，2011)。世界粮农组织已把应对气候变化列为解决世界粮食供应和缓解饥饿的全球重大挑战(Food and Agriculture Organization，2009)。

与农业生产密切相关的气候变化存在三大趋势(潘根兴 等，2011)：①气温总体升高，而日照时数总体减少；②气候波动性增强，极端性天气事件的频率增大；③气候变化的区域变异加大，农业生产能力的区域差异趋向扩大。具体气候要素变化对农业的影响总结见表 3.5(杨晓光 等，2011；潘根兴 等，2011)。

表 3.5 气候要素变化对农业的影响

积温增加的影响	①使作物的生长期延长，作物生育后期的冷害风险增加，对北方地区作物生长有利 ②倒春寒、寒害等低温灾害的发生频率增加 ③冬季土壤病虫生物的越冬和早发限制和降低了土壤肥力的发挥
降水变化的影响	①降水增加地区，有利于满足作物的需水要求 ②降水减少地区，干旱的发生频率和强度增加 ③灌溉农田面积显著减少，需加大优良抗旱品种推广力度 ④盐碱化发展、侵蚀加剧、土壤墒情降低
日照时数减少的影响	影响作物的光合速率和光合产物
极端事件的影响	①制约了我国农业的气候资源和生产潜力 ②加剧了农业生产的不稳定性 ③扩大和加速土壤侵蚀
CO_2 的增加	①缩短了作物的生育期 ②植物对养分吸收增强 ③土壤养分有效性降低

3.2.2.4 极端天气事件的影响

在气候变化对人类社会、政治、自然环境等产生的影响中，极端天气产生的影响最引人注目、最值得警惕。随着全球变暖背景下极端天气事件发生频率的急剧增加，极端天气以其强大的破坏力和极端的不确定性，使其对生态系统、人类社会带来巨大影响。下面以 2010 年极端天气事件为例，阐述该年极端天气造成的重大影响。

2010 年，我国因气象灾害和气象次生灾害造成的直接经济损失超过 5000 亿元，为近 20 年来最高；死亡（含失踪）人数达 4800 多人，为近 10 年来最多。从 2010 年全国主要气象灾害农作物受灾面积统计来看，暴雨洪涝和干旱为主要气象灾害，受灾面积分别占气象灾害总受灾面积的 41％和 38％，低温冷冻、雪灾以及风雹灾害约占气象灾害总受灾面积的 10％。强降雨等不利天气对交通设施运营影响为近 10 年最重。表 3.6 为 2010 年国内外部分极端天气事件及其产生的严重影响统计。

表 3.6 2010 年国内外部分极端天气事件及其产生的严重影响

时间	高温热浪、干旱、火灾	影响与损失情况
1—3 月	云南、贵州等多地遭受中重度干旱	经济损失超过 300 亿元；8000 多万人受灾
截至 4 月 8 日	巴巴多斯经历严重干旱	灌木丛火灾 1000 多起
截至 4 月底	古巴 68％的国土遭受严重干旱	12％人口经历严重干旱，50 万人饮水困难
6 月中旬	泰国部分地区遭受最严重干旱灾害	53 个省遭受旱灾，640 万人、236 km^2 庄稼受灾
6—7 月	加拿大不列颠哥伦比亚地区降水仅为常年平均的 25％～50％	威胁到当地的渔业和水供应
7 月最后一周	美国南加州遭遇高温干旱	3 次大范围野火，近 40 户房屋烧毁，约 2300 人被迫转移
7—8 月	俄罗斯经历有记录以来最热的夏天，及 1972 年以来最严重干旱	受旱面积达 9×10^4 km^2，948 次森林野火导致 18 个省的 260 km^2 土地被烧，1.5 万人死于高温天气
9 月 5—6 日	科罗拉多州异常高温干旱和大风	其附近峡谷发生大火，过火面积为 25.6 km^2，166 处房屋被毁
9 月 12 日	科罗拉多州异常高温干旱和大风	发生大火，烧焦 287 km^2 土地，火灾造成 1000 万美元损失

续表

时间	高温热浪、干旱、火灾	影响与损失情况
10—12月	山东地区降水量仅9 mm 山西省降水量仅1.7 mm	24万人饮水困难，2000 km^2 农田受旱
12月2日	以色列的迦密山干旱大风	引发史上最大的森林火灾，至少41人死亡，1.7万人被迫转移，过火面积为50 km^2

时间	低温严寒与暴风雪天气	影响与损失情况
1月8日	欧洲遭受强寒流带来的强降雪	德国法兰克福机场90%的航班被迫取消
1月18日	澳大利亚新南威尔士的邦巴拉镇遭遇首次夏季降雪	
1月28—31日	美国从新墨西哥州到新泽西州南部部分地区遭遇暴风雪，积雪量达24.5 cm	多条州际公路，包括连接美国东西部交通干道被迫关闭
2月5—6日	美国大西洋中部沿海地区遭遇超强暴风雪天气，多地降雪量破历史纪录	美国大西洋中部沿海地区交通瘫痪，华盛顿特区等地进入紧急状态，上万人用电中断，学校、机场和公交系统都被迫关闭
2月26日	美国东北部遭遇风暴袭击，带来飓风等级大风、强降雨和降雪	多条道路关闭，100多万户居民用电中断，1000多个航班被迫取消
2月	美国遭受暴风雪	20亿美元的经济损失
9月17日	新西兰部分地区遭遇飓风强度的大风，狂风暴雪冻雨天气持续了6 d	100多万只羔羊被冻死
11月7—14日	东北地区和内蒙古部分地区遭遇暴雪	农作物受灾，对民航和公路交通造成较大影响
11月13日	美国部分地区遭遇罕见的早冬强风暴	近11.5万人用电中断，造成约200起交通事故
11月20—21日	内蒙古科右前旗积雪深度达25～51 cm	严重雪灾
11月22—24日	阿拉斯加大部分地区遭遇冻雨	交通几乎全部瘫痪
12月上中旬	西欧遭遇强暴风雪、冰冻以及极端低温严寒天气	英法等多国的机场航班被迫取消，滞留旅客十多万人，铁路和公路交通陷入瘫痪，上万所学校关闭
12月3日	波南琴斯托霍瓦遭遇极端低温	15万人供暖中断
12月15日	美国东南部的部分地区遭遇冬季风暴	交通瘫痪，学校被迫关闭，上万居民用电中断

时间	热带风暴	影响与损失情况
5月17日	“黎拉(Laila)”热带气旋登陆印度东南部	印度7万多人被迫转移
6月4日 6月5—6日	“钻石(Phet)”热带气旋登陆阿曼袭击巴基斯坦	引起当地300 mm降水，引发洪水和山体滑坡，使有和天然气生产一度中断 巴洛奇斯坦省出现370 mm强降水，造成至少16人死亡
6月27日	“艾利克斯(Alex)”飓风登陆伯利兹	引发洪灾
7月13日 7月16日 7月17日	“康森(Conson)”台风袭击菲律宾吕宋岛，袭击我国海南三亚市和越南海防市	影响菲律宾、越南和我国海南、香港。菲律宾100多人死亡，我国海南57万人受灾，越南15万人被迫转移
7月22日	“灿都(Chanthu)”台风袭击我国广东	影响我国广东、香港。广东直接经济损失22亿元人民币
8月11—12日	“电母(Dianmu)”台风袭击韩国南部，袭击日本四国岛	影响韩国、日本。韩国3 h降雨量为120 mm，130户家庭受灾，74个航班取消，91个港口摆渡延误

续表

时间	热带风暴	影响与损失情况
8月24日	"蒲公英(Mindulle)"台风袭击越南中北部沿岸	越南 Vinh 周边地区 12 h 降水量为 273 mm，近 5 万座房屋被毁，640 km^2 稻田被淹
9月2日	"狮子山(Lionrock)"台风袭击福建漳浦	造成广东省 15 个县(市、区)30 万人受灾，直接经济损失 4.41 亿元人民币
9月2日	"圆规(Kompasu)"台风袭击韩国江华岛	韩国 5 人死亡，朝鲜 3300 座房屋被毁，300 km^2 农田被淹
9月8日	"艾格(Igor)"飓风袭击百慕大群岛至加拿大纽芬兰岛	多座建筑物被毁，公路被淹，树木和电线被刮断
9月8日	"玛瑙(Malou)"台风袭击日本	日本 220 人被迫转移
9月17日	"卡尔(Karl)"飓风登陆墨西哥	带来强降水，墨西哥至少 50 万人受灾
9月19日 9月20日	"凡亚比(Fanapi)"台风袭击台湾南部，袭击福建	2010 年登陆我国最强的台风。台湾屏东降水量达 1080 mm，100 多人受伤，近万人被迫转移。给福建和广东省带来 100 年来最强的降水，受灾最重的阳春 24 h 降水量达 530 mm
9月24日	"马修(Matthew)"热带风暴登陆洪都拉斯—尼加拉瓜边境	造成周边地区 760 mm 的强降水，引发洪水和泥石流灾害
10月18日 10月23日	"鲇鱼(Megi)"台风袭击菲律宾吕宋岛，袭击福建漳浦县	1983 年以来西北太平洋最强的台风，也是 2005 年以来全球的最强台风。给菲律宾、我国台湾、福建、广东和浙江带来强降水天气，引发洪水和山体滑坡。给我国福建省造成直接经济损失 2800 万元人民币
10月30日 11月5日	"托马斯(Tomas)"飓风袭击圣露西亚、圣文森特和格林纳丁斯，袭击海地西南	引发山体滑坡并毁坏公路和桥梁，香蕉树被吹毁，经济损失达 1 亿美元；引发洪水和泥石流，3 万人被迫转移

时间	暴雨洪水	影响与损失情况
1月1—2日	巴西东南部遭遇泥石流	76 人死亡，直接经济损失达 1.45 亿美元
2月6日	美国洛杉矶遭遇突降暴雨	引发泥石流，巨石、残骸冲毁房屋和车辆
2月23日	印度尼西亚爪哇岛遭遇暴雨	引发山体滑坡，至少 46 人死亡，500 多村民流离失所
3月1日	肯尼亚遭遇强降水	山体滑坡，肯尼亚、乌干达边境多个村庄被掩埋；乌干达纳姆提村，泥浆和残骸堆积了 4.9 m 高，冲毁了绝大部分房屋设施
5月16日	刚果东部遭遇暴雨	引发泥石流灾害，19 人死亡，27 人失踪
5月1—2日	密西西比河谷遭受暴雨	29 人死亡，上万居民受灾
5月上旬	阿富汗北部和塔吉克斯坦南部遭遇暴雨	引发洪灾，至少 124 人死亡，近万人无家可归
5月	田纳西州、肯塔基州等地遭受洪灾	直接经济损失高达 15 亿美元
5月16—17日	波兰南部遭遇强降水	经济损失约 30 亿美元
5—6月	我国南方暴雨洪灾	影响 6900 万人，经济损失 800 多亿人民币
7月第一周	我国西北部遭受暴雨	29 人死亡，青海省 6300 座房屋被毁
至7月26日	我国共 28 个省遭受洪涝灾害	受灾人口 1.24 亿，因灾死亡 823 人、失踪 437 人，农作物受灾面积为 78740 km^2，直接经济损失 1541 亿元人民币
8月	非洲西部遭遇季节性强降水	上万处房屋被毁，农田被淹，近千万人的食物供应受到威胁
8月1—4日	吉林省遭遇破纪录强降水	引发河流泛滥、水库决堤，松花江水位超正常的 2 倍多
8月8日	甘肃舟曲遭遇强降水	引发山体滑坡，多个村庄被淹，用水被污染，加上异常高温致使瘟疫蔓延
8月9日	欧洲中部地区遭遇大洪水	至少 11 人死亡，近千户民居被毁
9月末	美国东南沿海遭遇强降水	引发洪灾，美国两个州 3 万户居民用电中断

续表

时间	暴雨洪水	影响与损失情况
10 月第 1 周	印度尼西亚、越南等地遭遇强降水	印尼西巴布亚省河流泛滥引发洪灾，至少 104 人死亡
10 月 7—9 日	缅甸等国遭遇强降水	缅甸第二大城市部分地区积水超过 2 m，近万人无家可归
10 月 14—16 日	海南省遭遇强降水	降水 200 mm，200 多个村庄被淹，10 万居民被迫转移
11 月第 1 周	泰国南部和马来西亚等地遭遇强降水	泰国合艾道路积水 3 m，马来西亚两个州 2.8 万人被迫转移
12 月	洛杉矶总降水量超过历史同期 200%～300%	部分地区发生洪水和泥石流，圣胡安—卡皮斯特拉诺地区山体滑坡，导致 400 人被迫转移，州长宣布 6 个郡进入紧急状态

时间	冰雹、龙卷风、雷电等局地强对流天气	影响与损失情况
2 月 27 日	欧洲大陆西海岸遭遇强风暴	造成法国等国 100 万人用电中断，62 人死亡
3 月	我国闽、粤等 9 个省（区）的局地遭受大风冰雹灾害	共造成 160 多万人受灾，农作物受灾面积达 400 km^2，直接经济损失约 12 亿元人民币
3 月 29 日	巴哈马群岛遭遇龙卷风	树木被连根拔起，数座建筑的屋顶被掀
4 月	湖北、贵州等地遭受风雹灾害	受灾人口 67 万人，直接经济损失近 3 亿元人民币
4 月 12 日	湖北襄樊、咸宁 2 市 6 县（区）遭风雹灾害	受灾人口 22.5 万人，直接经济损失 0.5 亿元人民币
4 月 13 日	贵州黔西南州望谟县部分地区遭受风雹灾害	受灾人口 3.3 万人，损坏房屋 1.2 万间，直接经济损失 814 万元人民币
4 月 24 日	陕西 4 市 13 个县（市、区）部分地区遭受风雹灾害	受灾人口 37.4 万，农作物受灾面积为 124 km^2，直接经济损失达 2.1 亿元人民币
4 月 24 日	美国多州发生龙卷风	在塔卢拉附近造成 10 人死亡，上千房屋被毁
5 月 2 日	孟加拉国遭遇闪电、冰雹暴雨天气的袭击	造成至少 17 人死亡
7 月 4—9 日	吉林 26 个县遭受风雹灾害	农作物受灾面积为 1860 km^2，直接经济损失 10.9 亿元人民币
7 月 5—9 日	江西 10 个县遭受风雹灾害	农作物受灾面积为 560 km^2，直接经济损失 7.2 亿元人民币
7 月 23 日	南达科他州维维安遭遇冰雹降水	当地几乎每座房屋都受到损坏
10 月 6 日	亚利桑那州遭遇 8 个龙卷风袭击	100 户房屋倒塌
11 月 16—17 日	美国广大地区遭遇罕见大风天气	许多地方电线被刮断，造成 1.8 万人用电中断
12 月 1 日	中部大西洋遭遇阵风	树木被毁坏，上万人用电中断

3.3　气候变化的海洋环境响应

海洋在气候变化中扮演着极为重要的角色。海洋热容大约是大气的 1000 倍，自 1960 年以来，海洋吸收的热量约是大气的 20 倍。这些热量主要存储于海洋上层，对气候变化，尤其是季节尺度到 10 年尺度的气候变化起着至关重要的调控和反馈作用。海洋对全球变化的响应已成为当今海洋科学研究的核心内容之一。根据 IPCC 的分析预估（Bindoff *et al*，2007；IPCC，2007；Trenberth *et al*，2007）以及国内外的相关研究（刘长建 等，2007；Arceo *et al*，2007；Kerr *et al*，2002），海洋对全球气候变化的响应主要体现在全球大洋和区域海洋的温盐变化、热含量变化、海平面升降等物理响应，也包括海水酸度、含氧量等化学响应和珊瑚白化等生物响应。结合本书主要研究目标，下面着重针对海洋气象、水文要素、极端天气（主要指热带气旋)变化以及冰川消融、海平面上升等方面来分析阐述海洋对气候变化的响应。

3.3.1 海洋气象、水文要素变化

根据IPCC第四次评估报告(IPCC,2007),对应于全球变暖,已观测到海水温度、盐度、pH值和含氧量等的响应变化。

自1961年以来的观测表明,全球海洋呈现出变暖趋势,0～700 m层的海水温度在1961—2003年间上升了0.10℃,且温度升高已延伸到至少3000 m的深度。海洋已经且正在吸收气候系统增加热量的80%以上。截至2008年,全球海洋表层水温已连续16年保持升高态势。该增暖响应将引起海水膨胀,进而加剧海平面上升。

从更长时间尺度即长期趋势来看,太平洋海温的变化也有一个明显的增暖趋势,这与全球的气温增暖总体趋势基本类似。从最近几十年来看,自20世纪70年代中后期以来,海温处于偏暖阶段,这与许多已有研究成果一致。不同的是,近几年太平洋海温表现出明显的下降趋势,这与全球气温的变化相悖,反映出了太平洋海温变化的独立性,太平洋海温的这种变化有可能是其自身200年周期的年代际变化在起作用(王英俊 等,2008)。

从1979年开始,地表温度平均每10年上升0.27℃,海水表层温度每10年平均上升0.13℃(Solomon *et al*,2007),增暖引起的海水膨胀将有助于海平面上升。20世纪50年代以来,北冰洋一些地区的海温升高了4℃以上;南极洲一些地区呈变暖趋势,而另一些地区则处于变冷状态,如南佐治亚地温度升高了2℃,而威德尔海的海表温度却下降了2℃(Whitehouse *et al*,2008)。在过去60年里,东澳大利亚流向南推移了约360 km,这导致其周边区域平均气温上升了2℃以上。表层和深层水的温度变化并非同步,在过去30年里,德雷克海峡700 m深处的海水温度上升了0.6℃,而表层海水的温度则下降了2.1℃(Sprintall,2008)。潮间带也是最易受气候变化影响的区域(Helmuth *et al*,2000)。

1955—1998年大范围的海水盐度变化观测表明:近极地高纬地区海水逐渐淡化,热带和亚热带浅层海水盐度增加;太平洋海水盐度显著降低,而大西洋和印度洋大部分海区的海水盐度增加。这种变化趋势与降水变化和海气系统的水汽传输过程相关。

大气CO_2浓度的不断增加导致了海水的逐步酸化。CO_2分压升高,则pH值下降。过去20年里,海水pH值以0.02/10a的速率下降。基于SRES情景的预估结果显示,21世纪全球平均大洋表面的pH值将会降低0.14至0.35个单位,较之工业化前至今0.1个单位的降幅更加显著。据推测,到2100年,海水平均pH值将可能下降0.3～0.5个单位(The Royal society,2005)。海洋变暖,可能会部分减缓海水酸化程度,但并不能减缓CO_2质量浓度长期升高带来的影响(韦兴平 等,2011)。

有证据表明在100～1000 m的温跃层,由于海水更新作用减缓,氧含量正在降低。海水中溶解氧含量与温度呈线性关系。温度每升高1℃,溶解氧质量浓度将下降6%;如果海温和CO_2浓度继续上升,那么低氧区范围将进一步扩大,到21世纪末低氧区的范围将会增加50%(Diaz *et al*,2008;Oschlies *et al*,2008),这将会对海洋生物资源和渔业生产带来不利的影响。

温盐环流(THC)是一种由于温度和盐度分布差异引起的密度梯度驱动的海流,其运输量约占全球大洋环流输运量的90%。THC的强度对于大西洋热量输送和欧洲气候有着非常显著的影响(Marotzke,2000)。大洋温盐环流以大西洋经向输送带环流为主要特征,太平洋无明

显的温盐环流输送带。

全球变暖可使北大西洋高纬温盐环流下沉区的海温升高、盐度变淡、海水密度随之降低，使其垂向温盐梯度及其与低纬大洋之间的经向密度梯度减小，导致海水下沉运动减弱。当大气中的 CO_2 浓度加倍时，温盐环流将减弱 8%。这种变化主要限于北大西洋而非整个环流的均匀减弱，它带来的大西洋中高纬度极向的热输送量减弱最多可达 10%以上。

在最新温室气体排放情景下，利用基于德国马普气象研究所为 IPCC 第四次评估报告最新发展的气候模式(ECHAM5/MPIOM)，对 3 种不同的温室气体排放假设(A2 情景：即经济快速增长、全球人口快速增长，未采用新能源技术，温室气体快速增加；A1B 情景：全球经济和人口迅速增加，采用一种均衡的燃料使用策略，不过分依赖某一能源，其基本假设是在所有的能源供应和终端利用技术方面具有相似改进速率，温室气体的浓度增加相对于 A2 情景有所减弱；B1 框架和情景系列：假设全球人口在 21 世纪中叶达到高峰之后下降，但其经济结构快速转向服务业和信息产业，材料消耗度减少，温室气体缓慢增加并趋于稳定)进行了可靠的数值模拟。在此基础之上，就大西洋温盐环流和北大西洋深层水形成的变化，以及北大西洋不同海区的温盐环流对温室气体浓度增加的响应进行了数值模拟和实验结果分析。结果表明，到 21 世纪末，在 3 种 CO_2 排放情景下(B1，A1B，A2 情景)，温盐环流强度分别减弱了 4 Sv(1 Sv $=10^6\ m^3/s$)，5.1 Sv 和 5.2 Sv，THC 大体相当分别减弱了 20%，25%和 25.1%。由于全球变暖引起副极地海区表层海水变淡，拉布拉多海和丹麦海峡以南区域的深层对流有所减弱；而在格陵兰—冰岛—挪威海(GIN Sea)的情况则相反，由于北大西洋暖流通过法鲁海峡进入 GIN 海域，使得高盐水增加，导致 GIN 海域上层盐度(密度)增加，进而使得深层对流加强(牟林等，2007)。

综上所述，到 21 世纪末，在上述 3 种 CO_2 排放情景下，THC 强度均呈现出减弱的趋势，CO_2 排放量增加越快，THC 强度减弱也越快(图 3.2)。

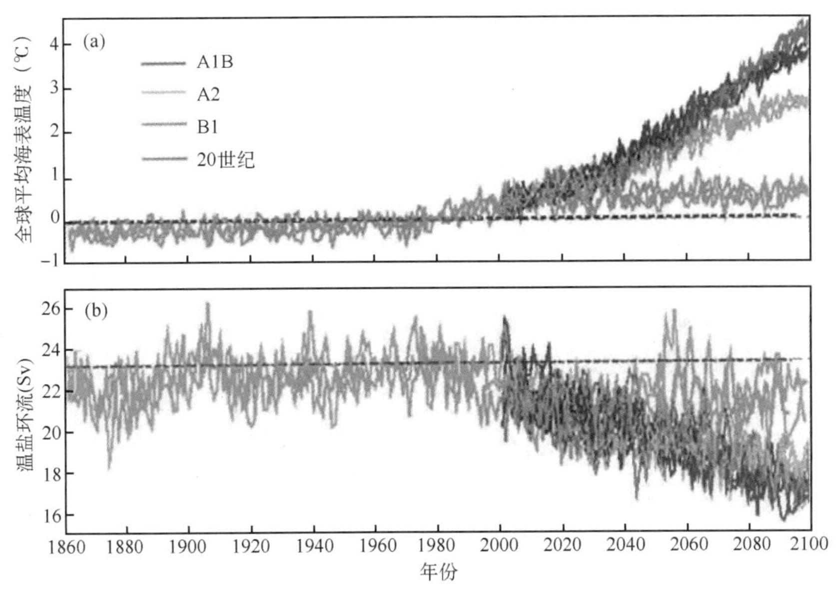

图 3.2　在不同温室气体浓度增加情景下全球平均海表温度(SST)
(a)随时间的变化，(b)温盐环流(THC)强度

观测证据表明:太平洋温盐流(STC)自20世纪70年代开始变弱,导致赤道冷水上翻减弱约25%,令表层海温升高约0.8℃。该变化发生的时间和PDO(Pacific decadal oscillation)发生的时间大致吻合,即始自1976—1977年。此前研究已经注意到赤道太平洋在过去30年升高了大约0.8℃。该现象一度令人困惑,因为在过去的50年里,该地区的云量实际是增多的,亦即冷却效应增强。有关STC减弱的新发现为赤道地区的增暖提供了一种解释:来自副热带的冷水输送减少,更重要的是,由于STC减弱而导致的赤道增暖,可能是引起20世纪70年代中期以来El Nino事件强度大、持续时间长、发生频繁的重要原因之一(周天军等,2005)。

3.3.2 极端天气事件

海洋上的极端天气包括:热带气旋、温带气旋、强降水、强冷空气活动和风暴潮等,这里主要关注气旋活动,尤其是热带气旋。热带气旋(TC)是指生成于热带或副热带洋面上,具有非锋面特征和暖心结构的气旋性强对流涡旋的统称。包括:热带低压(TD)、热带风暴(TS)、强热带风暴(STS)、台风(TY)、强台风(STY)和超强台风(SuperTY)。

全球变暖将使热带气旋的频率、强度以及空间分布发生变化。一方面,由于气候变化以及海表温度的逐渐增加,热带气旋形成的环境也将发生变化。高海温使得对流层低层的水汽含量增加,为台风提供能量的湿静态位能也将相应增加,最终导致热带气旋强度增加。观测数据表明,目前热带气旋已呈现出强度更强、持续时间更长的趋势特征。自1970年以来,在气旋总数和气旋维持时间减少的情况下,绝大多数洋面上生成的4、5级强热带气旋的数量却大大增加。尤其是在北大西洋、印度洋和西北太平洋上表现得更为明显。

另一方面,由于全球变暖,大气环流也将发生变化,背景场的变化使得热带气旋的传播路径相应发生改变。McCabe等(2001)研究发现,中纬地区气旋显著减少,但高纬地区的气旋却在增加,这说明风暴路径出现了向极区移动的趋势。异常路径的增多给热带气旋的预测增加了困难,致使灾害损失的风险也大大增加。

针对飓风能量的一种新的测量方法的研究表明:热带气旋的破坏潜力在过去的30年里几乎增加了一倍,并认为这与热带海洋表面温度有高度关联(Emanuel,2005)。近30多年的资料与20世纪70年代相比,热带风暴平均持续时间更长、平均强度更大。Webster等(2005)研究了过去35年里随着海温增加,热带气旋数量、生存期和强度的变化,认为伴随着普通热带气旋数量和生存期的减少,无论在数量上还是比例上,达到4、5级强度的台风都在大大增加,其中以北太平洋、印度洋和西南大西洋增加最多,增加比例最小的是北大西洋。但Pielke等(2005)研究认为,全球变暖和飓风活动存在联系的说法尚未成熟,温室气体排放和飓风观测变化之间的关联尚未确立。Chan(2006)通过分析西北太平洋热带气旋记录,指出Webster等(2005)研究揭示近年来强台风出现的增加动向并不是一种趋势,而是强台风年代际变化的一种表现,它与大气环流的自然波动有关。最近,Saunders等(2008)利用海表温度和风场的统计模型对热带北大西洋、加勒比海和墨西哥湾的风暴进行研究,结果显示在1996—2005年,局部海洋变暖造成的飓风活动增加了约40%。但是以上分析并未说明温室气体诱导的变暖效应是否对飓风活动的增加作出了贡献,也未说明飓风活动将怎样对未来气候变化做出响应。对上百年资料的分析结果表明,西北太平洋台风频数变化存在明显的年代际变化特征,就变化趋势而言，是在随时间减少，并没有出现随海温升高而导致频数增加的现象（黄勇 等，2008）。地球气候系统变化是否对西北太平洋热带气旋的活动有明显影响，是气候变化研究中必须回答的科学问题之一。目前观测资料分析研究结果还未完全统一：大部分研究认为，西北太平洋热带气旋（包括强台风）活动与全球增暖没有明显关联，但也有一些研究工作认为他们之间存在内在联系（黄勇 等，2010）。

统计分析表明（黄勇 等，2008），近106年里西北太平洋台风生成频数存在明显的年际变化趋势。总的来讲可以分为以下几个台风活动变化比较活跃和不活跃的阶段。

（1）台风较活跃，频数较高，有明显的正距平阶段：1905—1915年，以及20世纪20年代至40年代、60年代至70年代中叶、80年代中叶至90年代中叶。

（2）台风不活跃，频数较低，有明显负距平阶段：1915—1920年，以及20世纪40年代至60年代、70年代中叶到80年代中叶、90年代到21世纪。

近106年里登陆我国的台风频数也和生成的台风一样存在明显的年际和年代际变化趋势，且就台风的活跃和不活跃的阶段而言，登陆台风也具有和生成台风相同的分布（黄勇 等，2008）。

单个台风的活动似乎不宜直接归因于气候变化。实际上，全球台风频数的年际变化趋势并不明显。沿海地区的人口增长和基础设施增加可能是近年来台风对社会影响加重的主要原因。自20世纪70年代以来，一些海区超强台风比例明显增大，甚至比当前数值模式的模拟结果还要大出许多；如果全球气候持续变暖，台风的最大风速和最强降水有可能会持续这种增长态势。尽管在台风记录中，同时存在着支持和不支持人类活动信号的证据，但在该点上目前还不能给出一致性的肯定结论。另外由于台风和相关气候资料存在均一性方面的问题，气候数值模式对台风气候特征的描述也还存在缺陷，这两类问题的存在使得目前阶段要确切阐明全球变暖与台风活动的关系仍有很大的困难和不确定性。

尽管不同来源和不同时段的台风定强资料（因监测手段、定强技术指标的不同而存在差异）的统计结论仍然存在不小的差异，但是全球大多数海域的超强台风频数却明显呈现出增多的趋势。

相关数值模拟的研究结果也表明，全球变暖条件下台风强度将更强、降水率更大（雷小途 等，2009）。利用1949—2009年CMA-STI热带气旋最佳路径数据集，对我国周边海域（95°～140°E，0°～45°N）热带气旋频数和强度（用近海面中心附近最大平均风速表示）的气候变化特征分析发现：从20世纪中期开始，我国周边海域TC频数大体上呈弱的减少趋势，但是从20世纪90年代后期开始，TC频数有所增加，其中TS、TY及STY的频数增加尤为明显；虽然SuperTY频数有明显下降趋势，但从其60年变化趋势中可以看出SuperTY存在25年左右的周期振荡，且在近10年处于上升态势，预计未来发生频率仍有持续增加的可能；TC平均强度有弱的下降趋势，但是进入21世纪以来，TC、TY及其以上级别的TC平均强度均呈现增强态势，尤其是TC逐年强度极值的增加更为明显（图3.3）。

以上基于历史资料的分析虽还难以确定我国周边海域热带气旋发生频率和平均强度有确切增加的趋势，但少数极具破坏力的强台风却明显呈现出随海面温度升高而增强的趋势，进而使海上交通运输、海上工程设施和海上活动面临严重的潜在威胁。

3.3.3 海平面上升

海平面的变化是由太阳、月球和其他星球以及地球动力过程、热力过程、大气、海洋作用和人类活动共同影响制约的。因此，海平面变化是一个综合的、敏感的复杂系统问题和多系统耦合问题。不同系统的叠加作用和太阳、地球、生物圈的耦合效应可以称为太阳、地球、生物的耦合系统。目前，全球海平面的平均变化率是(1.32±0.22)mm/a，而中国海平面的平均变化率是(1.39±0.26)mm/a，高于全球平均水平。如果将 CO_2 含量作为气候变化标记，那么公元200年后的八个寒冷期可以合并在一起。第八个寒冷期的最低温大约出现在公元1850年，如果从最冷期过渡到最热期的阶段定为200年，那么现在这种持续增热阶段将维持到2050年，之后温度才会开始降低。如果从最低温到最高温的持续时间为250年，那么到2100年以后温度才会开始降低，届时海平面可能会继续上升(7～11)±3.5 cm。此后，海平面进入新的降低位相阶段，气候随之将进入一个新的寒冷期，全球海平面也将发生相应变化(Yue *et al*，2011)。

过去30年全球海平面变化情况如表3.7所示。其中，悉尼海平面变化为0.51 mm/a，西雅图为1.99 mm/a，旧金山为2.02 mm/a，布雷斯特为1.53 mm/a，马赛市为1.13 mm/a，孟

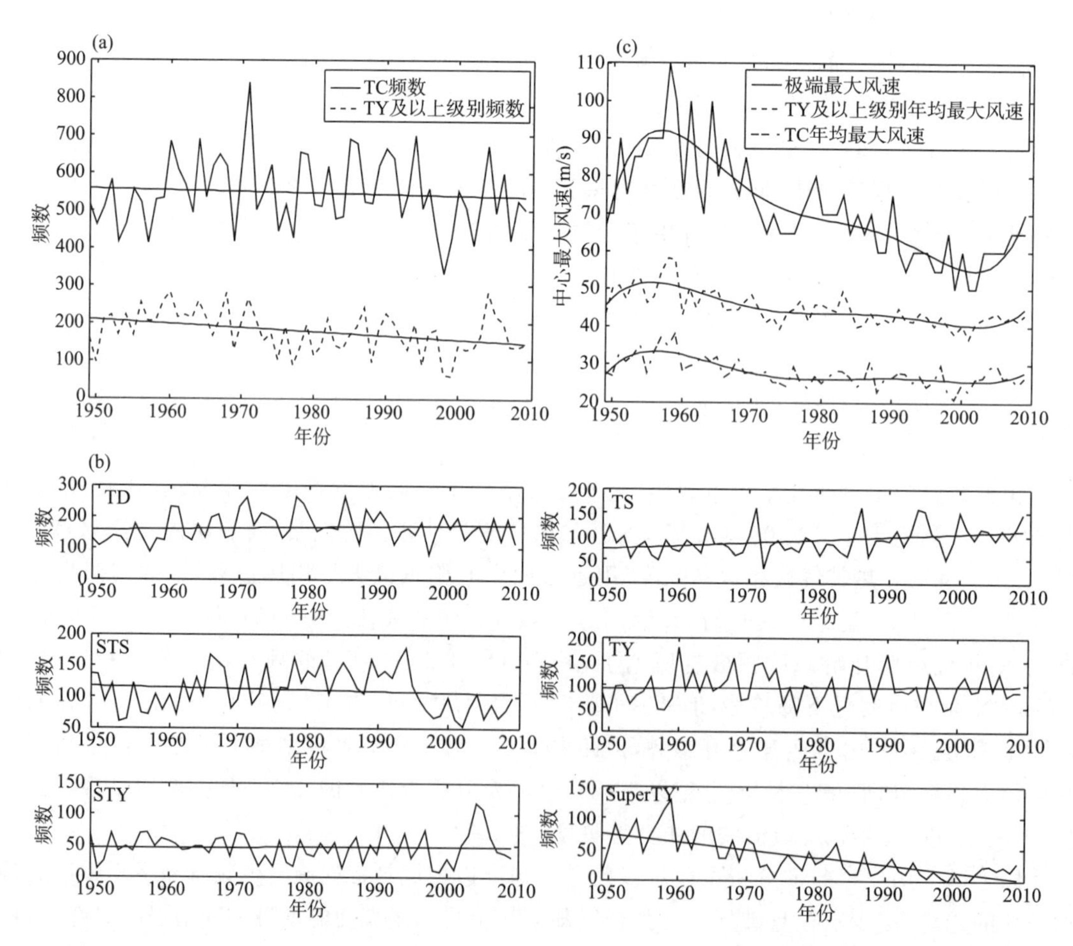

图3.3 1949—2009年我国周边海域TC频数(a)、不同等级TC频数(b)逐年分布及线性趋势；TC强度(中心最大风速)逐年分布及5阶拟合曲线(c)

买为 0.73 mm/a。总体的海平面变化率为(1.32±0.22)mm/a。

过去 30 年中国海平面变化情况如表 3.8 所示。其中，中国葫芦岛的海平面上升速率为 0.25 mm/a，秦皇岛为 −1.31 mm/a，塘沽为 3.54 mm/a，羊角沟为 3.04 mm/a，烟台为为 0.36 mm/a，吴淞为 −1.46 mm/a，厦门为 3.54 mm/a，海口为 3.66 mm/a，北海为 0.86 mm/a。通过计算发现，除了秦皇岛和吴淞的海平面在下降，其他地方资料都显示海平面以(1.39±0.26)mm/a 的平均速率上升(Yue *et al*，2011)。

需注意的是，中国的海岸线很长，不同地区的海平面及其周期变化也不同。如果仅仅比较日平均、月平均、年平均海平面或比较年平均和多年平均海平面，一般难以获得海平面的精确值。然而，限于现实的工作条件，这也是目前可实际采用的方法。

表 3.7 过去 30 年全球海平面变化情况(Yue *et al*，2011)

区域	站点	相对海平面(mm)	监测年份	年段	平均海平面(mm)	差值(mm)	年均升降率(mm/a)
澳大利亚	悉尼	6974	1897—1922	26	6961.0		0.51
			1923—1949	27	6932.8	−28.2	
			1950—1978	29	6992.5	59.7	
			1979—2007	29	7004.4	11.9	
美国	西雅图	7047	1899—1924	26	6968.1		1.99
			1925—1949	25	6999.8	31.7	
			1950—1978	29	7072.8	73.0	
			1979—2007	29	7132.9	60.1	
	圣弗朗西斯科	6992	1898—1924	27	6910.6		2.02
			1925—1950	26	6957.0	46.4	
			1951—1979	29	7014.6	57.6	
			1980—2007	28	7078.1	63.5	
法国	布雷斯特	6986	1895—1923	29	6963.7		1.53
			1924—1950	27	7013.4	49.7	
			1951—1979	29	7039.6	26.2	
			1980—2006	27	7090.9	51.3	
	马赛	6929	1893—1921	29	6873.6		1.13
			1922—1949	28	6906.5	32.9	
			1950—1978	29	6967.4		
			1979—2006	28	6969.8	60.9	
印度	孟买	7026	1892—1921	30	6986.4		0.73
			1922—1949	28	7035.9	49.5	
			1950—1978	29	7050.4	14.5	
			1979—1993	15	7038.7	−11.7	
以上 6 个站点的平均值							1.32±0.22

表 3.8 过去 30 年中国沿海海平面变化情况(Yue *et al*,2011)

区域	站点	相对海平面(mm)	监测年份	年段	平均海平面(mm)	差值(mm)	年均升降率(mm/a)
中国	葫芦岛	1630	1954—1980	27	1626		0.25
			1981—2008	28	1633	7	
	秦皇岛	888	1950—1979	30	907		−1.31
			1980—2008	29	869	−38	
	塘沽	1544	1922—1949	28	1423		3.54
			1950—1979	30	1571	48	
			1980—2008	29	1632	61	
	羊角沟	3110	1951—1977	27	3074		3.04
			1978—2002	25	3150	76	
中国	烟台	2151	1953—1980	28	2146		0.36
			1981—2008	28	2156	10	
	吴淞	2096	1949—1977	29	2114		−1.46
			1978—2003	26	2076	−38	
	厦门	3561	1954—1980	27	3510		3.54
			1981—2008	28	3609	99	
	海口	1535	1952—1979	28	1481		3.66
			1980—2008	29	1587	106	
	北海	2568	1954—1980	27	2556		0.86
			1981—2008	28	2580	24	
以上 9 个沿海监测站点平均值							1.39±0.26

采用不同的方法计算海平面一般会存在一定的偏差,表 3.9 是采用不同方法计算得到的全球和中国海平面变化率。

表 3.9 不同方法计算得到的海平面变率(Yue *et al*,2011)

区域	第一著者	时间	海平面变率(mm/a)	计算方法
全球	B Gutenberg	1941	1.1±0.8	多源海平面数据融合
	E Lisitzin	1958	1.12±0.36	6 个海平面监测站点分析
	H Fairbridge	1961	1.12	海平面数据分析
	V L Gomtz	1982	1.2	区域海平面数据分析
	Fang Qiaoying	1985	0.50−1.40	特定区域海平面数据分析
	Vivien Gornitz	1987	1.2±0.3	海平面高度算术平均
	Huang Liren	1993	1.2−1.4	平衡和基准数据分析
	Unal, Ghi	1995	1.62±0.38	海平面数据分析
	Yue Jun	2011	1.32±0.22	年代划分
中国	郑文振	1991	1.40	滑动平均
	赵明才	1997	1.30±0.36	滑动平均
	吴中鼎	2003	1.05−1.55	海平面数据分析
	Yue Jun	2011	1.39±0.26	年代划分

全球气温升高引起大范围冰雪(尤其是北极积冰和高原积雪)融化,加之海洋的热膨胀效应,导致平均海平面迅速上涨(表 3.10)。根据 IPCC 第四次评估报告结果(IPCC,2007):20 世纪全球海平面上升的总估算值为 0.17 m(0.12~0.22 m)。全球平均海平面从 1961 到 2003 年年均上升了 1.8 mm(1.3~2.3 mm),而 1993 到 2003 年年均上升了 3.1 mm(2.4~3.8 mm)。

表 3.10 观测到的海平面上升速率以及估算的各种因子的贡献(IPCC,2007)

海平面上升贡献因子	海平面上升速率(mm/a)		预估贡献率
	1961—2003 年	1993—2003 年	
热膨胀	0.42±0.12	1.6±0.5	57%
冰川和冰帽	0.50±0.18	0.77±0.22	28%
格陵兰冰盖	0.05±0.12	0.21±0.07	15%
南极冰盖	0.14±0.41	0.21±0.35	
海平面上升的单个气候因子的贡献总和	1.1±0.5	2.8±0.7	
观测到的海平面上升总量	1.8±0.5	3.1±0.7	
差(观测值减去气候贡献因子估算总值)	0.7±0.7	0.3±1.0	

海平面变化具有明显的区域差异,一些地区的海平面上升速率是全球平均海平面上升速率的几倍,而另外一些区域海平面则呈下降趋势。我国周边海域是全球海平面上升速率最高的海区之一。John 等(2006)的研究显示,1993—2001 年,西太平洋和东印度洋的海平面高度以每年 30 mm 的速率上升,是同期全球平均海平面上升速率的近 10 倍。

极端高海平面事件主要以风暴潮形式发生,比平均海平面上升对人类社会的影响更加直接。有证据显示,自 1975 年以来,全球范围内极端高海平面事件有所增加(Bindoff *et al*,2007)。

预计到 2100 年,相对于 1980—1999 年的平均值,海平面还将上升 0.18~0.59 m;格陵兰冰盖的退缩将导致 2100 年后海平面继续上升。表 3.11 给出 6 个温室气体排放情景下,全球平均地表变暖以及海平面上升的估算值及其可能性范围。

表 3.11 21 世纪末全球平均地表变暖和海平面上升预估结果(IPCC,2007)

个例	温度变化(℃)		海平面上升(m) 可能性范围
稳定在 2000 年的浓度水平	0.6	0.3~0.9	NA
B1 情景	1.8	1.1~2.9	0.18~0.38
A1T 情景	2.4	1.4~3.8	0.20~0.45
B2 情景	2.4	1.4~3.8	0.20~0.43
A1B 情景	2.8	1.7~4.4	0.21~0.48
A2 情景	3.4	2.0~5.4	0.23~0.51
A1FI 情景	4.0	2.4~6.4	0.26~0.59

根据中国沿海海平面变化情况，经国家海洋局海洋信息中心对48个站的1200多个站年资料分析，近百年中国海平面各海区变化不一，总体呈上升态势，年上升率为1.4 mm。其中渤海年上升率为0.5 mm，东海为1.9 mm，南海为2.0 mm。只有黄海海平面下降率为0.2 mm，这是由于山东半岛地壳呈缓慢上升趋势，上升率为每年2.5 mm左右，比该海区海平面的上升快，故表现为海平面上升缓慢或呈下降形态。

另外，根据《2009年中国海平面公报》，近30年中国海平面呈波动上升状态，平均上升速率为2.6 mm/a，高于全球平均水平；2009年中国沿海海平面比常年高出68 mm，处于近30年高位。预计未来中国沿海海平面将继续上升，如表3.12所示。

表3.12 未来中国海平面上升趋势预估(2009年中国海平面公报)

海区	近百年上升速率(mm/a)	近30年上升速率(mm/a)	2010—2019年预测(mm/a)	未来30年预测	
				相对于2009年的高度(mm)	相对于常年*的高度(mm)
渤海	0.5	2.3	2.9	68～118	128～178
黄海	−0.2	2.6	3.1	82～126	142～186
东海	1.9	2.9	3.7	86～138	146～298
南海	2.0	2.7	3.1	73～127	133～187
全海域	1.4	2.6	3.0	80～130	140～190

3.3.4 北极冰川消融

北极冰冻圈主要包括海冰、冰川、冰盖、冰架及永久冻土等，是全球大气的主要冷源之一，北极冰冻圈及其变化将显著地影响着太阳辐射的接收以及海气热力交换，进而对大气环流产生影响，同时它也是全球气候变化的重要指示器。已有的观测事实及科学评估指出：在全球气候变化背景下，北极冰冻圈正在并且将持续经历深刻的变化，其中尤以北冰洋海冰的减少最为显著。

3.3.4.1 北极气候增暖

IPCC第四次评估报告(IPCC，2007)指出，近百年来(1906—2005年)全球平均地表气温上升了约0.74℃，然而气候变暖并不是全球一致的，数据显示近30年来，北极地区是全球增暖最显著的区域，最大增温发生在北半球冬春季节。如图3.4所示，近100年来，北极地区平均增温速度接近于全球平均速度的两倍，北极增暖毋庸置疑。图3.5的预估结果也清晰地显示，未来北极地区仍将是增温最严重的区域。与地面气温上升相对应，部分海域已有的观测数据也显示，海水也出现了增温现象。模式及情景驱动的结果预计，到2100年，北极平均气温可能在2℃到9℃之间。

* 依据全球海平面监测系统(GLOSS)约定，将1975—1993年的平均海平面定为常年平均海平面。

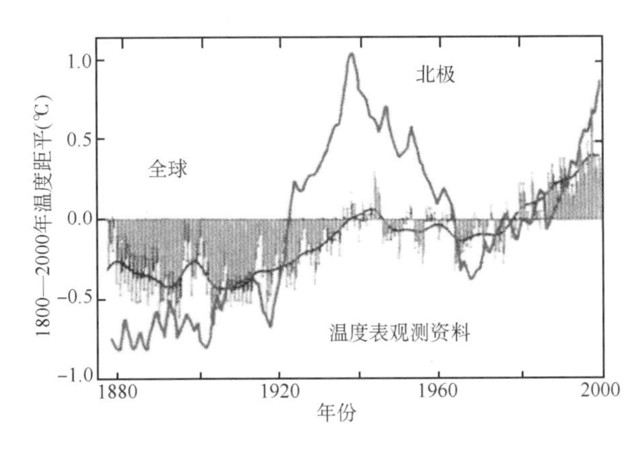

图 3.4 近百年来北极和全球的平均温度变化

(IPCC,2007;北极问题研究编写组,2011)

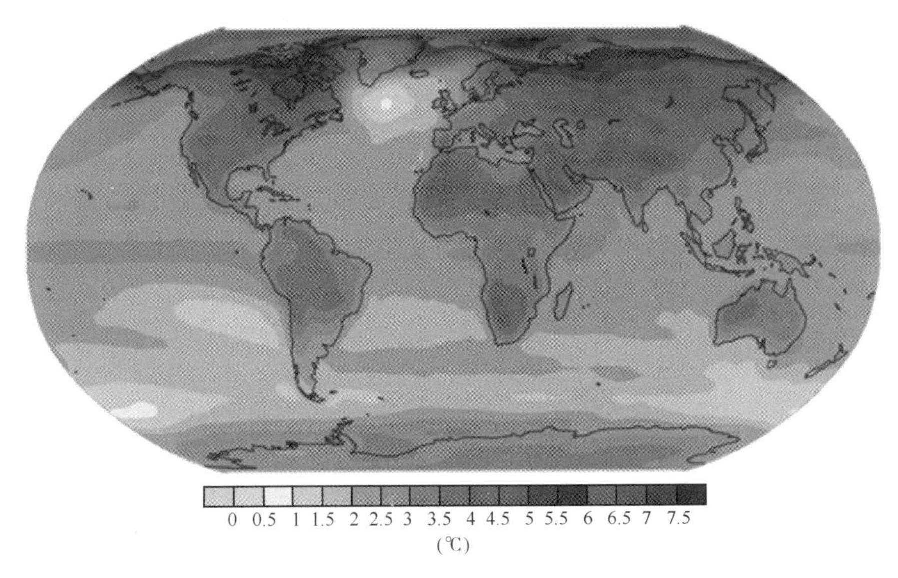

图 3.5 预估的 21 世纪后期(2090—2099 年)全球地表温度变化与分布

(此图为根据 A1B SRES 情景所作的多个 AOGCM 模式的平均预估结果,所有温度均相对于 1980—1999 年时期。IPCC,2007)

在全球气候增暖的大背景下,北极冰冻圈环境的改变日趋严重,近 30 年更是发生了近 400 年来最快速的变化。

3.3.4.2 海冰总体积减小

北冰洋是地球四大洋中纬度最北的海洋,其绝大部分面积都位于北极圈内。由于地处高纬度,全年接受的太阳辐射少,在冬季漫长的北极夜、夏季强烈的反射辐射等因素叠加下,使得北冰洋的气温和水温都较低,大部分海域的海水全年都处于零度或零度以下。因而,在北冰洋形成了大面积的冰盖和浮冰,其中三月份海冰覆盖面积最大,九月份最少,但是其中心部分仍然被厚厚的冰层覆盖。根据 1980 年的调查,北冰洋冬季最大海冰覆盖面积为 $1140\times10^4\ km^2$,约占北冰洋总面积的 87%;夏季最小海冰覆盖面积为 $700\times10^4\ km^2$,约占北冰洋总面积的一半(毛汉英,1980)。

近年来，随着北极温度的大幅度上升，北冰洋海冰正在以前所未有的速度减少，海冰覆盖范围减少、海冰厚度减小、夏季部分海域无冰及轻冰天数增加，使得海冰的总体积减小。照目前的融化速度，100 年后北冰洋将不再冰封（李旭，2008）。IPCC 的预估结果也显示，到了 21 世纪后半叶，北极夏季后期的海冰几乎会完全消融（图 3.6）。

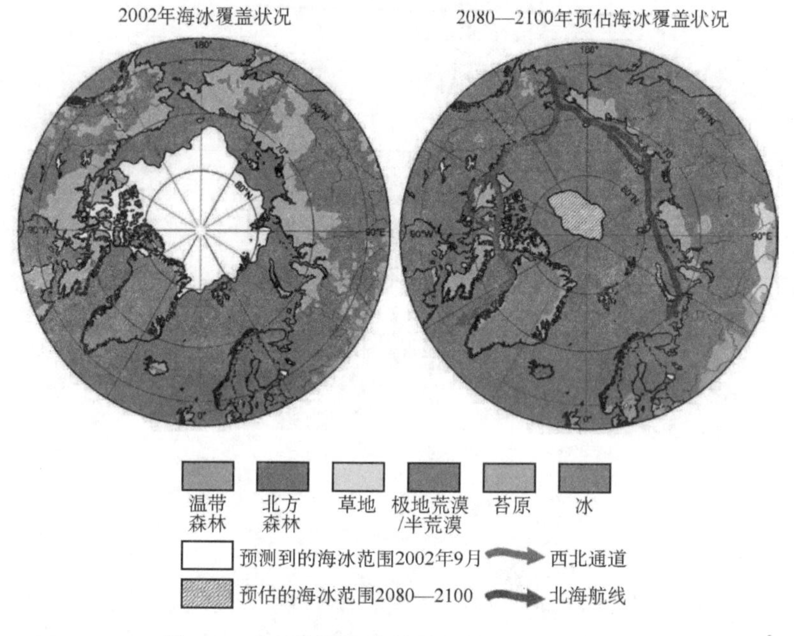

图 3.6　北极海冰变化情景预估（IPCC，2007）

1. 海冰覆盖面积减少

气候变暖以及海洋活动异常使得北冰洋海冰范围正在显著减小。1978 年至 2005 年的卫星观测数据显示，北冰洋年平均海冰覆盖面积正在以每年$(33\pm7.4)\times10^3$ km^2 的速度减少，相当于每 10 年减少$(2.7\pm0.6)\%$；各个季节海冰减少程度有所不同，其中夏季最为严重，每年可减少$(60\pm20)\times10^3$ km^2，相当于每 10 年减少$(7.4\pm2.4)\%$（图 3.7）。依据欧洲宇航局地球

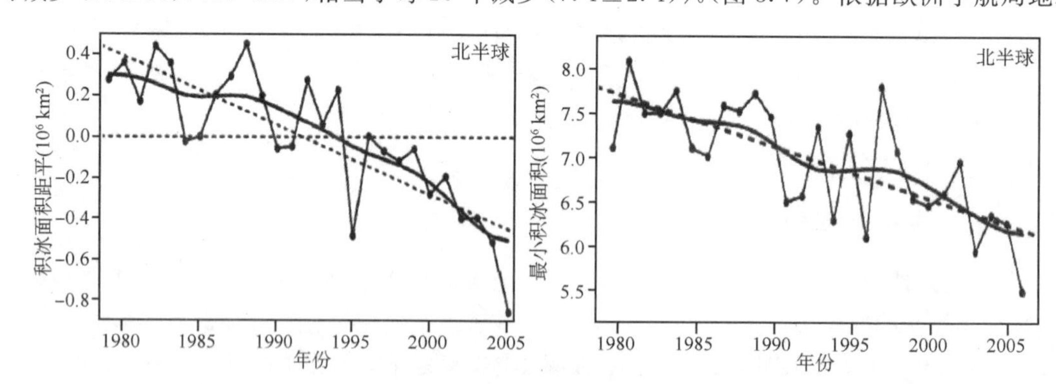

图 3.7　北极年平均海冰范围异常（左）和夏季海冰最小覆盖面积（右）
左图中点划线表示年平均范围异常，平滑曲线表示 10 年变化，虚线表示海冰范围异常趋势；
右图中点划线表示海冰范围，平滑曲线表示 10 年变化，虚线表示海冰范围变化趋势
（IPCC，2007）

环境监测卫星的观测数据，2007 年北冰洋夏季海冰覆盖面积仅为 $300\times10^4\ km^2$ 左右，达到卫星观测以来的最小值。欧洲航天局表示，北极冰层融化的速度已达到了"极端"。IPCC 第四次评估报告中模拟的 2080—2100 年海冰年平均减少量在 A2、A1B 及 B1 情景下，分别为 31%、33%、22%。据法国《世界报》援引巴黎海洋动力学和气候学研究所教授卡斯·卡尔的话："自现在起在未来的 25～30 年内，北冰洋的海冰将在某年的夏天消失。"

海冰覆盖范围的减少主要表现在海冰外缘线的退缩上，关于北冰洋外缘海海冰的研究也证明了这一点。白令海和楚科奇海位于北极的太平洋一侧的海冰外缘线附近，胡宪敏等人(2007)对该海域 1953—2004 年海冰范围的年际变化、年代际变化及其总体趋势变化进行了分析研究，结果表明：研究时间段内，白令海和楚科奇海的年平均海冰范围均表现为较显著的缩小趋势(图 3.8)，楚科奇海海冰范围的减少趋势约为 3693 km^2/a，而白令海海冰范围的缩小趋势则更为明显，约为 2846 km^2/a。李涛(2007)的研究表明东西伯利亚海海冰密集度在 2005 年之前的 50 年内整体呈现下降趋势，下降速率约为每 10 年 2.0%，夏半年减少速度更快，达到每 10 年 3.3%。来自美国国家冰雪数据中心的卫星图片也证明了东西伯利亚海的海冰呈现出了快速的融化趋势(图 3.9)。另有卫星图片显示，波弗特海的海冰也正在大范围地减少(图 3.10)。

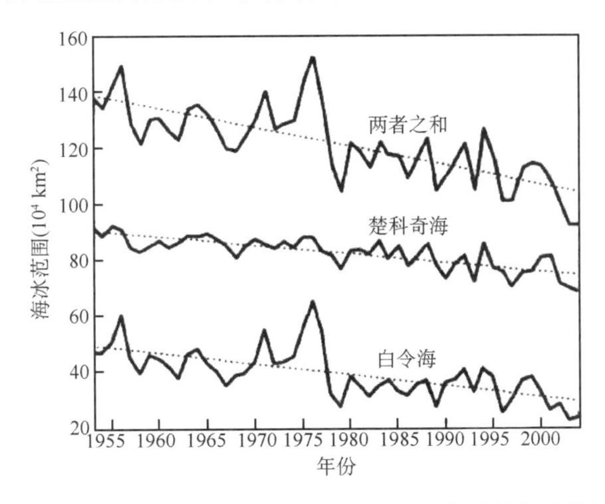

图 3.8　白令海、楚科奇海以及两个区域总和的年平均海冰范围变化

实线表示海冰范围，虚线表示变化趋势(胡宪敏 等，2007)

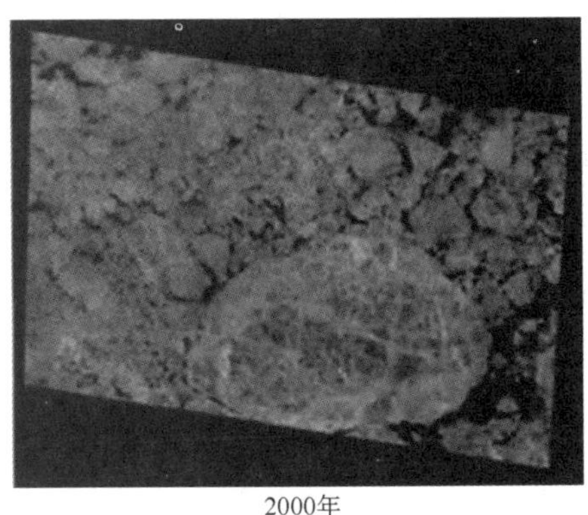
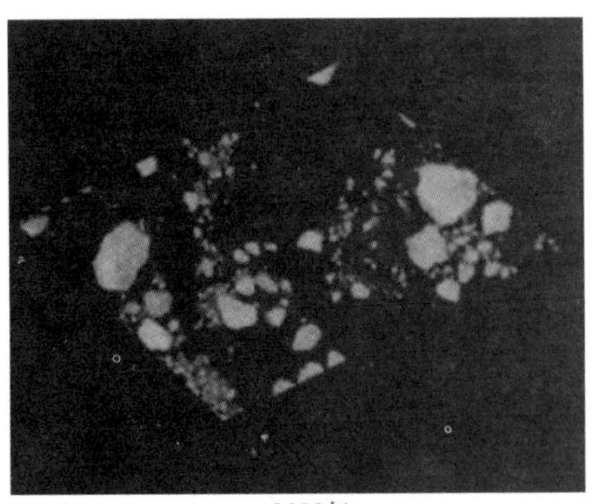
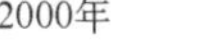

2000年　　2008年

图 3.9　东西伯利亚海的海冰状况变化(白色为海冰)

(卫星图片来源：美国国家冰雪数据中心)

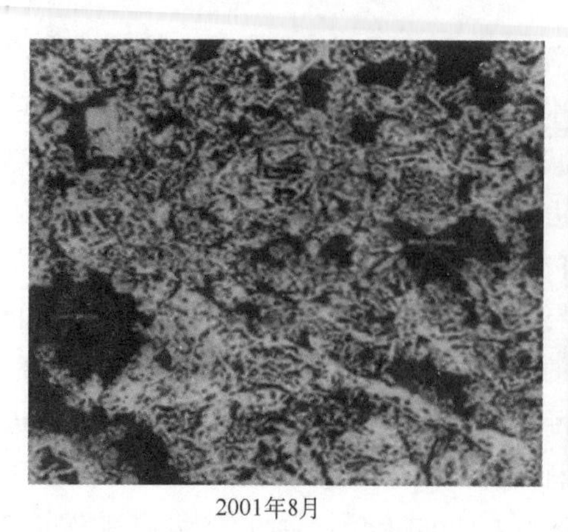

2001年8月

2007年8月

图 3.10　卫星遥感显示的波弗特海的海冰变化状况(白色为海冰)

2. 海冰厚度变化

海冰的厚度是过去海冰增长、融化及变形的总结果,因此其变化也是气候变化的一个重要表征。次表层海洋资料揭示,海冰的平均厚度已从 20 世纪 80 年代的 4.88 m 减少为 2.75 m,通过潜艇声纳探测获得的数据也显示 1990 年北冰洋中心区域的海冰厚度比 1958—1977 年的海冰厚度减少了约 40%。

从图 3.11 可以看出,不同模式模拟的北冰洋海冰厚度及总体积变化趋势大体一致,20 世纪八十年代后期开始,海冰厚度减小趋势明显,范围在 0.6～0.9 m 之间,但是关于 21 世纪初的模拟结果则稍有不同。目前尚没有确凿的证据表明北冰洋海冰厚度的变化完全由气候变暖引起,也有可能是海冰体积的重新分配等其他因素导致的。

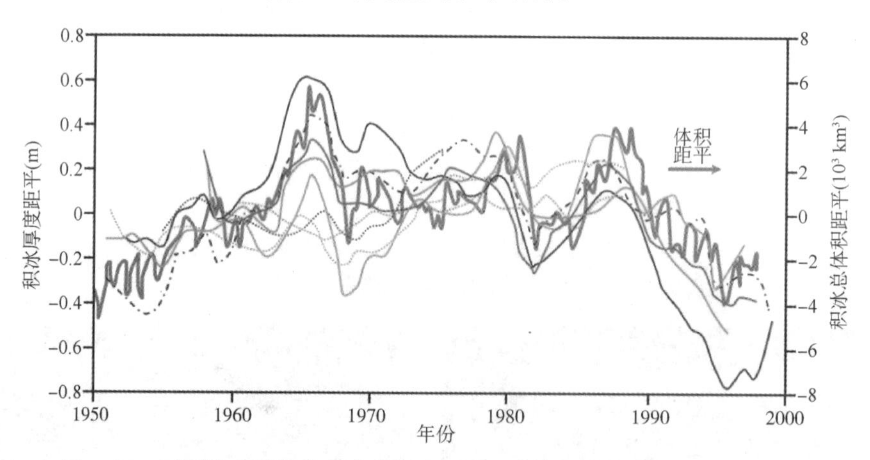

图 3.11　不同模式模拟的北冰洋海冰厚度及总体积时间序列(IPCC,2007)

3.3.5　海洋生态变迁

全球气候变化及其引起的海平面上升、气象水文要素改变、极端天气事件增加等因素对海洋生态系统也产生了很大的威胁,其中比较显著的有海岸带侵蚀、海洋生物生存环境恶化等。

3.3.5.1　海岸带系统受到严重威胁

随着海洋经济的发展,海岸带地区较内陆一般地区城市化发展较快、工业较为发达、人口

相对密集，但是其对气候变化的敏感性也较高，并且由于适应能力的限制，相比发达国家，发展中国家面临的挑战更为严峻。

表 3.13 为从 IPCC 报告中提取的影响海岸带系统的气候变化因子及其影响方式，从表中可以看出，气候变化对海岸带系统的影响主要是海岸带侵蚀、海水入侵、洪水等灾害及海岸带生物系统的破坏。

表 3.13　影响海岸带系统的主要驱动因子及其影响(IPCC，2007)

气候驱动因子	变化趋势	对海岸带系统主要的物理及生态系统影响
CO_2 浓度	增加	海水酸化影响珊瑚礁及其他对 pH 敏感的生物体
海表面温度	增加	加深跃层，改变温盐环流；高纬海冰减少；珊瑚白化及死亡率增加；物种的向极迁移；水华发生频率增加
海平面	上升	洪水、风暴增加；海岸带侵蚀；海水入侵；地下水位增加；湿地减少
风暴强度	增加	极端水位及浪高增加；海岸带侵蚀、洪水、风暴损失增加
风暴频率		改变大浪和风暴浪，增加风暴和洪水损失
风暴路径	偏北	对中纬度地区海岸带系统的影响风险增加
波候		改变波浪条件，包括膨胀；改变侵蚀模式；改变海滩方向
径流		改变海岸带湿地洪水风险；改变水质、盐度；改变河流沉积物；改变环流及营养物

1. 海岸线遭受侵蚀

海岸线侵蚀与多种因素有关，如海平面上升、风暴潮加剧、入海泥沙减少、不合理的人为开发等等，其中多数与气候变化有关，最主要的影响因素就是海平面上升。Bruun 模式(1962)证明，海岸线可以以 50～200 倍于海平面上升的速度退化。另外，极地海岸带的稳定性不只与通常影响海岸带的因素有关，还与高纬度特有的因素有关，如海冰的减少、永久性冻土的融化、风暴浪、波蚀和夏季高温等都会加速海岸线的退缩。据统计，20 世纪全球绝大多数海岸线都出现侵蚀现象：80 年代以来，密西西比州和德克萨斯州一半以上的海岸线以平均 3.1～2.6 m/a 的速度侵蚀；路易斯安那州 90%的海岸线侵蚀速度达到了 12.0 m/a(Morton *et al*，2004)；尼日利亚出现 30 m/a 的侵蚀速度(Okude *et al*，2006)。

另外，三角洲地区对气候变化尤其是海平面上升及径流变化的敏感性也很高，它同时还受人类活动(如土地利用等)的影响，目前大多数三角洲地区都经历着由于海平面上升而引起的沉降。

2. 海岸带生物系统破坏

海岸带生物系统对气候变化的脆弱性比较高，已有证据表明其生物多样性、物种分布等都受到了不同程度的威胁，尤以海岸带湿地、三角洲等低洼地区最为严重。

自 1750 年以来，人为碳的吸收已导致了海洋更加酸化，pH 值平均下降了 0.1 个单位。大气 CO_2 浓度增加，导致海洋进一步酸化。根据 SRES 情景的预估，21 世纪全球平均海平面的 pH 值将减少 0.14～0.35 个单位(IPCC，2007)。海水的酸化会加速珊瑚礁的白化，甚至影响其生存，而全世界珊瑚礁中生活着的海洋物种，每年产生着数千亿美元的经济效益。珊瑚礁数量及质量的改变会影响其他附着生物的生存环境、改变其物种分布，导致海洋生物产业和渔业等巨大经济损失。另外珊瑚礁对海岸带的稳定性也有重要的稳固作用，珊瑚礁的减少会进一步增加海岸线侵蚀的风险。

海水温度增加有利于海藻等浮游生物的生存，易导致水华发生，造成水质下降，同时也会影响其他水生生物对光、氧、碳的吸收。

海平面上升会使得沿海水位上涨，造成海水入侵、湿地减少，改变着沿海的淡水供应，影响植物尤其是红树林的生长，同时也会危及某些动物的生存。

到了21世纪80年代，由于海平面上升，预计将有数百万以上的人口会遭受洪涝之患，其中最为严重的是人口稠密的海岸带和低洼地区，尤以亚洲和非洲的大三角洲地区为甚。而这些地区目前已面临着诸多的灾害，如热带风暴、洪涝以及局地海岸带沉降等（IPCC，2007），海平面上升及其衍生风险将使得这些地区雪上加霜。

3.3.5.2 海洋生物的生存环境改变

根据IPCC第四次评估报告，有中等可信度的证据表明，如果全球平均温度增幅超过1.5～2.5℃（与1980—1999年相比），所评估的20%～30%的物种可能面临增大的灭绝风险；如果全球平均温度的增幅超过3.5℃，模式预估结果显示，全球将出现大量物种灭绝情况（占所评估物种的40%～70%）。气候变化对海洋生物的影响主要表现在气象水文要素改变了生物的生存环境，引起生物的迁移、食物链改变、生物多样性减少等。在受气候变化影响的生物中，极地海洋生物表现出较大的脆弱性，这是因为极地生物对其特有的生存环境有很强的依赖性，同时恶劣的气候也是本地物种抵抗外来物种袭击的天然屏障。

温度的不断上升及海冰的不断减少使得北极地区依附海冰生存的生物受到严重的生存考验：随着海冰外缘线的向北退缩，甲壳类生物（如桡脚类动物、片脚类动物）等适宜在海冰外缘线附近生存的生物会随之北移，其数量有可能减少；海冰覆盖范围的减少会使得依附海冰进行捕食及繁殖等活动的生物数量减少，如鳕鱼、海鸟、环斑海豹、北极熊等；磷虾主要捕获地苏格兰海域由于海冰减少，损失了一半以上的磷虾产量（Atkinson *et al*，2004）；其他海洋生物如海象、独角鲸、露脊鲸等也不同程度地受到海冰减少的影响；海冰的过早消融会导致海冰中有机体和次级产物生长时间的不协调增加，这会严重影响到海生哺乳动物种群的数量；海温的上涨会导致外来物种的入侵，且利于有害物（Juday *et al*，2005）、寄生虫（Albon *et al*，2002）的生长，而极地海洋生物的抵抗能力较弱，因此可能导致物种结构发生变化。另外，生物的迁移及数目的减少将通过食物链影响上一级生物的生存，进一步加大了海冰对北极海洋生物的影响程度。

海冰的减少使得开阔水域增加，海冰外缘线以南地区的生产力将会增加，有利于经济鱼类的繁殖生长，如北大西洋中的鳕鱼和鲱鱼及白令海中的鱼类等，这些鱼类约占该区域捕鱼总量的70%。但是一些适宜于冷水生活的物种则将失去其生存地（Vilhjálmsson *et al*，2005）。如北白令海陆架海域拥有稀有的底栖生物占优势的生态系统，而海冰的过早融化、海水的增暖将使得春季大量浮游动物涌入该海域，供养底栖生物的浮游植物被大量吞食，导致底栖生物数量锐减甚至濒危，进而进一步影响到以底栖生物为食的海洋生物种群，如绒鸭等（赵进平，2010）。

3.3.6 海洋环境其他响应

1. 气候变化导致的海平面上升对低海拔的小岛屿或岛国生存构成严重威胁

无论是在热带地区还是在高纬地区，小岛屿的国土大小、群岛形态、地理位置和其他特征决定了其对气候变化的影响尤为脆弱（IPCC，2007），岛上人口和基础设施对气候变化具有高暴露度性，极易遭受破坏。目前已有的诸多案例及观测事实表明，全球小岛屿正不同程度地受到气候变化的威胁,如海岸带侵蚀加速、土地和财产流失、社会动荡、风暴潮加剧、海岸生态系统复原能力下降、海水入侵、淡水资源减少以及为了应对和适应这些变化所付出的代价,都使得这些小岛屿国家承受巨大的压力(ADB,2007)。2005年召开的“巴巴多斯行动计划十年回顾毛里求斯国际会议”指出:小岛屿发展中国家首当其冲地受到全球气候变化和不充分发展战略的影响。在进行环境脆弱性评估的47个小岛屿发展中国家中,44个国家具有环境脆弱性,其中34个国家处于很脆弱或极度脆弱的行列,3个国家对气候变化有一定的风险,尚无一个国家被认为对气候变化具有较强的适应力(联合国环境规划署,2006)。气候变化对小岛屿的威胁源自多个方面,主要是岛上居民的生存资源受到威胁,小岛屿国家主要依靠当地的农作物和野生动植物提供食品,海平面上升、海水入侵及风暴潮等极端天气的增加使得耕地、淡水资源和生物多样性将承受巨大的压力,进而造成居民的食物来源紧缺或者匮乏(爱德华·卡梅隆,2009)。

2. 小岛屿国家可持续发展艰难

(1)大部分岛国的经济命脉严重依赖于旅游业和自然资源,风暴潮加剧、海平面上升和海滩侵蚀、珊瑚褪色退化以及海岸线文化遗产因洪水和海滩侵蚀导致的损坏,都有可能降低这些岛国旅游业对国外游客的吸引力(Edwards,2008)。有研究称全世界构成礁盘的珊瑚品种中有1/3濒临灭绝,1998年之前在全部704个珊瑚品种中被列入濒危的只有13种,现在已高达231种。气候变化、海岸开发、过度捕捞和污染是珊瑚的主要威胁。加勒比海珊瑚在濒危度最高的珊瑚种类中所占比例最大,但印度洋和太平洋的珊瑚礁也面临着大规模灭绝的危险。海平面上升、洪水和风暴潮是太平洋和印度洋环礁的主要威胁,马尔代夫的两大主要产业——旅游业和渔业完全依赖于珊瑚礁,它们为该国创造了40%的经济总量和40%的就业岗位,珊瑚礁的减少直接影响该国的经济结构。其他的小岛屿发展中国家,如印度洋上的塞舌尔、太平洋上的图瓦卢、基里巴斯和瑙鲁以及圣卢西亚、巴巴多斯和加勒比的巴哈马群岛等,均在很大程度上依赖脆弱的沿海经济和珊瑚礁生态系统为其国民生计和国家收入。然而,目前的局势令人担忧。

(2)极端天气、洪水及其他的海岸带灾害危及岛上的设施安全,例如在太平洋群岛地区,在1950年到2004年间的灾难报道中,飓风占76%;仅2004年,平均每一次飓风就给该地区造成75.7万美元的损失。马尔代夫应对气候变化的保护成本约占国内生产总值的34%(朱妮特,2010)。

(3)国家安全问题。由于小岛屿国家海拔都较低,从长远来看,海平面的持续上升将会使这些国家面临严重的淹没风险。如马尔代夫大部分国土海拔不足1 m,IPCC预估某些岛国将在21世纪末消失。另外,气候变化及其次生灾害严重地威胁着这些小岛屿国家的动植物生态系统,使粮食作物减产、淡水紧缺,直接或间接地影响人居条件甚至生存环境,威胁着国家的安全、稳定。例如,在格林纳达地区,海平面上升50 cm就可能导致严重的水灾和近60%的沙滩消失(Habermas,1989)。

第4章　我国的海洋权益与海洋安全形势

4.1 《联合国海洋法公约》的基本要义与原则

作为海洋法最重要渊源的《联合国海洋法公约》(简称《公约》)是在联合国第三次海洋法会议上诞生的。在第三届联合国海洋法会议(1973—1982年)上,117个国家历经了9年的讨论,最终于1982年签署了《公约》,并于1994年11月16日正式生效,我国于1996年5月15日批准加入该公约。至今,已有160个国家签署并批准了《公约》(孔令杰,2010)。美国虽然参与了该公约制定过程,但却迟迟未批准加入,成为世界上少数几个徘徊在《公约》之外的国家之一。

《公约》共分17部分,连同9个附件共有446条。主要内容包括:领海、毗连区、专属经济区、大陆架、用于国际航行的海峡、群岛国、岛屿制度、闭海或半闭海、内陆国出入海洋的权益和过境自由、国际海底以及海洋科学研究、海洋环境保护与安全、海洋技术的发展和转让等等。《公约》给海洋的利用、管理和养护构建了一个稳定的法律框架,维系着占地球表面70%多海域的法律秩序,是人类历史上迄今为止最全面、最完整、最有实践性的法典之一。

《公约》的显著特点之一是其完整性。该公约是一部完整的一揽子协议,是平衡不同制度、不同利益国家与集团的杰作。与其完整性相适应的另一显著特点是它的普遍性,该公约涵盖了海洋的种种问题,涉及了所有国家的种种利益诉求(高维新 等,2009)。前联合国秘书长安南在联大纪念《公约》签署20周年大会上说,该公约对维护世界安全与稳定起了重要的作用。

4.1.1 陆地决定海洋原则

《公约》作为海洋法宪章,是在确立了一国领土主权之后,根据“以陆定海”原则,划定该国的领海、毗连区、专属经济区等海域,公约只规范海洋问题,并不是解决岛屿主权争端的依据(曲波,2012)。岛屿主权的归属属于陆地领土问题,应当按照国际领土法进行裁定。所以,岛屿的主权归属是确定海域管辖的前提和基础。《公约》规定的国际海洋法律制度是建立在陆地法律制度基础之上的,领土主权是海洋管辖权的基础,海洋管辖权是从领土主权中派生出来的权利。应按照“陆地决定海洋”的原则,由领土主权作为确定管辖海域的前提条件。相反,由海洋权利倒推出陆地主权则是荒谬的。

4.1.2 公平利用海洋及其资源原则

《公约》在序言部分指出,在妥为顾及所有国家主权的情形下,为海洋及其资源建立一种法律秩序,以促进海洋及其资源的公平而有效的利用(屈广清 等,2010)。海洋和海洋资源是人类的共同财富,公平利用海洋及其资源原则是指国家为实现各自在海洋及其资源方面的预期目标，都具有平等的机会合理地利用海洋及其资源的准则。

《公约》的具体内容也体现了这一原则。如第 62 条关于剩余捕鱼权利的规定，第 70 条关于内陆国和地理不利国“有权在公平的基础上参与开发同一分区域或区域的沿海国专属经济区的生物资源的适当剩余部分”的规定，第 82 条关于“外大陆架应缴费用和实物根据公平分享的标准分配”的规定，第 87 条关于公海航行中的捕鱼自由，第 125 条关于内陆国国境自由的规定，大陆架划界方面公平原则，国际海底区域的“人类共同继承财产原则”等（屈广清 等，2010），这些都是保证各国公平利用海洋及其资源的制度保证。

4.1.3　各国互相尊重国家海洋主权原则

该原则是指各种国际主体在其行使海洋权益的过程中应该互相尊重对方的海洋主权。国家海洋主权是国家主权的重要组成部分，它所包含的领海主权、海域管辖主权和海洋权益等，直接关系着国家安全和发展利益。

《公约》确定了 12 海里领海制度、200 海里专属经济区制度、大陆架制度以及国际海底区及其资源是全人类共同继承财产的主张和公海管理制度等。这些制度的贯彻实施，使海洋主权再分配进入了新的阶段，沿海国纷纷制定国内法律，划定国家间的海上边界，规定在这些海区内行驶相应的权利。同时，考虑到便利交通的需要，《公约》规定了一系列的通行制度来维护其他国家的海洋通行权利，比如第 17 条所规定的“无害通过权”、第 53 条规定的“群岛海道通过权”等。但这些通行制度在便利他国交通的同时，也要求行使通过权的主体尊重沿海国的主权（高维新 等，2009）。

4.1.4　和平利用海洋和解决争端原则

和平利用海洋是指国家法律主体在开发利用海洋的过程中，必须以和平利用海洋为目标，不得利用武力侵略别国的海洋主权、掠夺他国和各国共有的海洋财富。《公约》在序言中明确规定：“在妥为顾及所有国家主权的情形下，为海洋建立一种法律秩序，以便利国际交通和促进海洋的和平用途。”（高维新 等，2009）对于海洋争端的解决，公约也规定了和平解决争端的义务和选择方法的自由。第 279 条规定：“各缔约国应以和平方式解决它们之间存在的有关适用本公约的任何争端，并以此为目的，以《公约》第 33 条第一项所指的方法求得解决。”该规定赋予了公约的缔约国承诺用和平方法解决争端的义务。

4.2　确定领海、毗连区、专属经济区、大陆架的准则与依据

4.2.1　领海基线的确定

领海基线是测算领海、毗连区、专属经济区、大陆架宽度的起算线。基线向陆地一面的海域是内水域，向海一面的海洋因法律地位的不同可分为领海、毗连区、专属经济区、大陆架等海域。因此，领海基线是确定领海和管辖海域的前提。

按照《公约》的规定，一般有 3 种方法确定沿海国领海基线：①正常基线法，②直线基线法，③混合基线法。

正常基线是指沿海国官方承认的大比例海图所标明的沿岸低潮线,也就是沿海国划定其领海外部界限的起算线。一般来说,在国际实践中,往往将低潮线作为领海外部界限的起算线,即退潮时海水退出最远的那条海岸线。正常基线法也是较为常用的基线划分方法。正常基线如图 4.1 所示。

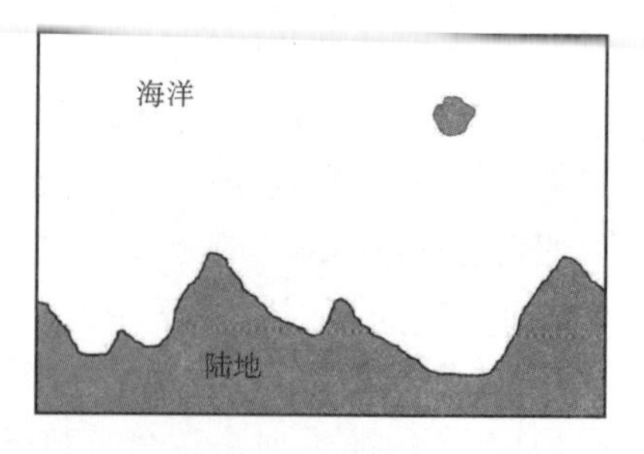

图 4.1 领海正常基线划分示意图

直线基线是指在海岸线极为曲折或者近岸海域中有一系列岛屿情况下,可在海岸或近岸岛屿上选择一些适当点,采用连接各适当点的办法,形成直线基线。

在 1935 年 7 月 12 日,挪威率先采取了一种新的方式确定领海基线。以连接挪威沿岸外缘的高地、岛屿和礁石上的 48 个基点之间的直线基线作为领海基线,向外海平行划出领海。1951 年国际法院作出判决:承认这种以直线基线作为领海基线的方式合法。因此,除传统的低潮线作为基线之外,在海岸极为曲折的地方或者如果紧接海岸有一系列岛屿,测算领海宽度的基线的划定可采用连接各适当点的直线基线法。1982 年的《公约》也确认了上述直线基线法。直线基线如图 4.2 所示。

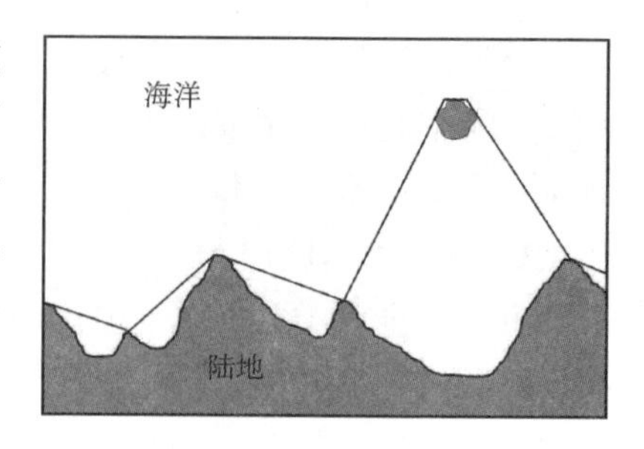

图 4.2 领海直线基线划分示意图

混合基线方法则是兼顾正常基线和直线基线两种方法来确定本国的领海基线。《公约》第 14 条承认沿海国因为适应不同情况,可交替使用公约规定的任何方法以确定基线。

当然,为避免沿海国因采用直线基线,致使海域面积过大,《公约》对划定直线基线也规定了限制条件:①直线基线的划定不适用于在任何明显程度上偏离海岸的方向,而且基线内的海域必须充分接近陆地领土;②一国不得采用直线基线制度,致使另一国的领海同公海或专属经济区隔断。

我国漫长的海岸线曲折蜿蜒,近岸又有一系列岛屿。因此,这种自然地理条件可适于采用直线基线法。为确定沿海国的领海范围,必须将基线在海图上标出。为此,需要用国内立法予以确证,以确定领海范围。我国于 1958 年 9 月 4 日颁布的《关于领海的声明》中宣布采用直线基线方法。当时的《领海声明》虽然宣布了领海的宽度及其划分方法,但用以划定领海基线的各基点并没有确定和对外公布,我国的领海基线以至领海的外部界限因此也都没有最后划定和公布。1992 年 2 月 25 日颁布并施行的《领海及毗连区法》中再次确认了这一原则,但当时仍然没有确定领海基点和领海基线。1996 年 5 月 15 日发表的《中国政府关于中国领海基线的声明》中宣布了 49 个大陆领海基点和 28 个西沙群岛领海基点,并声明中国政府将再行宣布中国其余的领海基线。2012 年 9 月 10 日,我国就钓鱼岛及其附属岛屿发表了领海基线声明,声明称,中华人民共和国政府根据《中华人民共和国领海及毗连区法》,宣布中华人民共和国钓鱼岛及其附属岛屿的领海基线。

4.2.2 领海的确定

领海是指沿海国主权管辖下与其海岸或内水相邻的一定宽度的海域,是国家领土的组成部分。领海的上空、海床和底土，均属沿海国主权管辖。

领海的概念不是从来就有的，而是随着人们对海洋的认识和利用而产生和确立的。因此领海制度有着曲折的发展历程。历史上，曾经出现许多规定领海宽度的主张和方法。17 世纪法学家洛森尼乌斯在《海上法》一书中主张国家管辖的海域宽度应为“两日航程”距离，即“航程说”。其后一段时间，许多条约和法令中规定：国家管辖的海域应达到“视力所及的地平线”，即“视力说”。后来，荷兰国际法学家格劳秀斯主张：“如果在一部分海面航行的人能被在岸上的人所强迫，那么这一部分海面就是属于这一块土地的。”换言之，国家管辖的海域范围取决于它的有效控制的能力。从这一原则演变出下列公式：一国的领海宽度应以大炮的射程为准。1703 年另一荷兰法学家宾刻舒刻提出“武器威力所及之处，亦即领土权力所及之处”的主张。当时大炮的射程约 3 海里，因此很多人便认为一国控制的沿岸海的宽度应为 3 海里，从而提出“3 海里规则”。后来，英、美等国根据这一思想相继实行了 3 海里的领海宽度。

后来，随着大炮射程的不断扩大，3 海里主张因而失去其理论根据。学者的意见和国家的实践，在领海宽度问题上，是很不一致的。世界上所有国家的领海宽度都是由各国自行确定的，导致相当长的一段时间内领海宽度的划分非常混乱。一度，英国、美国、比利时、荷兰等国主张领海为 3 海里；中国、苏联、法国、印度、印度尼西亚等国主张领海为 12 海里；阿根廷、巴西、秘鲁、塞拉利昂、贝宁等国主张领海为 200 海里。

鉴于上述海洋秩序的混乱，中华人民共和国代表团于 1973 年 7 月 14 日向国际海底委员会第二小组提交了一个《关于国家管辖范围内海域的工作文件》，其中在关于领海宽度部分建议：沿海国有权根据自己国家的地理特点、经济发展和国家安全需要，并顾及邻国的正当利益和国际航行的便利，合理地确定领海的宽度和范围。

1982 年《公约》规定，“每一个国家有权确定其领海的宽度”，但对其最大范围作了限制，即：“从按照本公约确定的基线量起不超过 12 海里的界限。”领海的内部界限为领海基线；而领海的外部界限则是一条线上每一点同基线上最近点的距离等于领海宽度的线。划定领海外部界限的方法有以下几种：

(1)交圆法。当领海基线是低潮线时，得以基线上某些点为中心，以领海宽度为半径，向外划出一系列相交的半圆，连接各半圆顶点之间所形成的线，就是领海的外部界限。如图 4.3 所示。

(2)共同切线法。当领海基线是直线基线时，以每个基点为中心，以领海宽度为半径，向外划出一系列半圆，然后划出每两个半圆的共同切线，每一条这样的切线都是与基线平行的直线，它与基线的距离等于领海宽度。这些切线连接在一起就形成领海的外部界限。如图 4.4 所示。

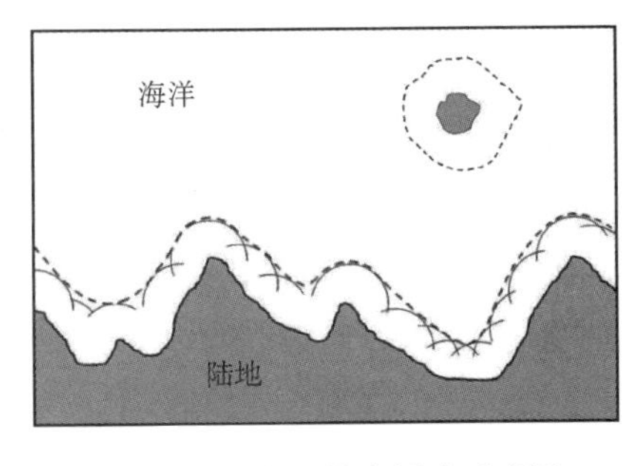

图 4.3　领海基线交圆法示意图

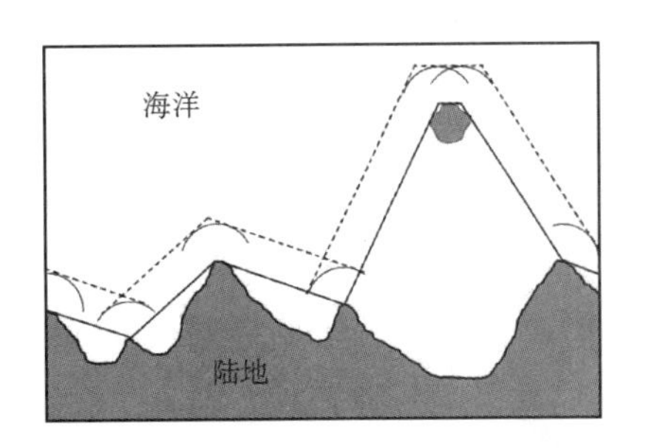

图 4.4　领海基线共同切线法示意图

(3)平行线法。当领海基线为低潮线时,由基线各点按领海宽度的距离向与海岸大体走向垂直的方向平行外移,使领海的外部界限与基线完全平行。如图 4.5 所示。

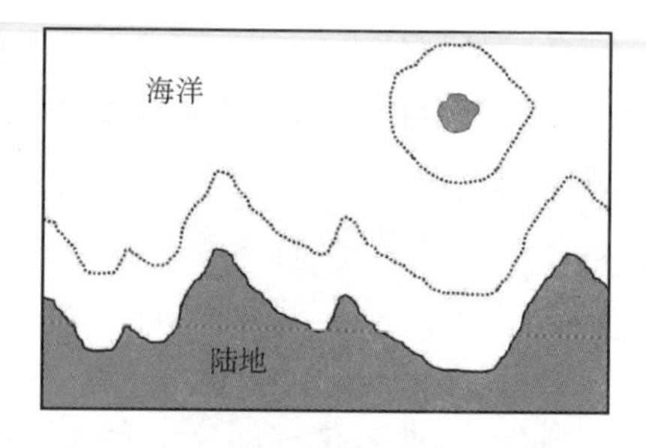

图 4.5　领海基线平行线法示意图

对于海岸相向或相邻国家的领海界限,《公约》规定:"两国中任何一国在彼此没有相关协议的情况下,均无权将其领海伸延至一条线上每一点都同测算两国中每一国领海宽度的基线上最近各点距离相等的中间线以外。"但是,如因历史性所有权或其他特殊情况而需要按照与上述规定不同的方法划定两国领海界限时,则不适应上述规定。一般认为,两国间的领海分界线应由双方根据不同的地理情况并照顾到历史上和经济上的各种因素,通过充分协商,以协议形式来解决(屈广清,2010)。

中国政府于 1958 年 9 月 4 日,宣布中国的领海宽度为 12 海里。依照《中国政府关于领海的声明》,中国大陆及其沿海岛屿的领海以连接大陆岸上和沿海岸外缘岛屿上的各基点之间的直线为基线,从基线向外延伸 12 海里的水域属于中国的领海。在基线以内的水域,包括渤海湾、琼州海峡在内,属于中国的内海。在基线以内的岛屿,包括东引岛、高登岛、马祖列岛、白犬列岛、乌岴岛、大小金门岛、大担岛、二担岛、东椗岛在内,属于中国的内海岛屿。

4.2.3　毗连区的确定

毗连区又称邻接区或特别区,是指沿海国根据其国内法律,在领海之外邻接领海的一定范围内,为了对某些事务行使必要的管制权,而设立的特殊海域。

在毗连区内,沿海国行使有限的专门管辖权,主要是为了防止、惩治在其领土或领海内违反海关、财政、移民和卫生等法律规章的行为而行使必要的管制权力。

毗连区是连接一国领海一定宽度的特定海域,是国家行使管辖权的海域。在这个区域内沿海国为了保护渔业、管理海关、查禁走私、保障国民健康、管理移民直至为安全需要,可以制订法令和规章制度,以行使某种特定的管制权。由此可见,毗连区主要是起到一种"缓冲区"或"检查区"的作用,把各种违法和不利于本国安全利益的行为拒之于国门之外,以弥补领海宽度不足造成的难以达到有效管理的目的。因此,各国在制定领海制度的同时一般都相应地划出毗连区以便能更好地管理领海。《公约》规定:毗连区从测算领海宽度的基线量起,不得超过 24 海里。我国于 1992 年对领海和毗连区做出明确规定。根据《中华人民共和国领海及毗连区法》,中国的毗连区宽度自领海基线算起为 24 海里(图 4.6)。

毗连区不是国家领土,国家对毗连区不享有主权,只是在毗连区范围内行使上述管辖权利,而且国家对于毗连区的管制不包括其上空。毗连区的其他性质取决于其所依附的海域,或为专属经济区或为公海。国家设立专属经济区后,毗连区首先是专属经济区的一部分,但由于国家可以在毗连区实施上述方面的管制权,因此毗连区又是有别于专属经济区其他部分的特殊区域。

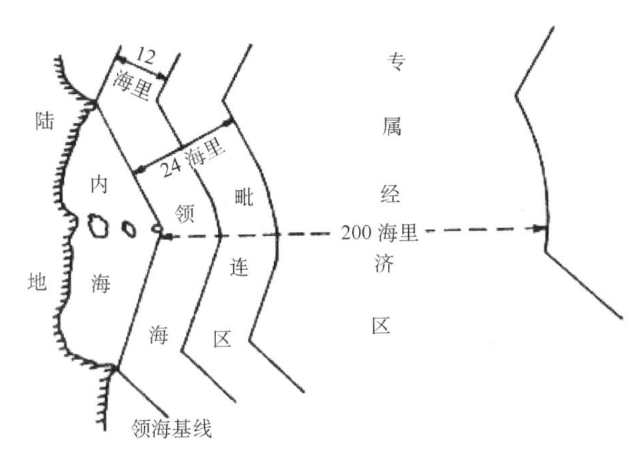

图 4.6 毗连区划分示意图

4.2.4 专属经济区的确定

专属经济区(EEZ)是现代海洋法的新概念,是第三次联合国海洋法会议上确立的一项新制度。在过去,领海之外即公海,而随着人类探索和利用海洋能力的增强,沿海国开发利用周边海域的需求增加,专属经济区制度由此应运而生。专属经济区是指从测算领海基线量起外推200海里,在领海之外并邻接领海的一个区域。通常我们习惯称之为200海里专属经济区,其实其中有12海里属于领海。

根据1982年《公约》,沿海国在其专属经济区享有下列权利:勘探和开发、养护和管理海床、底土以及上覆水域自然资源的主权权利;利用海水、海流和风力生产能源的主权权利;建造和使用人工岛屿权利、进行海洋科学研究和保护海洋环境的管辖权。

其他国家在专属经济区内享有航行和飞越的自由、铺设海底电缆和管道的自由,以及与这些自由有关的其他符合国际法的用途,并应遵守沿海国按照《公约》规定和其他国际法规则所制定的法律和规章。

《公约》第57条规定,专属经济区的宽度从测算领海宽度的基线量起,不应超过200海里。事实上,由于许多国家的专属经济区与相邻或相向国家的专属经济区相连,因此只能划定小于200海里的专属经济区(高维新 等,2009)。

据统计,在实行200海里专属经济区制度后,有135个独立的沿海国家和许多未独立的领土面临着至少与一个邻国发生区域重叠的问题,因而需要通过谈判来解决。《公约》规定:海岸相向或相邻国家间专属经济区的界限,应在《国际法院规约》第38条所指的国际法的基础上以协议划定,以便得到公平解决。因此,国家间对于有争议的海域划界程序是“以协议划定”,即任何划界方法或行动都必须通过两国协商付诸实施。《公约》还规定,在协议达成之前,有关各国应基于谅解和合作的精神,尽一切努力做出实际性的临时安排,并在此过渡期间内,不危害或阻碍最后协议的达成,这种安排应不妨害最后界限的划定。从这个意义上讲,协议划界不仅是一项程序性规则,而且也是一项有关划界方均应遵循的原则(郭渊,2009)。

4.2.5 大陆架的确定

大陆架概念最初起源于地质学和地理学,指的是大陆陆地向海或洋自然延伸的、坡度平缓的海底区域。美国杜鲁门总统率先将大陆架概念引入到国际法中。1945年杜鲁门在第2668号总统公告中宣称:处于公海下面但毗连美国海岸的大陆架的底土和海床的自然资源属于美国,受美国的管辖和控制。杜鲁门公告发生了巨大的连锁反应,随后不少国家单方面发表了类似的关于大陆架的声明。

《公约》规定,沿海国的大陆架是指其领海之外的依其陆地领土的自然延伸并扩展到大陆边外缘的海底区域的海床和底土。如果从领海基线量起到大陆边外线的距离不足200海里,则扩展至200海里;如果超过200海里,则不得超出从领海基线量起350海里,或不超出2500米等深线100海里。因此,国际法中大陆架的概念虽然源于地理上大陆架的概念并有联系,但与地理上概念的区别很大。

大陆架不是沿海国领土,但是沿海国家在此享有某些排他性的主权权利。沿海国权利主要包括:沿海国基于勘探大陆架和开发其自然资源的目的,对大陆架行使主权的权利,这种权利是专属性的,任何人未经沿海国允许同意,都不得从事勘探和开发其大陆架的活动;沿海国拥有在其大陆架上建造使用人工岛屿和设施的专属权利以及对这些人工设施的专属管辖权;科学研究的管辖权;环境保护的管辖权。

沿海国对大陆架的权利不影响其上覆水域或水域上空的法律地位。沿海国开发200海里以外大陆架的非生物资源,应通过国际海底管理局并缴纳一定费用或实物,发展中国家在某些条件下可以免缴。因为大陆架资源丰富,对大陆架的划分和主权的拥有,就成为国际上十分重视和争议激烈的问题。

对海岸相向的国家之间的大陆架划界有两种观点:一是按照等距离中间线原则,但这种办法有可能割裂自然地貌;还有一种是按照"公平原则"和"自然延伸原则",以大陆架的地貌特征来划界。

由于历史原因,中国没有参加1958年《大陆架公约》。1971年10月,中国恢复联合国合法席位后,随即加入了联合国海底委员会,并积极参与《公约》的起草和审议工作。1972年,中国政府代表在联合国海底委员会全体会议上首次提出了平等协商的海洋划界原则。1978年4月,当第三届联合国海洋法会议围绕大陆架和专属经济区划界是采取"公平原则"还是"中间线原则"而陷入争执时,中国代表指出:"'中间线'或等距离线只是划分海洋界线的一种方法,不应把它规定为必须采取的方法,更不应把这种方法规定为划界原则。海洋划界应遵循的根本原则,应该是公平合理的原则。在某些情况下,如果采用"中间线"或等距离线的方法能够达到公平合理的划界结果时,有关国家可以通过协议加以使用。"但反对在有关国家未达成划界协议前单方面将"中间线"或等距离线强加于另一方。在大陆架划界的原则问题上,我国根据《公约》的相关规定,以及一些国家的司法与仲裁实践,主张"应在自然延伸的基础上按照公平原则划界,以求得公平解决,等距离方法只有在符合公平原则的前提下才能被接受。"并进一步强调,在国际法的基础上按照公平原则以协议划定界限,同时明确表示反对中间线原则。

采用公平原则主要依据以下法律约束。

(1)《公约》的第83条第1款规定:"海岸相向或相邻国家间大陆架的界限,应在《国际法院规约》第38条所指的国际法的基础上以协议划定,以便得到公平解决。"这段文字尽管并没指明具体的划界原则,但却明确指出了海洋划界所要达到的根本目的是公平解决争议。而且从条约准备工作的角度看,《公约》是倾向于公平原则的。

(2)国际法院判例中也采用公平原则。关于大陆架划界原则的适用,国际法院有关判例数次证明公平原则在大陆架划界中的重要作用。国际法院在北海大陆架案中认为,采用划界方法的一个先决条件是按照公平原则,通过谈判达成公平合理的协议。适用公平原则的方式是应使每一当事国都尽可能得到"构成其陆地领土的自然延伸的大陆架的一切部分而不侵犯另一当事国陆地领土的自然延伸",同时考虑其他具体的地理因素,以达到公平合理的划界效果。至于所涉及的区域究竟采用何种具体方法,单独采用一种还是几种方法同时并用,需要根据实际情况由争议国协商确定。国际法院在该案例判决中否定了中间线或等距离线规则已成为一般国际法或国际通行准则的观点,指出:等距离方法的使用不是强制性的,也不存在任何情况下均需强制实行的唯一的划界方法。并且在判决中对这一原则做了强调和阐述,指出:原则总是从属于目标,一项原则的公平性质必须根据其取得公平结果的实用性来予以评价。"公平原则"一词不能被抽象地加以解释,它与可能取得公平结果的原则和规则是密切相关的。

综上所述,公平原则是大陆架划界所必须遵循的基本原则,并已成为国际法的一部分,是一项得到普遍承认的划界所应遵循的国际基本准则。其他的划界原则或方法,即自然延伸原则、等距离方法、成比例原则、协商原则等,也只有在符合公平原则的基础上才能加以适用。

4.2.6 用于国际航行的海峡

海峡是位于两块陆地之间、两端与海洋相通的天然的狭窄水道。依据《公约》规定,不同类型的海峡因法律地位的不同,其通行制度也不相同。海洋法对海峡通行的规定分为如下情况(石家铸,2008)。

(1)内海海峡。内海海峡为沿岸国所有,通行制度由各国自行确定,国家可以拒绝外国船舶的通行。

(2)领海海峡。领海海峡分两种情况:一种是海峡宽度不超过领海宽度的一倍,而且两岸均属同一国家领土的海峡,该海峡属沿海国的海峡,沿海国对海峡享有主权和管辖权,沿海国可以给予外国船舶"无害通过权",也可适用内水制度,拒绝外国船舶通过;另一种是宽度超过两岸领海宽度的海峡。此类海峡两岸的领海宽度以内的水域属于沿岸国所有,而中间部分属于专属经济区或公海水域,外国船舶享有自由航行的权利。

(3)用于国际航行的海峡。指在公海或专属经济区一部分和公海或专属经济区另一部分之间的可用于国际航行的海峡。

"用于国际航行的海峡"是《公约》确立的一个新的概念,其立法背景在于:由于世界许多沿海国家在长时期内实行3海里或6海里领海制度,多数国际海峡的主航道都处于公海之中,所以其他国家享有航行自由的权利;但是,随着越来越多的国家承认或采用12海里领海宽度,许多国际海峡处于沿海国领海范围内而无法实行自由航行的通行制度。根据第三次联合国海洋法会议召开前的一项统计数字,世界上将有116个海峡由于宽度不足24海里而处于领海国的领海范围内。其中历史上频繁用于国际航行的海峡(包括早已被专门国际条约规定了通行制度的海峡)就有30个左右。这些海峡,尤其是重要的、具有战略地位的海峡,虽然具有领海的法律地位,但是它们的利用有鲜明的国际性,其通行原则是沿用领海通行制度,还是新的规定,直接影响世界其他国家的海上航行。早在科孚海峡案中,国际法院就提出科孚海峡为两面连接公海,适用于国际航行海峡这样一个新的概念,因而英国军舰在这样的海峡中有无害通过权。这个概念后来被《领海及毗连区公约》第16条所接受，到联合国第三次海洋法会议召开时，用于国际航行海峡的通行制度又成为会议的主要议题之一，最终形成《公约》第三部分，即“用于国际航行的海峡”(于昕，2010)。

用于国际航行的海峡，所有船舶和航空器都享有过境通行权。过境通行权行使的条件有：①仅适用于在公海或专属经济区的一部分和公海或专属经济区的另一部分之间的用于国际航行的海峡；②连续不停；③迅速过境。不符合这3个条件则不属于过境通行。

4.3 我国海洋权益面临的主要问题

我国是一个海岸线漫长并拥有众多岛屿的国家，拥有18000 km的海岸线、约37×10^4 km^2的内海与领海面积、约300×10^4 km^2享有管辖权的海域面积、6500多个大小岛屿以及极其丰富的海洋资源(李乐，2004)。所以我国既是陆地国家又是海洋国家，海洋利益已成为我国国家利益的重要组成部分。但是，长期以来，我国部分海域的国家主权和利益受到周边国家与地区的挑战。部分国家或通过法案将我国部分岛礁列为其所属岛屿，或登陆我国的部分岛礁以宣示“主权”，或未经许可进入专属经济区非法活动。这些国家期望通过相关行动，在划界议案中占据有利地位，将侵占中国领土主权和海洋权益的行为合法化。

4.3.1 岛礁领土主权归属问题

第二次世界大战以后，特别是20世纪70年代，在南海海域发现石油、天然气资源之后，一些南海沿岸国家对南海诸岛中的岛屿和海域提出了主权要求。领土主权是国家对其领土范围内的人、事、物的排他性的最高权力，具体体现为领土管辖权、领土所有权和领土不可侵犯权。国家领土的重要性在于它是国家行使其最高并且通常是排他权威的空间(詹宁斯·瓦茨，1995)。早在1947年，国民政府在综合各方意见的基础上，结合对南海的实地测量以及中国对南海主权的历史依据，决定以“九条断续线”(又称“U形线”)作为中国南海的疆界线，并将其收入到《中华民国行政区域图》，公开发行(贺鉴 等，2008)。但是，在其后一段时间内，由于种种原因，我国未对南海予以特别重视，进而为后来的南海争端埋下了隐患。菲律宾、越南、印尼、马来西亚、文莱等国通过各种手段，觊觎南海诸岛，主要包括以下方面。

(1)抢占岛礁宣示主权：通过抢占我南海岛礁，进行军事占领以达到其目的。如菲律宾侵占我中业岛；越南侵占我国景宏岛、南子岛、南威岛等岛屿；印尼、马来西亚、文莱等国则利用其相对优越的地理位置，采取悄无声息占领方式，对邻近的南海岛礁进行小规模的占领。马来西亚总理巴达维登陆南沙群岛的弹丸礁，以总理的身份宣示马来西亚“拥有”该片领土。

(2)开发经营：在所占岛礁上修筑军事设施和民用建筑，开发资源并形成其长期经营岛礁的态势。如越南将南沙海域划分为上百个油气招标区，在国际上公开招标。

(3)理论造势宣传，论证其主权的正当性、合法性。如菲律宾提出“安全原则”、“邻近原则”、“发现无主地”等理论作为其抢夺领土的法理依据。

(4)国内立法认证。例如菲律宾通过其“领海基线法”，将中国南沙群岛的部分岛礁和黄岩岛纳入菲律宾版图。岛屿领土主权问题是南海争端中最为重要或最根本的问题。主权因为其以领土为物质基础才具现实性，领土主权一旦遭到破坏，一国的其他主权也就难以幸免，甚至荡然无存。岛屿领土主权的归属直接影响专属经济区与大陆架的划界以及海洋剩余权利问题等。

4.3.2 专属经济区和大陆架的划界问题

20世纪90年代,特别是自《公约》生效之后,专属经济区与大陆架划界问题开始成了各国关注的重点。《公约》确定每个国家领海的宽度为从基线量起不超过12海里,毗连区为从基线量起不超过24海里。每个国家有权在其领海以外拥有从基线量起不超过200海里的专属经济区;沿海国大陆架,包括其领海以外依其陆地领土的全部自然延伸,直至大陆架外缘,最远可延伸至350海里,如不到200海里,则可延伸至200海里。《公约》的上述规定,使南海周边的东南亚国家均最大化地扩展自己的海洋管辖范围,他们纷纷宣布实施200海里专属经济区。然而,《公约》的这些规定若运用于海岸相向而海域宽度小于400海里的国家之间,就会产生专属经济区和大陆架的划界纠纷。即使是海岸相邻的国家之间,由于海岸线的曲折复杂,同样也可能产生专属经济区海域部分重叠的矛盾。这种现象在南沙群岛海域表现得尤为突出,这也加剧了那里原本就存在的主权争端。部分国家不顾南海作为半封闭海域以及中国对南海拥有历史主权的事实,单方面宣布实施200海里专属经济区和200海里大陆架,大肆抢占南海海域。并将《公约》中的"专属经济区原则"、"大陆架原则"作为它们抢占相关海域内岛礁的理由。依据《公约》的规定,专属经济区和大陆架都是以边界的划定为基础的,从来都只有以陆地领土为依据来划分海域,而不是以海域边界来反推陆地归属。专属经济区和大陆架的划界尽管是由《公约》基本原则确定的,但是也存在技术操作问题,即在海域宽度小于400海里的国家之间无法适用《公约》的规定来解决专属经济区和大陆架划界的纷争问题。承认和保护各国的既得权利,既是《公约》贯穿始终的立法精神,也是一般国际法所秉承的原则。《公约》在规定新的海洋法秩序、赋予各国新的海洋权益的同时,不应完全打破既有的海洋法律秩序,也不得损害各国既得海洋权利。《公约》规定的专属经济区制度、大陆架制度,允许沿海国扩展享有主权或主权权利的海域,但它们只能向传统的公海海域扩展或适用(赵建文,2003)。中国对南海断续国界线(九段线)内的历史性水域享有的各项历史性权利是在《公约》生效之前很久就已经确立的既得权利,理应得到认可和尊重。

《公约》对"岛屿"模糊界定同样会给专属经济区和大陆架的划界带来障碍。按照《公约》第121条规定,"岛屿是四面环水并在高潮时高于水面的自然形成的陆地区域",一个能够维持人类居住环境或自身经济生活的岛屿,拥有领海、毗连区、专属经济区和大陆架。因此,从资源角度来看,岛屿具有陆地与海洋的双重优势。但是,《公约》第121条同时规定,不能维持人类居住或其本身经济生活的岩礁,不应具有专属经济区和大陆架。因此,如何界定岛屿和岩礁就成了各国关注的焦点,因为这将影响到海域的划界,特别是对南海这个拥有众多岛礁的海域,情况更是如此。由于《公约》对"维持人类居住或其本身的经济生活"并没有具体的规定或者标准,所以有关岛屿、岩礁可拥有多大的管辖海区只能由各声称国自行拟定。对于南海周边国家来说,自然都希望其声称的岛礁能拥有专属经济区。但是,如果各国都这样做,南海将不可能留下多少公海海区,且这些岛礁的专属经济区也将与南海周边大陆海岸的专属经济区重叠(李金明,2005)。有些国家甚至采用在岩礁或暗礁构筑人工设施,在礁石上竖立地名碑或种植珊瑚等办法,企图借此将"岩礁"改造成"岛屿",扩大专属经济区和大陆架的范围。此外,《公约》

也没有对群岛水域与内水概念做出明确的区分和界定，这也将会进一步加大或激化上述矛盾。

《公约》的适用范围问题也会使缔约国与非缔约国对专属经济区和大陆架的法律地位有不同的认识。自1982年以来，《公约》已为管理世界的大洋、大海和海峡建立了一个国际性法律框架。但是，一些国家还不是《公约》的缔约国，包括一些海洋大国。按照条约的相对效力原则，条约仅对各当事国有拘束力，而对作为非缔约国的第三国是不具备效力的(邵津，2000)。美国并不是《公约》的缔约国，因此，美国并不认同《公约》关于领海、专属经济区、大陆架的规定，而是奉行传统国际法的“领海以外即公海”原则。对于某些多边条约，由于所作的规定可能被许多第三国认为是应当或必须遵守的规则，且在相当长时间内被这些第三国反复遵循，从而使得这些规定成了习惯性法规则或国际惯例，因此第三国也有基于国际惯例而予以尊重的义务。

中国与海上邻国的争议有以下方面。

(1)黄海北部：中国与朝鲜的专属经济区、大陆架划界未定。中国主张以中间线划界，朝鲜主张以纬度等分线划界，中朝产生3000多平方千米的争议地区。

(2)黄海南部：中国与韩国的专属经济区、大陆架划界未定。中国和韩国同为相向共陆架国，其间有靠近朝鲜半岛一边、两侧底土不同的中国古黄河河道相区分，中国主张按自然延伸原则划界，即按古黄河河道与韩国划分黄海大陆架，韩国主张按中间线原则划界(中国主张按黄海大陆架土质划界，韩国主张按黄海水面中线划界)，中韩由此产生6万多平方千米的争议区。而韩国在处理韩日在东海上位于日本一侧的领海时，又主张采用自然延伸原则划界。

(3)东海：中国与韩国的专属经济区和大陆架划界未定。中国主张按自然延伸原则与其划界，而韩国则主张按划分黄海大陆架相同的中间线划分东海大陆架，两线之间形成12×10^4 km^2的争议区。

其中的苏岩暗礁位于东经125°10′45″、北纬32°7′42″，位于东海北部的中国大陆架上，在中、日、韩三国专属经济区的重叠区内，距中国领海基线东岛132海里，距韩国济州岛西南82海里，为低潮时仍处在水面以下的礁石，离海面最浅处为4.6 m。苏岩礁对中韩两国的黄海大陆架划分起着关键的作用。目前，韩国对苏岩礁声称拥有主权，曾主张以苏岩礁为岛屿，划分专属经济区和大陆架。

(4)东海：中国与日本的专属经济区和大陆架划界未定。从1973年联合国第三次海洋法会议开始，中日就开始进行海洋划界谈判，双方的谈判至今没有多大进展，主要原因在于双方在划界原则上存在严重分歧。日本主张中日在东海的大陆架应根据等距离原则采用中间线平分，中国主张在自然延伸的基础上按照公平原则划界。东海中日划界与钓鱼岛诸岛的主权归属相关。

(5)第一岛链：日本主张冲之鸟礁为“岛”，并以冲之鸟礁为基点主张其拥有九州—帕劳海岭南部区块的专属经济区和大陆架。冲之鸟礁是日本南部太平洋海域的一个环礁，位于北纬20°25′，东经136°05′，距离东京南偏西约1730 km、冲绳东南约1070 km、关岛西北约1200 km。日本方面根据《公约》关于岛屿的定义：岛屿是四面环水并在高潮时高于水面的自然形成的陆地区域，并以此为由，将冲之鸟礁作为岛屿向联合国大陆架界限委员提出申请。中方根据《公约》第121条“不能维持人类居住或其本身的经济生活的岩礁，不应有专属经济区或大陆架”的准则，认为海水涨潮时会没过冲之鸟，而其低潮时露出水面的面积不足10 m^2等特性，认为冲之鸟是岩礁而非岛屿，正式向联合国提交了反诉。

(6)南海：中国与越南、菲律宾、文莱、马来西亚、印度尼西亚的专属经济区和大陆架划界未定。

4.3.3 航行权利问题

航行权利事关国家的国防安全和经济利益，因而是世界各国重点关注和据理力争的热点问题。航行权利包括如下方面。

(1)公海的航行自由权。公海自由是公海法律地位的核心，指每一个国家(不论是沿海国还是内陆国)均有权平等地在公海上行驶悬挂其旗帜的船舶(不论军用船舶或民用船舶)，有权自由航行，不受别国侵犯。

(2)外国船舶在沿海国领海的无害通过权。为了国际航海的利益，外国商船可以按照国际法惯例享有无害通过沿海国领海的自由。无害通过是指外国商船在不损害沿海国的和平、安全和良好秩序，并遵守有关的法律和规章的条件下，有权继续不停而迅速地通过一国的领海，而无须事先得到该国的同意。无害通过权的条件，一是外国船舶通过领海必须是无害的。“无害”指不损害沿岸国的和平、良好秩序或安全，也不违反国际法规则。1982年《公约》规定，损害沿岸国和平、良好秩序和安全的行为包括：非法使用武力、进行军事演习、搜集沿岸国防务情报、影响沿岸国安全的宣传行为、在船上起降飞机、发射或降落军事装置、故意污染海洋、非法捕鱼、进行科考研究或测量活动、干扰沿岸国通讯系统等。二是外国船舶通过一国领海时，应当遵守沿岸国的有关法令，例如关于海关、财政、移民、卫生、航行安全、养护海洋生物资源、环保、科研与测量等事项的法律规章。中国政府发表的领海声明中就明确规定：“任何外国船舶在中国领海航行，必须遵守中华人民共和国政府的有关法令。”

军舰能否无害通过？由于军舰的航行并非为一般和平事业的航海所必需，军舰通过领海对于沿海国的安全具有潜在的危险，与一般商船通过领海根本不能等量齐观。根据国家主权原则，沿岸国完全有权决定是否许可外国军舰驶入本国的领海。许多国家对军舰在领海通过，作出一定限制性的规定，或要求事先通知，或经事先许可。中国政府的领海声明和1992年《领海及毗连区法》都指出，一切外国飞机和军用船舶，未经中华人民共和国政府的许可，不得进入中国的领海和领海上空。

(3)外国船舶在沿海国专属经济区的航行自由。根据《公约》的规定，其他国家船舶在专属经济区水域也同样拥有航行自由的权利。

外国军舰在专属经济区内从事航行和其他活动时应该受到和平利用原则的规制。根据《公约》第58条第2款的规定，外国军舰在专属经济区适用公海航行自由的同时，要求其航行时应受“和平目的”的约束。考虑到在专属经济区内进行军事活动是对沿海国潜在的威胁，因此，如果其他国家在沿海国专属经济区内开展军事活动时，干扰了沿海国行使资源主权权利和专属管辖权时，沿海国有权进行干预和禁止。实际上，各国放弃在他国专属经济区内进行军事活动，与航行自由的精神并不相悖，海洋作为交通通道的职能首先是在商贸领域，而这一领域各国都享有航行自由。规定外国军舰在专属经济区仅限于享有无害通过权，实际上取消了海洋大国动辄利用其武力进行单方制裁的特权，这也有利于保持国际社会的和平与安定。根据《维也纳条约法公约》第31条第1款的规定，在条约语义模糊的情况下，“条约应依其用语按其上下文并参照条约之目的及宗旨所具有之通常意义，善意解释之"，专属经济区内的航行自由，并不是完全的公海自由，而是有限制的过境自由，因此外国军舰仅享有通过的权利，未经沿海国允许不得从事其他军事活动。

(4)群岛水域的无害通过权。群岛国对整个群岛水域享有主权。外国船舶享有无害通过群岛水域的权利，外国飞机也享有飞越权，但外国舰船和飞机要按照群岛国指定的航线行驶和飞越，并需遵守群岛国有关的法令(石家铸,2008)。

(5)用于国际航行的海峡的过境通行权。用于国际航行的海峡实行过境通行制。但是，按照《公约》第38条的规定，用于国际航行的海峡处于一个或几个沿岸国的领海范围之内，因此属于其领土的一部分，海峡沿岸国对海峡水域及其上空、海床和底土行使主权或管辖权，实施的过境通行制度不应在其他方面影响构成这种海峡的水域的法律地位。

表4.1是与中国国家利益关系密切的世界主要海峡通道的基本概括。

表4.1 与中国国家利益关系密切的主要海峡通道(石家铸,2008)

海峡名称	地理位置	相关国家和地区	沟通海域
津轻海峡	日本北海道与本州岛之间	日本	日本海与太平洋
朝鲜海峡	朝鲜半岛与日本之间	朝鲜、日本	黄海与日本海
大隅海峡	日本本州岛与琉球群岛之间	日本	东海与太平洋
宫古海峡	日本琉球群岛的冲绳岛与宫古岛之间	日本	东海与太平洋
台湾海峡	中国福建省与台湾省之间	中国大陆与台湾	东海与南海
巴士海峡	中国台湾岛与菲律宾之间	中国台湾与菲律宾	南海与太平洋
马六甲海峡	马来半岛与苏门答腊岛之间	马来西亚、印度尼西亚、新加坡	南海与印度洋
巽他海峡	苏门答腊岛与爪哇岛之间	印度尼西亚	爪哇海与印度洋
望加锡海峡	加里曼丹岛与苏拉威西岛之间	印度尼西亚	苏拉威西岛与爪哇海
龙目海峡	爪哇岛与龙目岛之间	印度尼西亚	巴厘海与印度洋
霍尔木兹海峡	波斯湾与阿曼湾之间	伊朗、科威特、沙特阿拉伯、阿联酋、阿曼等	波斯湾与阿拉伯海和印度洋
曼德海峡	阿拉伯半岛与非洲、红海与印度洋之间	也门、厄立特里亚、吉布提	红海、亚丁湾、印度洋
苏伊士运河	埃及西奈半岛西侧	埃及	红海与地中海
直布罗陀海峡	伊比利亚半岛与北非之间	西班牙、摩洛哥	地中海与大西洋
好望角	非洲西南角	南非	印度洋与大西洋
巴拿马运河	中美洲巴拿马境内	巴拿马	加勒比海与太平洋

4.3.4 海洋剩余权利问题

岛屿领土主权制度、大陆架制度和专属经济区制度基本上明确了各缔约国享有的海洋权利和海洋义务。但国际海洋法是动态的，是谈判折中、相互妥协和协商一致的产物。《公约》在扩大沿海国的管辖权和缩小公海自由中留下了余地和空间，产生了海洋法中的剩余权利，即《公约》中没有明确规定或没有明令禁止的那部分权利。尤其是在专属经济区这一新的区域内，沿海国的主权权利和专属管辖权与公海自由及其他国家的权利划分自始就不十分确定和明确(周中海,2004)。海洋浩瀚无垠，一般认为不会发生海洋使用方面的严重冲突。但随着时间的推移和科学技术的进步，海洋利用范围越来越广，《公约》不可能对海洋中可能出现的所有国际法律关系作出全面的预见，也不可能清晰明了地明确各国的所有权利义务关系。例如《公约》第62条规定，“沿海国在没有能力捕捞全部可捕量的情形下，应通过协定或其他安排，并根据第4款所指的条款、条件、法律和规章，准许其他国家捕捞可捕量的剩余部分”，即捕鱼剩余权利。但是各国享有什么样的捕鱼剩余权利并不明确。又如《公约》第56条第2款规定，“沿海国在专属经济区内根据本公约行使其权利和履行其义务时，应适当顾及其他国家的权利义务，并应以符合本公约规定的方式行事。”《公约》第58条第3款规定，“其他国家在专属经济区内根据本公约行使其权利和履行其义务时，应适当顾及沿海国的权利和义务，并应遵守沿海国按照公约的规定和其他国际法规则所制定的与本部分不相抵触的法律和规章。”在这里，如何理解“适当顾及”原则？怎样的“顾及”才算“适当”？这些都涉及了海洋剩余权利问题。海洋剩余权利由于国际法没有规定或者规定不明，通常会引发各国的争端。

4.3.5　岛礁侵占与主权争端

为了占据重要的战略海区和争夺海域资源，部分周边国家将《公约》中关于沿海国享有的内水、领海、毗连区、专属经济区和大陆架的规定，按照本国的利益和意识在本国或世界版图上予以解释和地理标注，并加以明确化、具体化，力图使其转化为本国的政治、经济、军事利益。他们动辄以其单方面声称的专属经济区和大陆架为由，肆意侵占中国的岛礁（郭渊，2009）。

4.3.5.1　南海地区

1. 越南对我国南海岛礁的侵占

越南与中国争夺南沙的时间最为久远，始于法国殖民主义占领时期。法国对西沙和南沙群岛的占领，成了以后越南侵犯我南海主权的诱因。1954年《日内瓦协议》签订后，法国殖民当局从印度支那撤军。在美国的干涉之下，越南出现南北两个政权的分裂局面。南越西贡当局以继承法属越南的权利为由，以中越南海之争当事国自居，与中国继续争夺西沙和南沙主权。1975年越南民主主义共和国统一越南全境之后，改变了其一贯承认西沙和南沙群岛主权属于中国的立场，转而占据了我南沙群岛部分岛礁，并对整个西沙、南沙群岛提出了所谓的领土主权要求（吴士存，2010）。

越南于1975年4月侵占了南子、景宏、南威等7个南沙岛礁。1976年，越南新闻出版部门公布了统一后的新版越南全国地图，正式把西沙群岛、南沙群岛划入了越南版图。1977年5月，越南政府颁布了《关于越南领海、毗连区、专属经济区和大陆架的声明》，宣布实施200海里专属经济区，声称对200海里专属经济区和自然延伸到边缘的大陆架拥有管辖权，将其海域管辖范围增加到$100\times10^4\ km^2$，包括大小2000多个岛屿，此范围虽仅达到南沙群岛的西部边缘，但其入侵中国传统海疆范围100余万平方千米。1979年8月，越南发布了对西沙和南沙群岛的占有声明，1982年11月公布了其领海基线声明，其领海基线为10段，包围的海域达27000平方海里。在1978年至1998年期间，越南又相继侵占毕生、大现、蓬勃堡等20余个南沙岛礁（郭渊，2009）。1982年12月，越南将西沙群岛划为黄沙县，将南沙群岛划为长沙县。越南积极推行海洋经济战略，将所占的南沙海域划分为上百个油气招标区，在国际上公开招标，积极引入世界大国来抗衡中国。2007 年 4 月，越南政府又在南沙举行了所谓的"国会代表"选举，并首次组织 130 人乘军舰赴南沙旅游，以宣示"主权"。

从 20 世纪 70 年代至 90 年代初，中、越两国在南海地区发生过多次外交、军事较量，最严重的冲突包括西沙海战、中越南海之战等。此后，两国因海洋资源开发也发生过多次争端。2000 年，两国就北部湾划界达成了协议。但是，我们必须看到，越南从未停止过对我领土的觊觎。长期以来，越军以"北防南攻"作为其战略重点，大力发展陆军，将重兵集结于北部，海、空军建设相对落后。越共"九大"后，提出"海洋发展战略"，试图向海洋方向扩展，建立"海洋强国"。越军的军事战略部署也随之调整为"陆守海进"，将南海方向，特别是"夺控南沙岛礁"作为其军事准备的核心，将"海空兵力扩充、纵深基地群调整、南沙一线阵地建设"作为构筑其南沙战场体系的三大支撑。

目前，越南占据了中国南沙群岛的 29 个岛礁。分别为南子岛（1975-4-14 占据）、敦谦沙洲（1975-4-25 占据）、鸿庥岛（1975-4-27 占据）、景宏岛（1975-4-27 占据）、南威岛（1975-4-29 占据）、安波沙洲（1975-4-29 占据）、染青沙洲（1978-3-23 占据）、中礁（1975-4-2 占据）、毕生礁（1987-4-10 占据）、柏礁（1987-2 占据）、西礁（1987-12-30 占据）、无乜礁（1988-1-26 占据）、日积礁（1988-2-5 占据）、大现礁（1988-2-6 占据）、东礁（1988-2-19 占据）、六门礁（1988-2-27 占据）、南华礁（1988-3-2 占据）、舶兰礁（1988-3-15 占据）、奈罗礁（1988-3-24 占据）、鬼喊礁（1988-6-28 占据）、琼礁（1988-6-28 占据）、蓬勃堡礁（1989-6-30 占据）、广雅滩（1989-6-30 占据）、万安滩（1989-7-5 占据）、西卫滩（1990-11-4 占据）、李准滩（1991-11-3 占据）、人骏滩（1993-11-30 占据）、金盾暗沙（1998-6 占据）、奥南暗沙（1998-6 占据）（李金明，2002）。此外，越南还声称对我国西沙群岛拥有主权。

2. 菲律宾对我国南海岛礁的侵占

菲律宾也是侵占我南沙群岛岛礁较早的国家。自 1970 年始，菲律宾就派兵侵占了马欢、中业、西月等 4 个南沙岛礁。1978 年 6 月 11 日，菲律宾颁布了第 1596 号和 1599 号总统令，把南沙群岛的 33 个岛礁沙洲、总面积达 64976 平方海里的海域宣布为其领土范围，命名为"卡拉延群岛"，并宣布实施 200 海里专属经济区。在 1982 年 12 月 8 日签署《公约》时，菲律宾附加了一个宣言，即"公约不应被解释为可以修改当事国的法律和总统的命令或声明"（郭渊，2009）。20 世纪 90 年代以后，菲律宾以黄岩岛在其 200 海里专属经济区内为由，对在该海域正常作业的中国渔民进行驱赶和抓扣。2009 年 2 月 17 日，菲律宾国会通过领海基线法案，该法案将中国的黄岩岛和南沙群岛部分岛礁划为菲律宾领土。

菲律宾先后通过 1970 年、1971 年、1978 年和 1980 年的数次军事行动，占据了我国南海多个岛礁。目前，菲律宾非法侵占的中国南沙群岛的部分岛礁包括：马欢岛（1970-9-11 占据）、费信岛（1970-9 占据）、中业岛（1971-5-9 占据）、南钥岛（1971-7-14 占据）、北子岛（1971-7-30 占据）、西月岛（1971-7-30 占据）、双黄沙洲（1978-3-4 占据）、司令礁（1980-7-28 占据）（李金明，2002）。

3. 马来西亚对我国南海岛礁的侵占

1968 年，马来西亚政府开始将我南沙群岛范围内 8 万多平方千米的区域划为其"矿区"，并出租给美国壳牌公司的子公司——沙捞越壳牌公司钻探。1969 年 10 月，马来西亚与印尼签订了关于两国间大陆架划界协定，基线东段包括了南沙海域从安波沙洲、柏礁、南海礁、簸箕礁、榆亚暗沙、司令礁、校尉暗沙、南乐暗沙到都护暗沙一线以南的广大海区，包括曾母暗沙盆地和文莱沙巴盆地。马来西亚把大陆架定义为与其领海相连、海水深度不超过 200 m 的海区，或上覆水域容许对自然资源、生物或非生物资源进行开采的海床和底土(郭渊，2009)。1979 年 12 月，马来西亚在其出版的疆域图中，公布了其单方面声称的大陆架和专属经济区，同时以南沙群岛中的某些岛屿位于其声称的大陆架界限之内为由，第一次正式将南沙群岛东南部的弹丸、南通、安波沙洲等 12 个岛礁纳入马来西亚版图，并对南沙群岛主权提出了要求。在占领了中国南沙群岛的多个岛礁后，马来西亚大肆建设各种设施，并扩建了海军，同时疯狂盗采南沙海域的自然资源。除此之外，马来西亚还极力将南海问题国际化，大做宣传报道，并将部分岛礁开发为旅游景点，建立了机场和酒店。1993 年 9 月 1 日，当时的马来西亚首相马哈蒂尔亲临弹丸礁，以显示马来西亚经营南沙群岛的决心。1994 年马来西亚向外界开放弹丸礁。2003 年 5 月，马来西亚第一次批准 27 艘渔船和 1 艘豪华邮轮在榆亚暗沙附近进行旅游和休闲活动。该举动相当于向世界宣告，这些岛礁本来就属于马来西亚，是向中国南海主权提出的极大挑衅。

目前，马来西亚占据了我南沙群岛的弹丸礁(1983-8-20 占据)、光星仔礁(1986-10-9 占据)、南海礁(1986-10 占据)、榆亚暗沙(1999-4 占据)、簸箕礁(1999-4 占据)(李金明，2002)。其提出的主权主张还包括南乐暗沙、校尉暗沙、司令礁、破浪礁、南海礁、安波沙洲一线以南的南沙群岛地区(包括 12 个小礁岩和环礁)。

4. 文莱的主张

文莱于 1982 年颁布领海法，宣布建立 12 海里领海制度。1984 年，文莱通过立法宣布实行 200 海里专属经济区制度，主张的专属经济区进入我南海断续线之内。文莱声称对南沙群岛岛链西南端的南通礁拥有主权。此外，文莱是东南亚著名的产油国，1966 年文莱设立了石油招标区，吸引外国石油公司进行勘探开采，其开采区域深入我曾母暗沙盆地海域的面积达 414 km^2(张铁根，2009)。目前已开发油田 9 个，气井 5 个，年产原油 700 多万吨，天然气 90×10^8 m^3，并拟进一步扩大生产规模。

5. 印度尼西亚的主张

印度尼西亚与我国没有领土主权争端。但是，印度尼西亚主张的管辖海域进入了中国的断续线以内。印度尼西亚在 1960 年 2 月发布领海与内水法令，宣布了其群岛基线，部分基线靠近南沙海域南端，内水面积达 666000 平方海里。1980 年 3 月印度尼西亚宣布实施 200 海里专属经济区，使其海域面积增加到 1577300 平方海里，为东南亚地区最大受益者。其范围进入中国传统疆域线内达 50000 多平方千米，威胁到中国南沙群岛东北部主权权利(郭渊，2009)。

此外，中国台湾目前占据着南沙群岛中最大的太平岛，该岛东西长 1365 m、南北宽 360 m，距离台湾约 840 海里。岛上在 20 世纪 80 年代有驻军 500 人，后来减少到 110 人，建有一个雷达站、一个气象中心、一个电厂，还建有各种通讯设备及一个简易机场。1999 年 12 月中旬，台湾当局决定，把驻守在太平岛上的海军陆战队撤换，由海岸巡防总署的官兵接替，岛上的各种军事设施保持不变(李金明，2002)。

4.3.5.2 东海地区

日本对我国钓鱼岛诸岛提出主权索取和非法控制。1895 年前，钓鱼岛诸岛一直由中国管辖。钓鱼岛及其附近海域自古以来就是中国人民进行捕鱼、采药、避风、休息的场所。钓鱼岛早在明代就已经被中国人民发现、利用和命名。《更路簿》、《顺风相送》等中国古籍完整记载了中国渔民在此海域的航线。限于当时的海况等自然条件和造船、航海等技术条件，只有中国渔民能够利用季风前往钓鱼岛，从事航行、避风、捕鱼以及岛上采药等经济活动。在1895年前长达5个世纪的时间里，中国一直在平稳地行使这些权利。

1894年8月1日，日本向清政府宣战，甲午战争爆发。9月17日北洋水师失利，中国战败。1894年11月底，日本在未通知中方的情况下秘密窃取了钓鱼岛诸岛。1895年4月17日，中日签订《马关条约》，中国割让台湾、澎湖及附属岛屿给日本，钓鱼岛是台湾的附属岛屿，自然也被列入条约范围之内。

1941年12月9日，中国对日本正式宣战，宣布废除包括《马关条约》在内的中日一系列不平等条约。1943年12月1日，中、美、英三国在开罗发表宣言，坚持日本无条件投降，剥夺日本自第一次世界大战以来在太平洋上夺得或占领的一切岛屿，将日本侵占的中国领土如东北、台湾、澎湖、琉球及其附属岛屿归还中国，其中自然也包括钓鱼岛。1945年7月，日本投降前夕，中、英、美三国发表波斯坦公告，规定日本之主权只限于本州、北海道、九州、四国本土以内。1945年日本战败，按照《开罗宣言》和《波茨坦公告》，日本应将其窃取的台湾，包括其附属的钓鱼诸岛归还中国。1945年9月2日，日本无条件投降，日本在《投降书》中宣布把1895年后在《马关条约》中割让的"台湾、澎湖列岛及一切附属岛屿归还中国"，台湾回归祖国怀抱。在此后的24年中，日方的官方地图也都完全放弃了"钓鱼诸岛"。但钓鱼岛等岛屿却被美军占作靶场。1951年，美国在未征得中国同意的情况下，在《旧金山和约》中将原本为台湾属岛的钓鱼诸岛划归到美国托管的琉球辖区之内。

20世纪60年代末，联合国组织宣布该岛附近可能蕴藏着大量的石油和天然气后，日方单方面采取行动，先是由多家石油公司前往勘探，接着又出动巡防船，擅自将岛上原有的标明这些岛屿属于中国的标记毁掉，换上标明这些岛屿属于日本冲绳县的界碑，并给钓鱼岛诸岛的8个岛屿安上了日本名字。1972年，美国将钓鱼岛诸岛与琉球一起转交给日本。目前，日本军舰和飞机加大对钓鱼岛诸岛的常态化巡防和实际控制，干扰我公务船正常巡逻执法，严重侵犯了我国主权。此外，日本政府还策划了"购岛"和"国有化"等一系列闹剧，力图在美国的纵容、支持下，实现对钓鱼诸岛占据的既成事实和合法化。

周边国家对我国南海、东海岛礁提出主权声索和非法占据的情况如表4.2所示。

表4.2 周边国家对我国南海、东海岛礁提出主权声索和非法占据情况

	越南	菲律宾	马来西亚	文莱	日本
非法占据	鸿庥岛、南威岛、景宏岛、南子岛、敦谦沙洲、安波沙洲、染青沙洲、中礁、毕生礁、柏礁、西礁、无乜礁、日积礁、大现礁、六门礁、东礁、南华礁、舶兰礁、奈罗礁、鬼喊礁、琼礁、广雅滩、蓬勃堡、万安滩、西卫滩、人骏滩、奥南暗沙、金盾暗沙(29个)	中业岛、西月岛、北子岛、马欢岛、南钥岛、费信岛、双黄沙洲、司令礁(8个)	弹丸礁、光星仔礁、榆亚暗沙、簸箕礁、南海礁(5个)		

续表

	越南	菲律宾	马来西亚	文莱	日本
提出主权声索	西沙群岛、南沙群岛	黄岩岛、中业岛、西月岛、北子岛、马欢岛、南钥岛、费信岛、双黄沙洲、司令礁、仁爱礁	南乐暗沙、校尉暗沙、司令礁、破浪礁、南海礁、安波沙洲一线以南的南沙群岛地区(包括12个小礁岩和环礁)	南通礁	钓鱼岛诸岛

4.3.6　南海九段线的历史沿革与法理依据

4.3.6.1　南海九段线的由来

1933年，当时统治越南的法国殖民者非法占领我国南沙群岛的九小岛。此事件对当时的民国政府触动很大，因为他们不了解被占各岛的名称及地理位置，无法及时提出外交抗议。于是，民国政府感到有必要出版中国南海疆域的详细地图，对疆域内各岛礁的中英文地名统一进行审定，并因此成立“水陆地图审查委员会”。

1935年4月，该委员会出版了《中国南海岛屿图》，确定了中国南海最南的疆域线至4°N，把曾母暗沙标在疆域线之内。这幅地图于1936年被收入由白眉初主编的地图集《中华建设新图》，另名为《海疆南展后之中国全图》，图中在南海疆域内标有东沙群岛、西沙群岛、南沙群岛和团沙群岛，其周围用国界线标明，以示南海诸岛同属中国版图。这就是中国地图上最早出现的南海疆域线，也就是今日中国南海地图上U形断续线的雏形。该U形断续线原本为11段线，在中、越完成北部湾划界之后，原位于北部湾中的两段不再标示，U形断续线仅余9段，俗称“九段线”。

抗日战争胜利后，当时的中国政府根据《开罗宣言》与《波茨坦公告》的规定，于1945年10月25日收复台湾后，正式收复了西沙群岛和南沙群岛。

1946年秋，中华民国政府决定由海军司令部派兵舰前往并进驻西沙、南沙群岛。接收人员分乘太平、永兴、中建、中业四舰前往，其中太平、永兴两舰赴南沙，中建、中业两舰赴西沙。由姚汝鈺率领的永兴、中建两舰抵达西沙群岛的主岛永兴岛，并在岛上竖起“海军收复西沙群岛纪念碑”，碑的正面刻“南海屏藩”四个大字。由林遵率领的太平、中业两舰亦抵达南沙群岛的主岛，为了纪念太平舰接收该岛，遂以“太平”为该岛命名，并在岛的东端立下“南沙群岛太平岛”的碑石。随后接收人员又到了中业岛、西月岛和南威岛，分别在岛上立碑为证。在太平岛设立了南沙群岛管理处，隶属于广东省政府管辖。

然而，收复西沙、南沙群岛的工作并非一帆风顺，因为日本投降后在南海暂时留下了一个势力真空，企图恢复其在印支统治的法国，以及刚从美国统治下独立的菲律宾，都想争取对群岛实行有效的控制。当投降日军尚集中在榆林港候令遣送时，法国就赶在中国未派部队进驻南海诸岛之前，占领了若干岛屿，并派军舰经常在南海诸岛巡逻。菲律宾亦想趁中国未完全接收西沙、南沙群岛之机，把南沙群岛占为己有。菲律宾外长季里诺于1946年7月23日声称：“中国已因南沙群岛之所有权与菲律宾发生争议，该群岛在巴拉望岛以西200海里，菲律宾拟将其合并于国防范围之内”。

在如此错综复杂的形势下,当时的中国政府为了维护南海诸岛的主权,及时采取了一些必要的措施。首先,对南海诸岛各岛群的名称做了调整,按照诸岛在南海海域所处的地理位置,把原来的“团沙群岛”改名为“南沙群岛”,把原来的“南沙群岛”改为“中沙群岛”。为了使确定的南海领土范围具体化,当时的内政部方域司于1947年印制了《南海诸岛位置图》。该图在南海海域中标有东沙群岛、西沙群岛、中沙群岛和南沙群岛,并在其四周画有U形的断续线,线的最南端标在4°N左右。1948年2月,这幅图被收入由内政部方域司傅角今主编、王锡光等人编绘的《中华民国行政区域图》中,由商务印书馆公开对外发行。这就是在中国南海地图上正式标出的U形断续线(李金明,2012)。

在我国学界,关于“U”形线的法律含义有着多种不同的主张和解释,众说纷纭,莫衷一是。这些主张和解释主要有以下4种。

(1)国界线说,认为该线划定了中国在南海的领土范围,线内的岛、礁、滩、沙以及海域均属于中国领土,我国对它们享有主权;线外区域则属于其他国家或公海。

(2)历史性水域线说,认为中国对线内的岛、礁、滩、沙以及海域均享有历史性权利,线内的整个海域是中国的历史性水域。

(3)历史性权利线说,认为该线标志着中国的历史性所有权,这一权利包括对线内的所有岛、礁、滩、沙的主权和对于线内内水以外海域和海底自然资源的主权权利,同时承认其他国家在这一海域内的航行、飞越、铺设海底电缆和管道等自由。换言之,这种观点在主张线内的岛、礁、滩、沙属于中国领土的同时,把内水以外的海域视同中国的专属经济区和大陆架。

(4)岛屿归属线或岛屿范围线说,认为线内的岛屿及其附近海域是中国领土的一部分,受我国的管辖和控制。

4.3.6.2 南海诸岛主权的法理依据

南海诸岛是中国的固有领土,但长期以来,我国在南海地区的主权和利益受到了周边国家的挑战。越南、菲律宾等国频繁在南海挑起事端,侵犯我国主权,并试图将南海问题国际化。这些国家对南海提出的主权主张缺乏历史和法律依据,是非常荒谬的。

(1)中国最早发现并命名南海诸岛。2000余年来,中国对南海诸岛的记述不绝于书。早在公元前2世纪的汉武帝时期,中国人民就开始在南海航行,开辟了中国大陆经南海至印度半岛的海上丝绸之路,在长期航海实践中先后发现了西沙群岛和南沙群岛,这比越南声称的在南海的活动时间早了1500多年。东汉时期海上丝绸之路进一步发展,抵达阿拉伯地区的红海。三国时代万震的《南州异物志》和康泰的《扶南传》对南海的岛屿、沙洲、暗礁、潮汐作了一定的描述,这在世界上是第一次。三国以后,中国在南海的航海活动在规模上、数量上继续呈现蓬勃发展的势头。据《梁书》、《法显传》等史书记载,当时中国船队途径南海与东南亚、南亚之间的海上交往相当频繁,有聂友、陆凯率300艘战船的海南岛之行,有朱应、康泰船队历时10余年的南海远航行为,有法显和尚从印度经海上归国等一系列海上活动。自唐宋时起,出现了专指南海诸岛的古地名,如石塘、万里石塘、万里石塘屿、万里长沙、万里长堤等。元代,对南海诸岛地理位置的记载更为详细。汪大渊所著《岛夷志略》中有“万里石塘,由潮洲而生,迤逦如长蛇,横亘海中……原其地脉。历历可考。一脉至爪哇,一脉至渤泥及古里地闷,一脉至西洋遐昆仑之地”。其中“万里石塘”指包括今南沙在内的南海诸岛。明代郑和七下西洋，绘制了著名的《郑和航海图》，明确标出南海500个地名，将西沙群岛标为“石塘”，将南沙群岛标为“万生石塘屿”，将中沙群岛标为“石星石塘”（吴士存，2010）。此后，明代罗洪先的《广舆图》、清代陈伦炯的《四海总图》、郑光祖的《中国外夷总图》、林则徐和魏源的《海国图志》附图和王之春的《国朝柔元记》都将南海诸岛标绘为中国领土。

按照国际法，在18世纪以前，单纯的发现即可获得对无主地的完整权利，而我国对南沙群岛的发现在公元前后的汉朝，这比西方国家通过“发现”获得无主地早了一千余年，中国对南海诸岛有如此久远的发现历史，足以说明对南海诸岛拥有主权。

(2)中国人民最早开发和经营南海诸岛。南海古来就是中国人民生产和活动的海域，最先来到岛上进行开发利用的毫无疑问是中国沿海的渔民。这在文献上早有记载，如晋·裴渊《广州记》云：“珊瑚洲，在东莞县南五百里，昔人于海中捕鱼，得珊瑚。”明清以后，我国南方渔民前往南海诸岛经营开发日益增多，南海诸岛已经成为我国重要渔业基地之一，而且已开始在岛上定居、修屋造田。1868年《中国海指南》记载了我国渔民在南沙群岛的活动情况，郑和群礁有“海南渔民，以捕取海参，贝壳为活，各岛都有其足迹，亦有久居礁间者，海南每岁有小船驶往岛上。携米粮及其他必需品，与渔民交换参贝。船于每年十二月或一月离海南，至第一次西南风起时返”。清末以来，我国海南岛和雷州半岛各地渔民都有人到南沙群岛去捕鱼，其中以文昌、琼海两县最多，每年仅从此二地去的渔船就各有十几条到二十多条。《更路簿》是中国人民自明清以来开发南海诸岛的又一有力证明。它是中国海南岛渔民在西沙和南沙群岛进行生产活动的航海指南，是积累了许多人航行实践经验的集体创作，它孕育于明代，后不断完善，记载了渔民从海南岛文昌县的清澜或琼海县的潭门港起，航行至西沙、南沙群岛各岛礁的航海航向和航程。自民国以来我国渔民开发经营南沙群岛的史实，中外史料均有记载。日本小仓卯之助《暴风之岛》记载了1918年他组织的探险队到达北子岛时发现3位“文昌县海口人”。1933年日本三好和松尾到南沙调查时看到了北子岛有2名中国人、南子岛有3名中国人住在那里。日本《新南群岛概况》记载，中业岛有渔民“栽种之甘薯”，“昔时有中华民国渔民居住于此岛，并种植椰子、木瓜、蕃薯和蔬菜等”。

上述事实说明，我国渔民在南海的开发经营经历了一个漫长的历史时期，这是任何周边国家都无法比拟的。完全可以说，南海不但是中国最早发现的，而且是中国人持续、和平地占有开发和经营的。在相当长的时间内，南海地区除中国人以外，根本没有其他国家的踪迹。

(3)中国政府最早对南海诸岛设治管辖。中国设治管辖南海诸岛始于唐贞元年间。据赵汝适《诸蕃志》中记载：“贞元五年，以琼为督府……南对占城，西望真腊，东则千里长沙、万里石塘……”可见，唐代已将南海诸岛的千里长沙、万里石塘列入中国版图，划归琼州府管辖。宋代以来，在南海设立了水师建制，以保证国家主权在南海地区的行使，这在当时由官方编纂的《武经总要》、《广东通志》、《琼州府志》等书中都有记载。元朝更注意向海洋发展，忽必烈将南海与渤海、黄海、东海一起作为大元帝国的内海，元朝还派出著名天文学家郭守敬到南海测量并建立了天文据点。明代郑和下西洋将中国海上丝绸之路的发展推向了鼎盛，对南海的控制也超过了历代，南海诸岛归万州管辖，一直列为水师巡防范围。在明代的所有记载中，均将南海诸岛视为海防门户，以它划分中外之界。中国对南海诸岛设治管辖的事实还见之于清代官方舆图，如《皇清各直省分图》、《大清一统天下全图》、《大清天下中华各省县厅地全图》等十几副官方地图都绘有南海诸岛的位置。二战后，中华民国政府派遣军舰从日军手中收复南海诸岛，对南海海域及其170多个附属岛、礁进行了测量，并根据各岛礁在南海的地理位置及其他特征，对它们进行了重新命名。1947年，国民政府在综合各方意见的基础上，并结合对南海的实地测量以及中国对南海主权的历史依据，决定以“U形线”作为中国南海的疆界线，并将其收入《中华民国行政区域图》，公开发行。新中国成立后，南海诸岛先后被划归广东省和海南省管辖，中国继续对南海诸岛行使主权，并针对南海诸岛主权问题多次发表声明，对部分国家侵犯我国主权的行为进行了严厉驳斥。

总之，中国对南海诸岛设治管辖，可从自唐贞元以来，至明、清，直到中华人民共和国成立的一系列官方文件、地方志和地图中得到证实。在20世纪三四十年代，南海诸岛曾一度被外国侵占，但这种被侵占的事实不能被视为南海诸岛存在领土争议的历史依据。同样，目前侵占南海诸岛的国家也不能以侵占事实作为合法占领的依据。侵略不能产生主权是国际法的基本原则之一。国际法认为，一国对另一国通过侵略方式所产生的兼并，或者违反联合国宪章条款用武力实行的兼并，均不被国际法所承认。

(4)中国对南海诸岛的主权长期得到国际社会和周边国家的承认。清末宣统元年(1909年)，“各国曾请我国于西沙建设灯塔，以利航行。”1930年4月在香港召开的远东气象会议，要求中国政府在西沙群岛上建立气象台。日本政府外务省发言人针对1938年法国殖民当局的南安警察侵入西沙群岛，称“我们承认西沙群岛是属于中国领土”。1956年法国出版的《拉鲁斯世界政治与经济地图集》有“东沙岛(中国)”、“西沙岛(中国)”、“南沙岛(中国)”的标记，表明它们都是归属于中国的。越南也曾确认南海诸岛是中国领土的一部分。越南人民军总参谋部绘制的《世界地图》(1960年)、越南国家测绘局出版的《越南地图集》(1964年)、《世界地图集》(1972年)均将南海诸岛列入中国版图，并在1956年7月7日的《马尼拉日报》刊登文章，承认南沙群岛一直属于中国。1972年日本共同通讯社出版的《世界年鉴》承认中国的领土“除大陆领土之外，还有海南岛、台湾、澎湖列岛以及中国南海的东沙、西沙、中沙、南沙各群岛”。1971年美国出版的《世界各国区划百科全书》在“中华人民共和国”条内写道：“中华人民共和国包括几个群岛，其中最大的是海南岛，位于南海岸附近。其他的群岛包括南中国海的一些礁石和群岛，最远伸展到北纬4度。这些礁石和群岛包括东沙、西沙、中沙和南沙群岛。”1974年，印度尼西亚外交部部长马利克在同记者谈话时也说：“如果我们看一看现在发行的地图，就可以从图上看到帕拉塞尔群岛和斯普拉特利群岛都是属于中国的，而且从未有人对此提出异议。”

可见，中国对南海诸岛拥有的主权得到各有关国家及民间舆论的广泛承认。根据国际法，承认是能够在国际关系中产生法律义务的行为。对于南海争端的直接当事国来说，承认意味着其在国际法上承担着尊重他方权利的义务，否则即违反“禁止反言原则”。对于南海争端的非直接当事国来说，这种承认在南海争端中构成了第三国的态度，非直接当事国也应遵守原有的承诺。

总之，南海诸岛自古以来就是中国的神圣领土，由于中国人民长期在南海的航行和生产生活的实践，才逐渐发现它们，加以命名，并不断经营、开发，随之成为它们的主人。中国是最早发现、最早命名、最早开发南海的国家，也是最早持续对南海诸岛行使主权管辖的国家。因此，无论从历史上还是从法理上，中国对南海诸岛拥有的主权都是无可争辩的。

4.4 我国周边的地缘政治环境与安全形势

人类的一切社会活动都必须在一定的时间和空间内进行。从战略运筹的角度看,各个国家的自然地理、地缘经济和地缘政治现状,构成了特定空间的地缘战略环境。中国海上地缘环境的构成十分复杂,既有客观自然地理因素,也有依托客观地理条件形成的地缘经济和地缘政治因素。深刻地认识这些因素,是认识国家海上安全形势的前提和基点。

4.4.1 地缘自然环境

中国位于亚欧大陆东部、太平洋西岸,既是一个大陆国家,也是一个海洋国家。中国疆域南北长约5500 km、东西宽约5200 km,陆上边界22000 km,与14个国家接壤:东邻朝鲜,南接越南、老挝、缅甸,西南和西部同印度、不丹、尼泊尔、巴基斯坦、阿富汗接壤,西北和东北有哈萨克斯坦、塔吉克斯坦、吉尔吉斯斯坦、俄罗斯,北面是蒙古。中国的海岸线有18000余千米,与韩国、朝鲜、日本、越南海上毗邻,与菲律宾、马来西亚、印度尼西亚、文莱、新加坡等国隔海相望。中国的疆域由两个部分构成:一是传统上所说的960×10^4 km^2的陆地;二是按照《公约》的有关规定和历史上我国对相关海域权利的一贯主张,可划归中国管辖的近300×10^4 km^2的海域,其中与领土享有同等法律地位的内水和领海面积约为40×10^4 km^2,海洋国土相当于陆地国土的1/3。此外,我国在国际海底区域还获得了75000×10^4 km^2的专属勘探开发区(高健平 等,2012)。世界沿海国家人均海洋面积为0.026×10^4 km^2,而中国只有0.0029×10^4 km^2,仅为世界人均海洋面积的1/10,与我国相邻的海洋国家的平均数都远超中国10倍以上(张世平,2009)。从全球海陆分布上看,中国处于欧亚大陆东部边缘地区一个“新月形地带”,是连接东北亚、东南亚、南亚和中亚的核心和中枢。中国的海上自然地理环境有以下几个特点。

(1)单向面海。中国只濒临太平洋,与一些海洋大国不同。如美国、加拿大、俄罗斯等国均濒临三大洋;澳大利亚、印度尼西亚、南非、智利、阿根廷等濒临两个大洋;美国、英国、法国、西班牙等拥有海外领地;印度以其拥有的尼科巴群岛,也可成为重要的战略支点。因此,从一定意义上说,中国发展海洋事业,特别是全球性海洋事业的自然环境条件并不占优势。

(2)岛链阻隔。中国濒临广阔的海域,除了渤海是中国的内海外,黄海、东海和南海都是太平洋边缘海,在阿留申群岛、千岛群岛、日本群岛、琉球群岛、台湾岛、菲律宾群岛、加里曼丹岛等岛屿组成的岛链环抱下与太平洋分隔,呈半封闭状态,只有台湾直接面向太平洋。因此,中国走向海洋的出海通道并不顺畅。

(3)邻国相近。从黄海、东海到南海,中国与日本、朝鲜、韩国、菲律宾、印度尼西亚、文莱、马来西亚、新加坡、越南等9个国家在海上相邻相向、间隔距离近,许多相向海域宽度尚不足400海里,既具有与海上邻国发展传统友谊和区域性经济、政治合作的优势,同时也面临岛屿主权和海洋划界的矛盾和利益之争。

(4)岛屿近岸。中国是世界上岛屿众多的国家之一,分布于中国大陆沿海和大陆架、大陆斜坡及深水海盆中,面积超过500 m^2的岛屿6961个,构成50多个群岛和列岛,总面积约8×10^4 km^2。如辽东半岛东南的长山列岛、渤海海峡的庙岛列岛、长江口外的舟山群岛和珠江口的万山群岛等四大岛群,形成了天然的海上屏障。但这些岛屿90%以上是近岸岛屿,分布疏密差别很大，从海区的分布来看，东海最多，占全国岛屿总数的 58%；南海次之，占 28%；黄海最少，仅占 14%。除南海诸岛外，大多数岛屿一般距离大陆只有几海里到几十海里。

(5)交通枢纽。从总体上来看，中国位于亚太地区的中心，地理位置非常重要。中国东南面向太平洋，南抵太平洋与印度洋结合部，既是东北亚与东南亚之间的主要海上通道，也是连接太平洋与印度洋的纽带。海区内有许多重要的国际海上通道以及海峡咽喉要道，是中国海上地理因素中战略价值最大的一部分。这种独特的地理形势成为中国海洋经济与海洋战略发展的有利条件。但是与此同时，其半封闭海域等海上地理特征的弱势部分也十分突出。

(6)环境复杂。中国海域南北跨 44 个纬度，地理环境复杂、气候差异大。中国海区盛行季风，夏季盛行西南季风，多降水和雷暴天气；夏秋季节热带气旋(台风)活跃；冬季盛行偏北风且风浪较大，在南海北部常出现低云、海雾和低能见度天气。此外，在南海不同海区，季节性海流明显、波浪和潮汐的空间分布差异大，加之跃层、内波和中尺度涡等现象显著，进而对海上航行、海洋工程及海上军事行动有较大影响。

4.4.2 地缘经济环境

中国所处的亚太地区，是当今世界最具经济活力和发展潜力的地区。20 世纪 80 年代后，先是亚洲“四小龙”崛起，接着是中国经济持续高速增长，极大拉动了世界经济重心向亚太地区转移。90 年代后，海洋已成为经济全球化发展最重要的媒介和途径，经济全球化越发展，世界贸易越发展，对海洋的依赖程度就越大，因为世界贸易 90%以上都由海上运输完成。亚太地区国家由海洋连接，作为当今世界经济发展的热点，地区国家贸易的快速增长也有突出的表现。目前，在世界贸易进出口额排名前 20 位的国家(地区)中，亚太地区占据一半，诸多的地区、次地区经济合作组织不断出现。其中，亚太经济合作组织(APEC)21 个成员中包括了美、日、中、俄、东盟以及太平洋沿岸的主要国家，总人口达 25 亿，约占世界人口的 45%，国内生产总值(GDP)之和超过 19 万亿美元，占全球的 55%，贸易额占世界总量的 47%以上(新华网)。中国—东盟(10+1)自由贸易区进程于 2002 年启动，双边贸易额以年均 38.9%的速度增长，专家估计该贸易区的发展，将创造一个拥有 17 亿消费者、贸易总额 1.23 万亿美元的经济区域；而 2005 年开启的东亚峰会，不仅包括了东盟—中日韩(10+3)，而且吸纳了印度、澳大利亚和新西兰参与到东亚合作进程。这说明，亚太地区经济的快速发展与地区各国经济贸易关系的重新“洗牌”是同步进行的，它既表现为各国经济上相互依存的进一步加深，也表现为相互间竞争的日益激烈，地区战略态势中的地缘经济因素明显上升。

4.4.3 地缘政治环境

亚太地区的战略力量较为集中，这里汇聚了世界 10 个超 1 亿人口国家中的 5 个(中、美、俄、日、印尼)、联合国 5 个常任理事国和 5 个核大国中的 3 个(美、俄、中)，印度、巴基斯坦等国也都迈过了核门槛。中、美、俄、日、东盟以及印度等六大力量在亚太地区形成了结构性的战略互动关系，构成了特定的地区性的政治格局，正负效应并举。

一方面，地区国家间相互借重、相互合作，一个平等、多元、开放、互利的地区合作局面正在形成，多边安全对话与合作逐步深化。中国积极倡导的新安全观和建立和谐世界的观念深入人心，上海合作组织进入务实发展的阶段，为开创建立新型国家关系模式作出了表率。中国—

东盟(10＋1)机制稳步推进，由东盟主导的东盟地区论坛在地区安全中继续发挥作用，以东盟与中、日、韩(10＋3)为主渠道的东亚合作已成为内容日益丰富、机制不断完善的合作体系，尤其是东亚峰会为东亚合作提供了新的平台，展示了良好的合作和发展势头。南亚区域合作取得重要进展，印巴关系相对缓和，中国与巴基斯坦的传统友谊日益巩固，与印度的关系也呈现出良好发展势头。

但另一方面，地区国家间又存在相互制约、相互竞争的态势，公正、合理的国际政治经济新秩序尚未建立，霸权主义和单边主义倾向有新的抬头，围绕战略要地、战略资源和战略主导权的斗争此起彼伏。一些长期以来遗留的问题、矛盾和争端也因其不同的大国背景，使该地区的地缘政治关系十分复杂。尤其是亚太地区国家大多濒海，海洋安全在地区稳定和各国发展中占有举足轻重的分量。近年来各国海上军力的迅速发展、大国海上兵力部署的频繁调整以及各国的海上军事动向(包括频繁的各种联合军事演习)，均折射出该地区地缘政治关系的敏感和脆弱，一些地区性热点问题此伏彼起，使得中国海上方向面临十分复杂和不确定的地缘战略态势。

4.4.4　我国的海洋安全形势

中国在海上方向是一个岛链环绕的半闭海，周边海上呈现一个“新月形”，岛礁林立、邻国众多。这一特殊的地缘特征，使中国从近代以来始终面临严重的海上安全威胁。20世纪90年代后，中国的改革开放进入了快速发展阶段，周边海上安全挑战显现出新的特点并趋于尖锐。新世纪、新阶段，只有科学认识并驾驭这些挑战，才能保障国家海上安全。当前我国的海上安全形势极为严峻，海洋国土大部分尚处于失控状态，许多海域应予管辖而实际未被管控，导致外国势力趁机多方面、频繁地侵犯我海洋权益。岛礁被侵占、资源被掠夺、航道受干扰、海上纠纷与争端不断、周边国家海上力量迅速发展、大国势力纷纷介入等等，构成了对我国海洋安全的主要威胁。

1. 三大海域划界任务复杂艰巨

海上划界问题涉及海洋领土和主权安全等核心利益。早在1958年，中国就开始了海洋综合普查性质的海洋区域地质调查。此后，又相继开展了一系列海洋地质调查工作，包括大陆架及邻近海域勘查、沉积地貌调查、海洋地质综合调查以及综合科学考察和海洋油气资源调查与评价。但鉴于地理环境和地理条件的限制，与相邻、相向的周边国家存在较大的海域划界分歧和矛盾。

在黄海，我国与日本、韩国均存在划界矛盾，归中国管辖的海域面积约为$25\times10^4\ km^2$，其中约$7.3\times10^4\ km^2$的海域存在争议。

在东海，我国与日本、朝鲜、韩国也存在划界矛盾，在应归中国管辖的约$56\times10^4\ km^2$的海域中，中、日、韩三国主张的重叠海域面积约$21\times10^4\ km^2$。尽管2000年中日“东海大陆架渔业协定”生效，双方在有序管理渔业资源方面达成了初步共识，但东海海域的划界问题尚未得到解决。中国根据自然延伸的原则来划分东海大陆架的主张，符合《公约》有关规定；而日方则主张采用所谓的“中间线”来划分海区。由于中日两国在原则立场上存在重大分歧，因此东海海域疆界的划分成为一个在短时间内难以解决、复杂棘手的问题。

在南海，划界矛盾最为复杂，涉及国家最多。越南基本上控制了南沙西部海域，菲律宾基本上控制了南沙东北部海域，马来西亚基本上控制了南沙西南部海域。周边国家在掠夺我国南沙群岛及其附近海域资源方面已形成一种争先恐后、你追我赶的局面。目前，南沙争端各方包括中国、越南、菲律宾、马来西亚、印度尼西亚、文莱和中国台湾，形成了“六国七方”的复杂格局。

上述3个海区中除全部涉及大陆架和专属经济区的划界争议外，与朝鲜和越南也存在着划分领海边界的问题。由此可见，我国目前面临的海上划界和维护海洋权益的任务相当复杂和艰巨。

2. 解决海岛争议问题困难重重

根据《公约》规定，一个海岛的主权归属可以决定这个岛屿周围以200海里为半径海域的主权和海洋权益的归属。一个很小的岛礁，从法理上讲，可以主张 43×10^4 km^2 的管辖海域。因此，在海上划界中，海岛是最直接、最基本的划界基础，海岛是海洋上最重要的领土标志和主权归属象征。正因如此，有些处于关键地理位置的岛屿往往引发激烈争议，有的国家甚至采取在无人岛上抢占“地盘”行为，试图造成既成事实，并将礁石说成岛屿或用人造岛屿等方式以扩大自己的海洋面积。

钓鱼岛就是这样一个关键的无人岛，钓鱼岛自古就是我国固有领土。2010年以来新一轮的中日钓鱼岛之争，成为当前困扰中日关系发展的重大障碍之一。如果日本占有钓鱼列岛，并且以此为基础划分东海的专属经济区范围，将会多占 $7\times10^4\sim20\times10^4$ km^2 的海域。

南沙海域有230余个岛礁，在各国实际控制的52个岛、礁、滩中，我国仅占8个。周边国家已将我国主张的80多万平方千米的海域划入其势力范围。南海诸岛的主权属于中国，国际上对此长期并无异议。不少国家政府和国际会议的决议中都承认这一点。20世纪70年代以前，英、美、法、苏、日等许多国家出版的《世界地图集》以及各种文献和权威的百科全书中均清楚地将南海诸岛标属中国。因此，在相当长的时间里，并不存在所谓“南海问题”。问题的起因主要是20世纪60年代末南沙群岛海底发现蕴藏丰富的油气资源，特别是1973年世界石油危机前后，在南沙群岛及其附近海域掀起了一股瓜分岛礁、开发石油资源的狂潮。而在1982年通过的《公约》(1994年11月26日正式生效)，更使许多国家把南海视为谋求更广阔海域和资源的新目标。一些邻国开始侵占我国部分南沙岛礁，在岛上兴建永久性设施，向岛上移民、驻扎军队，妄图永久占领。中国政府多次申明对南海诸岛的主权和相关权益，对一些国家侵占我国主权、掠夺我国资源的行为进行了有理、有利、有节的斗争。20世纪90年代中期以来，人民海军加强了驻守岛礁的基础设施建设，防卫能力得到提高，为维护我国海洋权益奠定了基础。但要真正从根本上解决海岛被侵占问题，仍然困难重重、任重道远。

3. 海洋资源争夺愈演愈烈

导致中国与周边国家岛屿或划界争端持续僵持和激烈的重要原因之一，源于20世纪60年代联合国牵头组织的一次从黄海到南海的科考活动，参加活动的一位美国科学家对东海和南海丰富的自然资源，特别是石油、天然气资源惊叹不已，惊呼这一海域为“第二个波斯湾”。以南海为例，南海诸岛不仅是东亚与大洋洲的“海上通道”和“空中走廊”，还拥有丰富的油气和矿产资源。据有关专家推测，在南海中国传统海疆线内的油气总储量约为 420×10^8 t。此后，东海、南海的一些周边国家都陆续提出主权要求，尤其是一些东南亚国家，甚至开始出兵抢占南沙群岛岛礁。目前，在应由中国管辖的300多万平方千米的海域中，被掠夺最多的海洋资源就是石油和天然气。几十年来，周边国家不断在南海南部勘探和开发油气资源，并且不断深入到中方传统海疆线内。他们与几十家西方石油公司合作，在我南沙海域打油气井 500 余口，海上石油年产量高达 $3000\times10^4\sim5000\times10^4$ t，中国则基本被排斥在南沙油气开采活动之外。

除油气和矿产资源之外，我国的渔业权益也被侵犯。由于海洋划界争端的影响，中国渔民在周边传统渔场的捕鱼作业权益受到严重侵犯。在黄海海域，中、日、韩三国宣布 200 海里专属经济区后，黄海便成为一个没有公海渔场的海区，由于缺乏一个地区性三国四方都参加的渔业协定，无法约束各方开发和保护渔业资源，日本、韩国和中国以及台湾地区的渔民因“抢鱼”发生纠纷的现象不可避免。在东海海域，由于日本、韩国对进入其宣布的“200 海里专属经济区”的渔民实施严格的驱赶、抓扣行动，使得中国渔民难以进入传统渔场作业。尤其是在钓鱼岛附近海域，由于存在岛屿主权归属的争端，加之该海域又不属于 1997 年中日渔业协定调整的范围，使这一有丰富资源的海域成为特别敏感的海区。日本海上保安厅对进入该海域作业的中国渔民实施强硬的抓捕措施。在南海，问题较为集中的是北部湾海域和南沙海域，经常出现越南抓扣我方渔民和渔船的现象，严重危及中国渔民的人身和财产安全。为解决中国与周边海上邻国之间的渔业纠纷，中国分别与日本、韩国、菲律宾、越南(限北部湾)签署了双边渔业协定，用“临时性协定渔区”、“共同渔区”以及联合巡逻等措施解决渔业纠纷，但尚未从根本上解决问题。

近期以来，尽管南海周边国家一再表示“不采取使问题复杂化”的行动，但却从未停止对中国南海诸岛领土主权和南沙海洋权益的侵犯。由于美国等西方国家的插手，使得南海问题国际化的倾向日益凸显。根据《中国海洋行政执法公报》显示，近年来美海军电子情报侦察船频繁出现在我东海和南海海域。同时，日本也在南沙海域安全问题上与美国一唱一和、遥相呼应，使得原本就复杂的南海问题更增添了诡秘色彩和不稳定因素。

4. 海上战略通道安全堪忧

21 世纪上半叶，是中国重要的战略机遇期和实现全面小康社会的重要时期。目前，中国经济的对外依存度已经超过 50%，石油进口量每年递增 1000×10^4 t 左右，对外依存度一路攀升，2000 年超过 25%，2005 年超过 40%，2009 年突破 50%的警戒线，2010 年、2011 年进一步上升至 53.8%和 56.5%(周亮亮，2012)。近年来，中国政府正在采取各种措施减少对外依赖，降低风险，但是在短时间内这种高度依赖对外贸易的经济结构不会改变，这也意味着我国经济对海上通道的依赖不会改变。目前，除了一般的航行安全问题外，中国海上通道的安全威胁主要来自如下方面：

(1)重要的海峡水道封锁、中断。目前，中国的对外贸易已覆盖了全球。有统计表明，中国进出口贸易运输总量的 90%左右要通过海上航线运输，战略资源如石油总量的 30%、铁矿石总量的 50%需要从海上运输。可以说，全球的重要海上航线都有中国的对外贸易船只在航行，所有重要的海峡水道都有中国的对外贸易船只通过，海上通道已成为中国经济高速发展的命脉。马六甲海峡，是连接太平洋和印度洋最便捷的海上通道，中国每天通过该航线的船只达 140 余艘，尤其是中国从中东进口的石油，基本上都要经过这一通道。如果这一通道中断，其替代通道可以选择巽他、望加锡等海峡，但要多绕行上千海里。又如朝鲜海峡和阿拉斯加湾，是中国通往东北亚和北美航线的必经通道，该航线大约占中国对外贸易的 25%左右，一旦中断，将对中国经济造成重大影响。再如台湾海峡和巴士海峡，也是东北亚通往东南亚，进而向南亚、非洲、欧洲的必经通道，如若这一通道中断，不仅对中国经济，而且对中国所在地区乃至世界经济活动产生的影响都是巨大的。

(2)海上经济活动遭受袭击。目前，全球有五大公认的海盗多发区，分别是西非海岸、索马里半岛附近海域、红海和亚丁湾附近、孟加拉湾沿岸和整个东南亚海域，加勒比海、秘鲁和东非印度洋沿岸的海盗活动也很猖獗。其中，尤以东南亚海域情况最为严重，对中国在太平洋—印度洋通道上的船只造成重大威胁。近年来，由于能源需求和中非贸易的发展、海外渔场的开辟，中国船只在亚丁湾、索马里和几内亚湾经过或驻留作业越来越多，多次遭到海盗袭击。2003年3月，"福远渔225"号渔轮在孟加拉湾海域遭到8艘海盗船围攻，造成船只沉没、13名船员遇难；同年7月，中国5艘渔轮同一日在亚丁湾遭劫；2006年4月，1艘中国渔轮在南海遭遇海盗，4死3伤。在几内亚湾尼日利亚"三角洲"海域，中国从事石油勘探、开发作业的人员也多次遭到袭击。此外，恐怖主义威胁也不断显现。2002年10月6日卡塔尔半岛电视台播放的本．拉登的录音讲话称：伊斯兰力量正准备将"目标对准你们的经济生命线"。中国从中东进口石油，依赖于从波斯湾经马六甲海峡到南海航线的安全状况，特别是霍尔木兹海峡和曼德海峡的狭窄通道更易被控制。近年来的情况显示，在这条航线上海盗和恐怖分子还经常出没于苏门答腊到亚齐附近海域和菲律宾海峡到苏碌湾附近海域，而商船和油轮是他们最重要的袭击对象，尤其是油轮一旦遭到袭击，其对海上通道安全顺畅和海洋生态环境造成的后果不堪设想。

(3)海上军事活动受到影响制约。1986年，美国宣布战时控制的16个咽喉点中就包括了阿拉斯加湾、朝鲜海峡、望加锡海峡、巽他海峡、马六甲海峡等。这说明，这些重要的海峡通道具有强烈的地缘政治含义，一旦地区热点问题升温，如朝鲜核问题、台湾问题、马六甲海峡安全问题等，都将孕育海上通道的重大政治和军事风险。2003年，美国针对朝鲜和伊朗核问题，提出了"防核扩散安全倡议"，联合参与国可共同拦截海上有核扩散嫌疑的船只。同年，美国试图以反恐为名，向马六甲海峡派遣海军陆战队，但是由于该举动引起马六甲海峡沿岸国家的高度警觉，美国不得不放弃直接派兵进驻，但仍谋求以联合巡逻等其他合作方式进入并协防马六甲海峡。近年来，美日还利用岛链的地缘因素，加强在中国专属经济区的海洋军事调查活动，并与中国台湾加强技术合作，加强对重要海上通道的战略控制，共同监视、干扰中国海上军事活动，以遏制中国的崛起。

5. 海洋非传统安全威胁加剧

进入21世纪，国际安全形势相对于冷战时期及冷战后初期有了深刻复杂的变化。尽管以军事及政治安全威胁为主的传统安全威胁依然存在，并不断有新的表现，但随着全球化和信息化的飞速发展，国际恐怖主义日益猖獗，生态、能源、信息等方面的安全问题日益凸显，自然灾害、环境恶化、国际犯罪等跨国性问题愈演愈烈。可以说，非传统安全威胁正成为国际矛盾和冲突的新根源，对国家乃至全球构成新的威胁。非传统安全威胁主要是指近些年逐渐突起的、由非军事因素引发的、发生在战场之外的安全威胁(王逸舟，2004)。该观点基本适合对海洋领域的非传统安全描述。从安全威胁的层次来看，海洋领域的非传统安全威胁涉及国家、地区、全球等多个层次；从安全威胁的内容来看，海洋领域的非传统安全威胁主要源自于海盗活动、走私贩毒、海上恐怖势力泛滥等等，业已成为威胁全球安全的国际公害。此外，海洋环境污染和生态系统恶化进一步加剧了脆弱的全球海洋安全形式；来自不可抗拒的自然力量，如台风、风暴潮、海啸灾害和重大海上船舶、飞机事故等带来的非军事安全威胁也已成为世界各国政府和国际社会重点关注和防范的安全问题;《公约》生效之后,围绕海洋划界及资源分配引发国际争端进而对国家安全与地区稳定构成威胁。作为一个陆海复合型国家,中国也正面临严峻的海上非传统安全威胁的挑战。

(1)海盗活动与海上恐怖势力泛滥

海盗及海上恐怖势力活动由来已久,其影响已超出了所在国家和地区范围,成为全球性"痼疾"。在"9·11"事件之前的30年中,全球恐怖事件仅有约2%发生在沿海地区或海上。近年来,随着对外开放的深入发展和对外贸易的持续高速增长,中国海运事业迅速发展,远洋运输船队往来于世界150多个国家和地区的600多个港口,包括石油在内的大量战略物资通过海上运输。海上战略通道已经成为全球化时代中国经济与世界经济相融合的主要途径之一。

目前,海盗活动和极端恐怖势力的国际化趋势十分明显,中东地区有些恐怖组织已经具备在海上从事犯罪活动的能力,并企图在海上扩大生存与活动空间。还有一些恐怖组织则把海上作为新的恐怖袭击目标,譬如"基地"组织等。海上恐怖主义活动类型主要有:劫持航运船只、劫持交通工具,将人质作为筹码,要挟所在国政府答应其某些条件;袭击海上运输的辅助设备、用船只进行自杀式海上攻击。袭击目标包括民用商船和军用舰船、重要港口、码头、旅游地乃至居民聚集区,不仅有明显的政治目的,而且规模也越来越大、手段日益先进,造成的后果十分严重。一些国家的分离主义组织,如斯里兰卡的猛虎组织、菲律宾的阿布沙耶夫、印度的亚齐独立运动以及"金三角"的毒枭也经常到海上进行武装袭扰活动。印尼的"巴厘岛爆炸案"、马尼拉湾的"超级渡船14号"客轮起火案等,都对海上航运安全造成了极坏影响。由于中国的海上航运活动日益频繁,遭遇海上恐怖袭击的安全威胁也将越来越多。

从海盗与海上恐怖活动区域看,全世界70%以上的海盗及劫船事件发生在亚洲的公海海域,尤以东南亚海域居多。海盗问题对海上经济活动带来很大威胁,在从中国通往中东、非洲和欧洲的西行航线上集中了世界五大海盗多发地带:西非海岸、索马里半岛附近水域、红海和亚丁湾附近、孟加拉湾沿岸和整个东南亚水域。从20世纪90年代末开始,海盗对我海上通道安全的威胁已经显现。如1998年11月13日香港船务一艘"长胜"号万吨货轮在台湾海峡南口水域被海盗集团劫持,23名中国外派船员全部被杀害,货轮被抢走。2003年7月22日,在也门东部的马哈拉省水域,中国远洋渔业有限公司一艘渔轮和上海蒂尔远洋有限责任公司的3艘渔轮,同时遭到数十条海盗船的抢劫,不仅损失了货物,损坏了设备,还造成了人员伤亡。据2011中国航海日活动新闻发布会介绍:截止到2011年5月,仅索马里海域就发生海盗袭扰船舶118次。目前还有26艘船舶、338名船员尚未获得解救,其中,中国大陆船员达到51名。就在2011年5月5日,一艘巴拿马籍货船上的25名中国籍船员又经历了一次虎口脱险。海盗活动已严重威胁到海上运输和国际贸易安全。

此外,海上走私、贩毒、非法移民等有组织的海上跨国犯罪活动,近年来亦非常猖獗,如缅甸出产的海洛因经常通过海上进入泰国、越南、中国和印度等国。2006年,广东、深圳、香港警方联手破获了一起从境外经海路偷运海洛因大案,查获海洛因100余千克,这是近年来中国破获的一起最大的海上跨国犯罪贩毒案(郝甜班,2010)。可以预见,随着中国的改革开放和发展,与世界各国的海上联系日益密切,人员进出更加便利,从事海上非法活动也将会进一步呈上升趋势。这些都对国家的经济秩序、社会稳定带来不利的的影响，需加以关注和防范。

海盗以及海上恐怖势力急剧上升的原因众多。既涉及政治经济、宗教文化等人文因素，也包括战略地位、地理环境等自然因素以及由于国际法的局限和部分国家不合作态度所导致的国际制衡力量不足等。除了这些共性因素之外，每个高危地区也有其自身的个性因素。就目前海盗及海上恐怖势力活动最频繁、对中国影响最大的东南亚水域而言，其深刻的背景原因包括以下几个方面。①特殊的地理环境。东南亚沿海地形复杂、岛屿密布，是海盗及恐怖分子出没、隐蔽的好去处。如印度尼西亚是由太平洋和印度洋之间的17508个大小岛屿组成，其中只有6000个岛屿有人居住，是世界上最大的群岛之国，有“千岛之国”的美誉；马六甲海峡附近荒岛甚多，便于恐怖分子或海盗藏匿；马六甲海峡航道狭长，在新加坡附近的最窄处仅2 km，过往货轮均需减速慢行，为海盗袭击提供了可乘之机。②金融危机的影响犹存。金融危机造成东南亚各国经济衰退、政局动荡和贫困人口迅速增加，许多人因失业、穷困潦倒被迫干起海盗的勾当。另外，金融危机也使东南亚一些国家经济遭受重创，国力下降、军费与防务开支大幅削减。例如，印尼的国防开支削减幅度高达65%，这导致海军巡逻的次数锐减，海军士气低落、对沿海海域的控制力明显下降，海盗乘机为所欲为。此外，海盗在东南亚的民族文化中是一种可以被认可和接受的谋生手段，虽然具有高风险，但同时也意味着高收入，在无其他的谋生途径时，一部分人会铤而走险。③海峡沿岸国家的国际合作出现问题。海盗常常是跨国作案，因而打击海盗需要有关国家的密切配合和协助，特别在马六甲海峡更是如此。过去由于受边界和管辖权的限制，一国追捕海盗时常常不能进入他国海域，海盗也因此得以屡屡逃生。东南亚地区海岸线曲折，沿海国对许多海域的归属存在争议，使这些海域缺乏有效的监管，海盗活动猖獗。例如，马来西亚和菲律宾在沙巴海域有领土争议，沙巴和菲律宾之间的苏禄海就成为海盗活动的重灾区。有的国家(如印尼)受国内诸多繁杂事务的困扰，没有更多的财力和武力来对付海盗；有的国家则害怕由于对海盗实施严厉的防范措施而使港口贸易受到损害。除此之外，《公约》对海盗的定义较为狭窄，使沿岸各国对海盗问题的看法不一，从而造成各国在量刑上的不统一。有些东盟成员国不愿在自己的领土上起诉在另一个国家司法管辖内犯罪的海盗，情愿将这些人引渡回国受审。此外，印尼、马来西亚和新加坡海军实力薄弱、军舰老化、通讯设施甚至没有海盗先进，可用于巡逻的快艇数量严重不足，这些都造成了打击海盗不力的局面。④技术进步带来的负面效应。高科技大量用于海上航运，使海运的效率大大提高。如今，货物的装卸基本上全部实现了机械化，货轮在海上航行时，只需配备少量船员负责操纵现代化仪器和设备。据资料显示，过去一般18000～20000 t货物需配备50名左右的船员，如今同等数量的货物只需配备一半，甚至更少的船员，这在遭受海盗袭击时，人员不够的弊端就会显露。在减少水手的同时，一些航运公司为了保障安全，在途经危险地带时会雇佣一些雇佣兵进驻货轮以保护船只及船员的安全。但是，由于雇佣兵代价昂贵，而且海盗袭击具有不确定性，因此船主一般难以承受如此巨额费用。⑤官员腐败与管理漏洞。东南亚沿海特别是印尼、菲律宾和孟加拉国等国的港口基础设施虽然有了很大改进，但仍然存在着很多的安全隐患：管理混乱，有诸多的安全与防卫漏洞，许多重要的信息很容易被探听；腐败盛行，收入菲薄的海上执法官员和港口工人不惜与海盗集团勾结，或传递情报，或在追捕时故意放松追捕，配合其逃跑，海盗袭击的针对性和成功率因而得以大大提高(李兵，2005)。

海盗与海上恐怖活动不仅给世界和相关国家造成了严重的经济和治安危害，更为危险的态势是海盗与恐怖势力的联手更将构成对世界安全的重大威胁。国际海事组织专家表示，鉴于世界安全形势所受到的恐怖主义新挑战，有组织、有预谋、规模庞大、手段先进的恐怖主义袭击正在成为更严重的海上威胁。传统的海盗活动只是为了抢劫财物，而现代恐怖分子的目的在于对抗政府、制造混乱；恐怖袭击目标也不再仅限于油轮和商船，军舰、码头、港口、旅游胜地乃至居民聚集区都成为他们的袭击对象。随着现代科技的发展，海上恐怖分子的装备更为先进，作案手法也更加"高明"，有的甚至还走上了集团化、组织化、国际化的道路。反恐专家认为，在所有主要的恐怖战术中，海上恐怖袭击是最难对付的。除海盗和海上恐怖势力本身对世界经济与地区安全构成的直接威胁之外，其溢出效应的威胁亦不容忽视。近代以来，国际社会订立了许多涉及预防、禁止和惩治海盗及海上恐怖主义的国际公约，如 1958 年的《公海公约》、1982 年的《联合国海洋法公约》、1988 年的《制止危及海上航行安全非法行动公约》等。这些公约都规定，所有国家应尽最大可能进行合作，以制止在公海上或在任何国家管辖范围以外海区的海盗活动和恐怖主义行为。然而，这也成了一些国家达到其战略目的和干涉他国利益的借口。例如，近年来，美日两国以打击海盗、恐怖活动和维护国际航道畅通为由，力图控制重要的国际航道，不断渲染马六甲海峡面临的海盗和恐怖主义威胁，借着打击海盗和反恐之名，千方百计渗透该地区。美国国防部长曾多次公开提及相关海域的沿岸国海军力量难以应付海盗和恐怖袭击，希望美军能够进驻相关水域，并称美国愿意与沿海国家组成联合巡逻队，确保马六甲海峡等地区的安全。日本近几年也以"打击海盗"为借口，经常出钱赞助国际反海盗会议，并向沿岸国家提供资金、技术等帮助，同时要求举行联合海上军演，组建海上联合巡逻队，主持召开国际反海盗会议等，造成日本在马六甲海峡事实上的军事存在，目的就是要控制马六甲，解除后顾之忧，对他国形成逼迫之势。有媒体曾披露日本想借打击海盗之机，扩充军事力量、复活军国主义以及使日本海军取得在东南亚海域活动的权限。和其他海峡使用国一样，印度也认为恐怖势力威胁可能切断海上交通，特别是马六甲海峡。因此，印度近年来一直宣称在马六甲海峡拥有其安全利益，其新的海军战略也强调维护从波斯湾到马六甲海峡的"合法利益"（王历荣，2009）。

综上所述，海盗及海上恐怖活动问题不是一朝一夕产生的，不可能在短时间内彻底解决。它既存在复杂的国际、国内背景，也有历史与现实原因，不但涉及国际法和国际公约，也与特定国家和地区的政治、经济、安全和社会问题息息相关。同时，这也远非一国之力可以最终解决的，任何国家都不可能为本国每一艘商船护航，各国军事力量只有加强协调、合作，共同制定和执行打击海盗的有效巡逻机制，协同配合作战，才能消减海盗及海上恐怖势力活动。因此，要打击和肃清海盗及海上恐怖势力，国际社会必须考虑综合因素，加强综合治理，强化国际合作。

(2)海洋环境污染加剧

海洋环境污染，是指人类直接或间接将污染物引入海洋，超出海洋的自净能力而形成水体变质等污染。海洋环境污染主要包括石油污染、有毒有害化学物质污染、放射性污染、固体垃圾污染、有机物污染，以及海水缺氧和富营养化等，它严重损害海洋生物资源、危害人类健康。随着人类社会的不断进步，海洋污染也不断加剧，将严重威胁人类生存和世界经济的发展。海洋污染已经成为联合国环境规划署提出的威胁人类的十大环境祸患之一。

导致海洋环境危机不断加剧的原因主要有以下方面：①大量陆源污染物排放入海。主要包括生产和生活污水、石油、有毒有害化学物质、放射性物质等被倾倒入海。海洋污染物 80%

来自陆地，如每年中国沿海工厂和城市直接排放入海的污水就有 100×10^8 t，有害物质 146×10^4 t。中国沿海的海洋污染突出表现为：河口、海湾和近岸海域污染严重，环境质量逐年退化；污染事件逐年增多，已经形成环境灾难。②人口趋向于沿海移民造成的环境压力。世界上大多数沿海地区自然条件优越，适合发展经济和人类居住。目前，世界 60% 的人口拥挤在离海岸 100 km 的沿海地区；人口在 1000 万以上的 16 个大城市，13 个是沿海城市；人口趋海移动已经是全球性问题，全世界每天有 3600 人移向沿海地区。大量人口向沿海地区聚集，必然造成生存空间不足、污染加重以及其他生态环境和社会经济问题。③油船泄漏或沉没导致的大规模海洋环境污染。油船的泄漏事件会给当地生态环境造成严重威胁，并使得上百种动物受到威胁，造成沿海渔民也无法捕鱼等衍生灾害(刘中民 等，2004)。总之，海洋环境污染的原因是多方面的，包括沿海农业、工业和生活对海洋环境的影响、人口增长对海产品资源的影响、能源开发对海洋环境的影响、社会公众海洋环保意识淡薄等多方面的因素。

就中国而言，近年来，中国海洋经济逐渐成为国民经济新的增长点。但伴随着海洋经济的发展，海洋受到来自各方面不同程度的污染和破坏，环境污染给海洋带来了一系列极为不利的环境问题。我国近海生态系统正面临着过度开发利用、富营养化和气候变化等严峻的多重压力，近海生态系统的服务和产出功能发生了前所未有的剧烈变化。海洋生态灾害发生的频率与种类不断增长，正严重影响我国近海生态体系的安全。近几年随着海洋石油的开采及远洋石油运输业的发展，海洋石油泄漏事故频繁发生，对海洋环境造成了极大的破坏。大量原油渗入土地污染土壤，海湾被大量油膜和细菌占领。海洋环境另一大威胁——赤潮，近年来也随着生活污水和工业废水中大量营养物质的进入，发生概率不断上升。近几年赤潮发生的次数略有下降，但是面积和强度有增大的趋势，由毒藻引发的赤潮次数明显上升(吴敏，2012)。目前，尽管我国海洋污染快速蔓延的势头有了一定程度的减缓，但是海洋质量恶化的总趋势仍未得到有效遏制。入海污染物逐年增加、海域污染呈现加重趋势、海洋污染范围不断扩大，大部分河口、海湾以及大中城市临近海域污染日趋严重，海洋生态破坏加剧，生物的多样性受到严重威胁。

由于历史遗留问题以及市场经济不完善等诸多因素的制约，使我国在海洋环境管理工作中仍存在海洋环境政策的制定和管理缺乏统一性、海洋环境管理体制的不顺以及海上监督执法力量有待加强等问题。为缓解我国海洋环境面临的巨大压力，我们应按照“规划用海、集约用海、生态用海、科技用海、依法用海”的原则，加强海洋生态文明建设。进一步完善中央和地方相结合的保护和管理海洋环境的新格局。此外，由于海洋环境污染具有污染源广、持续性长、危害性大、扩散面广、防治困难等特点，我国应加强与其他国家海洋环境保护部门或组织的合作，共同保护海洋环境。

(3)重大自然灾害频发

海上自然灾害包括海底地震、海啸、台风、风暴潮、赤潮等。其中破坏性最大的无疑是海啸。海啸，是水下地震、火山爆发或水下塌陷和滑坡等激起的巨浪，在涌向海湾内和海港时所形成的极具破坏力的大浪。作为一种强烈自然灾害，海啸具有相当的“传统”性，由于它预警困难且危害巨大，成为受害国乃至全世界安全关注的焦点，并登上海上非传统安全威胁的黑名单。2004 年 12 月 26 日上午 8 时左右发生在印度尼西亚苏门答腊西北近海的 8.9 级地震，引发了浪高 10 m 的印度洋海啸，横扫印度尼西亚、斯里兰卡、印度和泰国沿岸，并波及马来西亚、孟加拉国、缅甸、马尔代夫等国家，造成近30万人伤亡和失踪；2011年3月11日，日本发生里氏9.0级地震，地震引发大规模海啸，造成重大人员伤亡，并引发了日本福岛第一核电站发生核泄漏事故。这些事件重新惊起了人们对自然灾害的恐惧，让人类再次感受到了在自然面前自身的渺小。作为自然灾害，海啸在人类历史上并非罕见，但由于其发生的无规律性、危害程度的不可预测性，每次海啸，不论其强度大小，都给受害国家人民的生命财产造成巨大的破坏。海啸将人类海上安全防线链条撕开了另一个口子，体现出了一系列的脆弱性，这种脆弱，是经济、科技的繁荣发展无法抵消掉的。海啸及其他的自然灾害威胁着沿海国家的安全，带给人类的教训和启示是多方面的。海洋自然灾害作为一种新的非传统安全威胁被提上安全研究的议程。然而，海啸退去后，如何看待海啸灾难反映出的人类的安全状况，如何看待海上自然灾害这一非传统安全问题的凸显，如何降低其破坏程度，都需要人类对当前所处的安全状况进行历史性的认识和反思。

中国濒临的海区是连接太平洋与印度洋的纽带，也是太平洋海上交通航运最繁忙的海域之一，地理、水文和气象情况复杂，是各种海难事故的频发海区。根据《2010年中国海洋灾害公报》显示，2010年我国累计发生132次风暴潮、大浪和赤潮事件，其中44次造成灾害。各类海洋灾害(含海冰、浒苔等灾害)造成直接经济损失132.76亿元，死亡(含失踪)137人。

我国是西北太平洋沿岸遭受热带气旋风暴灾害最频繁的国家，6—9月是台风的多发季节，每年约有6～8个台风在我国沿海登陆，影响范围几乎涉及整个中国沿海。冬季大风和温带气旋主要集中在我国的渤海、黄海。海洋生态与气候的复杂性造成了对其进行系统探究和观测的巨大难度，加之全球气候变化带来的海洋环境区域响应等不确定因素，未来海上自然灾害对中国海上贸易、资源开发、渔业生产和交通运输的影响不可低估。

由于海洋预警机制建立的高技术性和高资金要求等，也给建立预测、预警和防范海洋非传统安全威胁造成了极大的困难。而每一次对海上极端天气的防抗工作，都是对现有应急机制的考验，都会给我们留下宝贵的实战经验，并暴露出一些薄弱环节。因此，通过及时做好后评工作，可将经验制订成标准、形成制度，及时研究解决存在的问题，有利于进一步完善应急预案，使之切实成为指导海上搜救工作的行动指南，成为应对海上自然灾害的指导性手册(许艳，2007)。

(4)海外投资和侨民安全问题

目前，中国的海外投资数额还相对较小，且比较分散，面临的威胁相对较小，但随着中国海外经济活动的增多，海外投资和公民、侨民的安全问题必将凸显。这些威胁来源是多方面的，既有中国商品与当地贸易保护的矛盾，也有战争、骚乱、所在国政权更迭等政治性风险因素，还有国际恐怖主义、有针对性的暴力活动和有组织的犯罪活动等因素。因此，海外投资与人员的安全问题已成为中国对外经济中的突出问题，若处理不善，将直接影响国家的海外经济利益和国民的生命财产安全。

此外，值得一提的是，除上述因素外，中国海上的非传统安全威胁中还包括海洋资源的利益分配引发的国际争端。冷战结束后，全球经济实现了进一步的分工，海洋资源也随之在全球范围内进行了再分配。海洋的战略性和国家对利益的追逐，决定了世界上大多数国家都将立足于本国的根本利益和长远发展，制定最有利于增强其综合实力的海洋国策。国际海洋安全形势的变化发展，使国际政治行为体深刻认识到海洋问题性质的变化，即"政治化"日趋明显，跨海捕捞、石油勘探、海洋污染、海底资源开发、军备控制等海洋政治问题都成为国家外交政策的重要组成部分。海洋政治的主题也随着非传统安全威胁的增加远远超出了传统的政治和军事范畴，海洋国家对于海洋安全的认知内容更加丰富、范围日益扩大、地位不断提高。但是不可否认，海洋非传统安全威胁在呼唤和促进国际制度建设和相关国际合作的同时，也围绕海洋权益的分享和分割造成了新的矛盾乃至冲突。在这种情况下，全面掌握国际社会对于海洋运行机制的规则和规律，顺应历史潮流，才能有效维护国家的海洋权益。

6. 2012 年以来我国海上安全形势新特点

(1)海上争端呈现高烈度与联动性

2012 年，中国周边海上争端呈现出较强的对抗性。黄岩岛争端的对峙时间长、对峙双方维权手段多；而钓鱼岛争端的激烈程度也达到历史新高，中日双方持续“斗法”，截至 2012 年 11 月底，仅中国海监船本年度进入钓鱼岛 12 海里内执法就多达 34 次，维权力度从未如此强硬。

中菲黄岩岛对峙中最为突出的特点是，两国执法船只在黄岩岛及附属海域直接对抗。这种地理空间上直接的据点对峙，不仅持续时间长，而且突发性事件出现的可能性也大大增加，中国行政、外交与军事手段的有力配合，彰显了中国海上政策的根本性变化，成为国际关注的焦点。

钓鱼岛主权争端问题已成为制约中日两国和平合作的最大障碍，争端事态大有愈演愈烈之势。2010 年是钓鱼岛主权争端升级的转折点，而 2012 年则集中展现了中日关于二战后国际秩序合法性的争论，钓鱼岛事件已被上升至国际秩序的高度。争端的持续时间从 2012 年 9 月到现在仍然没有结束，而且随着美国的高调介入，中日海上争端将成为影响东亚地区安全稳定的最重要的因素。

菲律宾、日本与中国在南、东两个方向发生海上争端并非偶然，两者之间具有很强的联动性。两次争端虽然发生在不同区域，但两个当事国日本和菲律宾有一个共同的特点，就是共同呼应美国重返亚太战略，联合起来对崛起中的中国形成制约，抗衡中国日益增强的地区影响力。日、菲都是美国在亚太坚定的盟友，争端发生前，日菲合作的紧密度已经明显加强，美国不仅主动出资帮助菲律宾强化南海警备，还打算帮助菲律宾训练沿海警备部队，并且与菲律宾建立了有关南海问题的情报交换体制。黄岩岛对峙后，日本向菲律宾提供了 10 艘全新的巡逻舰艇，并与之达成日本自卫队可使用菲律宾巴拉望岛或吕宋岛美军基地的协议。此协议的达成，标志着日本自卫队今后可能在菲律宾的美军基地长期驻扎，这不仅意味着一旦发生战争或冲突，日本可以“方便”地对美军进行支援，而且意味着日本的势力正逐步渗透南海，可以通过自身力量来保证日本海上生命线在南海海域的畅通，同时还可以“视情况”对中国在南海的行动进行牵制。

(2)中国的海上政策出现转折

周边国家对中国顾全大局所作出的忍让和善意视而不见，一味蚕食我国海洋国土、固化非法占有，且有变本加厉之势，迫使中国海上政策不得不进行根本性的调整和转变，即采取坚决有力的维权措施，在周边地区释放足够警示和威慑信号。从声索国和参与国的反应来看，这些举动基本达到了预期效果。

在黄岩岛问题和不断白热化的钓鱼岛争端中，中国很好地打出了维权“组合拳”。三沙市宣告成立，统筹管理西沙、中沙和南沙的行政事务；中海油两次发布在南海海域的油气开发招标;中国第一艘航母“辽宁舰”正式服役等。在钓鱼岛争端中,中国政府公布了钓鱼岛及其附属岛屿的领海基线、标准地名和地理坐标等,发表了《钓鱼岛是中国的固有领土》白皮书;以中国海监为主力的公务船实现了在钓鱼岛附近海域的常态化巡航,中国军方多次进行联合演习,海军编队多次穿越冲绳群岛。这些在行政、立法、经济、军事、外交等领域采取的维权活动,传递出鲜明的讯号,表明中国将改变过去息事宁人的做法,转而采取更加积极有为的外交政策。

基于黄岩岛对峙中的成功维权措施,我们将其总结和概括为“黄岩岛模式”,并将之运用于今后的维权斗争中。“黄岩岛模式”的主要特征可以概括为如下 4 点:①强调维权的非军事化特征,即不以武力为解决争端的主要手段;②强调多样化维权手段的配合运用,不再单纯以外交手段为主;③强调中国在处理争端中的积极态势;④维权的目标不仅是平息争端,而且努力将态势向有利我方转变。

通过抓住或创造时机积极作为,采取挤压方式、主动维权,是“黄岩岛模式”的核心,这一点形成于黄岩岛对峙中,在钓鱼岛争端中也得到了很好实践。军事威慑是中国维权的有力保障,但武力手段不是处理争端的唯一手段。“黄岩岛模式”在一定程度上改变了中国“韬光养晦”的策略,标志着中国开始积极主动地应对海上争端。

(3)中国周边地区海上争端的发展趋势

无论是黄岩岛事件还是钓鱼岛问题,各方都未能找到彻底解决问题的途径,而是通过不断强化对争端领土的实际占有,使对方不得不承认现实。在这两次争端中,各方虽然都表现出“不怕决一死战”的态势,但可以看出武力并不被各方认为是优先选择。

同样是中国海上争端的对手,日本和菲律宾无论是综合国力,还是海上实战能力,都远非同一级别。虽然菲律宾在短时间内密集采取了多种手段,但中国通过打出一系列有力的“组合拳”,恢复了对中沙群岛的实际控制。菲律宾尽管试图反扑,但鉴于国家实力的差距,形势逆转的可能性不大。但是钓鱼岛争端的情况则要复杂得多,除获得美国的鼎力支持外,日本自身的海上武装力量及其潜在作战能力均远超菲律宾,中国很难仅凭武力威慑来实现对钓鱼岛的实际控制和行政管辖,这一点是中国处理钓鱼岛问题时应慎重考虑的因素。

黄岩岛对峙与钓鱼岛争端的发生,使日本和菲律宾等东南亚国家在海洋问题上的立场趋同、外交与军事互动增强,谋求建立更为广泛的对华联合阵线。因此,这些国家很可能会将双边问题扩大为多边问题,甚至上升为具有地区安全格局意义的普遍性问题,通过将南海问题国际化,对中国实施强大的舆论、外交和安全压力。

4.5 周边国家的防务结盟与国防外交政策

联盟是指两个或更多主权国家之间的正式的或非正式的安全合作安排(斯蒂芬·沃尔特,2007)。在一定条件下,国家行为体基于自身安全环境的调整与变化会选择与自己拥有相同战略目标的其他行为体结盟以获取战略利益。在我国周边海区存在多个同盟,对我国的国家安全形成了很大的威胁风险。

2009 年 7 月,美国国务卿希拉里·克林顿在泰国访问时高调宣称“美国将重返亚洲”,美国的战略重心将东移。为此,美国强化了在亚洲的传统军事同盟体系,力图将“北约”扩张到亚洲。2011 年 3 月,美国国务院亚太事务助理国务卿科特·坎贝尔在对美国参议院外交关系委员会所作的发言中指出："美国在亚太地区的主要战略目标是促进和平和稳定的安全环境，以实现美国、我们的盟友及合作伙伴在该地区的利益。实现这一战略目标的关键是为我们与日本、韩国、澳大利亚、泰国及菲律宾等国家的同盟关系提供安全与稳定。"美国认为日本是美国在处理世界事务新议程中的全球性伙伴，把《美日军事同盟》视为美国联盟战略的基石，并准备设立东北亚军事司令部。作为美国全球战略重要组成部分的东亚战略，其目标是以修订后的《日美防卫合作指针》为核心，以韩国和菲律宾及其他东南亚盟友为侧翼，形成事实上包括中国台海地区和南海在内的东亚地区安全联盟，以维护美国的优势地位，并遏制地区新兴大国的挑战（曹文振，2010）。美国不断强化美韩、美日同盟，深化与澳大利亚、泰国和菲律宾等盟国的关系，发展同越南、印度尼西亚的关系，利用黄海、东海和南海问题将其亚太盟国凝结到一起，共同剑指中国。这使得上述国家在遏制中国崛起问题上达成默契，也使中国与这些国家之间产生不应有的隔阂，对中国的政治崛起和经济腾飞形成了一定的阻力，使中国在未来国际政治舞台上的角色受到损害，进而对中国的国家安全和战略提出了挑战。

4.5.1 美日同盟

冷战结束后，美国为防范和遏制中国，主导东亚地区局势，不断强化美日同盟。1996 年 4 月，《日美安全保障联合宣言》明确了美日同盟强化的原则。1997 年 9 月，新的《日美防卫合作指针》扩展了美日同盟安全合作的合法范围，并予以具体化。1999 年，日本国会通过了《周边事态措施法》、《自卫队法修正案》、《日美相互提供物资与劳务协定修正案》，为美日同盟的强化确立了法律依据。美日同盟的安全目标由冷战时期的保护日本免受外部威胁转向应对朝鲜半岛和台湾海峡紧急事态以及制衡崛起的中国。小布什政府执政后，以 2000 年出台的"阿米蒂奇报告"为蓝本，美日同盟进一步强化。"9·11"事件后，美国基于"反恐"的战略需求，着力推动美日同盟的全球化。日本小泉政府也主动迎合美国的要求，落实对美国的军事承诺，实现海外派兵合法化、制度化。美日同盟的强化"进入在军事实践中实际检验和合作的新阶段"。在小布什政府和小泉、安倍政府的全力推动下，美日军事同盟和军事一体化得到空前加强。奥巴马政府上台后，美日两国通过希拉里访日和麻生访美强调了美日同盟的重要性，美日两国签署了驻冲绳美国海军陆战队移驻关岛的相关协议，明确了强化美日同盟的趋向。民主党鸠山由纪夫政府成立后，曾高调提出建立对等的日美同盟关系，但在根本上，鸠山仍坚持日美安全条约是日本外交政策的基石。2010 年 11 月，鸠山的继任者菅直人在与奥巴马会见时强调，日美同盟仍是日本安全和繁荣的基石，并确定要尽快解决普天间基地迁移问题，完成对日美共同战略目标的修改。2011 年 9 月 21 日，新上任的日本首相野田佳彦首晤奥巴马，即保证其外交政策的核心是日美同盟关系，并表示将在安保等方面与美国展开密切合作。奥巴马则表示，要"与时俱进地发展美日同盟关系"，使其"适应 21 世纪的需要"。2013 年 2 月 22 日，安倍晋三访美，与奥巴马就加强美日同盟的具体政策和方向进行了讨论。奥巴马在会谈后重申美日同盟是美国在亚太安全和政策的基石。

美日同盟是美国亚太战略的基石，日本是美国实现其亚太战略的主要借助力量。美日两国都倚重美日同盟在东亚安全秩序中发挥领导作用，并强调它是应对东亚地区各种挑战最为重要的基础，是阻止挑战美国主导下的东亚安全秩序的重要工具。美日同盟将遏制中国崛起作为其主要战略目标，具有很强的针对性。

美日同盟也影响着中日海上争端。2010年9月，中日钓鱼岛撞船事件发生后，美国国务卿希拉里会见日本外相前原诚司后公开表示，美日安保条约适用于钓鱼岛，美国参联会主席麦克·马伦表示："很显然，我们非常强烈地支持我们的盟友日本。"。2012年9月，日本政府执意将钓鱼岛"国有化"，引发中日关系的急剧恶化和持续紧张。美国官方此时宣称，钓鱼岛适用于美日安保条约。

在南海问题上，美国和日本积极支持东南亚国家。在1997年美国和平研究所的《开展预防性外交防止南海争端升级特别报告》中直接宣示了美国对南海问题的干预倾向。1999年4月27日，日本众议院通过的《日美防卫新指针》及《周边事态法》等相关法案，将东南亚地区安全纳入了日美保安体制的适用范围(鞠海龙 等，2010)。

4.5.2　美韩同盟

美韩同盟是朝鲜战争的副产品，更是冷战时期美苏两大阵营对抗的直接产物。1953年10月，美国与韩国签订了《美韩共同防御条约》，承诺美国对韩国负有军事保护、经济援助和政治支持的义务，标志着美韩同盟的正式确立。冷战结束后，由于朝鲜半岛南北分裂的加剧、朝核危机的升级以及中国的崛起，美韩同盟被重新定义，并扩展到美国的亚太联盟体系之中，逐渐从双边的军事同盟向包括政治、经济、军事、外交等方面在内的全方位战略同盟发展。2008年，李明博访问美国时提出"21世纪韩美战略同盟三项原则"，与美国达成一致，共同采取对朝鲜强硬的态度。2009年6月16日，美国总统奥巴马与韩国总统李明博共同签署并发表"韩美同盟未来展望"的联合声明，把美韩同盟提升为全面战略同盟，两国加强在军事、安保、政治、经济、社会、文化等所有领域的全面合作。2010年3月的"天安号事件"使得韩国和美国在对朝问题达成一致，客观上促进了美韩同盟的强化。随后，美韩高密度联合军演，成为两国同盟关系强化的重要标志。2010年7月美韩在日本海"不屈的意志"联合军演、8月美韩在日本海与黄海"乙支自由卫士"联合军演、9月韩国西海反潜联合军演、10月包括美韩在内的多国防扩散联合演习，其规模之大、历时之久、密度之高、影响之广，令人瞩目。2010年11月，延坪岛炮击事件发生后，月底美韩即在黄海开始联合军演；2011年1月，美韩又在黄海联合军演，2月进行了"关键决心"例行联合军演，3月"秃鹰"例行联合军演，5月韩美空军综合战斗演习，6月韩朝边境联合军演，7月白翎岛联合军演，9月韩国抱川联合军演……这种几乎每月一次的高频度军演历史罕见，种种迹象表明美韩联盟正在逐步强化。

美韩同盟的修复与强化均建立在应对半岛局势与中国崛起的基础之上，具有较强针对性，并带有一定程度的"冷战"色彩。因此，美韩同盟对中国在东北亚地区的国防安全、政治外交、区域经济发展等方面也造成了不利影响。美韩同盟的军演地点从日本海扩展到朝鲜半岛西海岸，并有超出朝鲜半岛的战略意图。美韩同盟的过激行为使得朝鲜半岛弥漫着浓重的"火药味"，影响了东北亚地区的安全稳定形势，对中国的安全环境和国家利益造成了威胁。从中国领土主权利益来看，韩国与中国在黄海及东海大陆架划界及苏岩礁主权归属等问题上存在争端，美韩同盟的强化助长了韩国的"底气"，使得这些问题愈发突出和难以解决。而美韩在中国周边海区的频繁军演，使中国在国家领土主权利益的监控和保护上陷于被动。同时，朝鲜半岛的复杂局势、美韩同盟的强化等因素严重制约了中国东北亚地区高层次合作体系建构的设想，频繁的军演破坏了中国经济发展所需要的和谐安定的国际环境。

4.5.3 东盟

1967年8月8日，菲律宾、印度尼西亚、马来西亚、泰国、新加坡五国外长在曼谷召开会议，发表《曼谷宣言》，成立东南亚国家联盟（Association of Southeast Asian Nations-ASEAN），简称东盟。经过40余年的发展，东盟由最初的5个成员国不断扩大，先后接纳文莱（1984年）、越南（1995年）、缅甸（1997年）、老挝（1997年）和柬埔寨（1999年）加入，几乎涵盖了整个东南亚地区，形成了一拥有10个成员国、448×10^4 km^2、5.5亿人口的区域组织。进入21世纪以来，东南亚国家加快了区域联合自强的步伐，朝着一体化方向不断迈进。2003年召开的东盟峰会决定，东盟要在2015年建成由经济共同体、政治安全共同体、社会与文化共同体为支柱的"东盟共同体"。其后，2007年11月签署的《东盟宪章》使东盟向着全面一体化和更加制度化的组织又迈进了一步，标志着东盟组织向着更加成熟、有效、强大的方向发展。

为了弥补在双边对话中单个力量的不足，东盟采取了集团外交方式与中国抗衡。1994年东盟便公开宣布"今后东盟成员对外将以集体名义，而不以双边名义接受谈判"。《东盟发展蓝图(2009—2015)》就东南亚南海各方的合作直接描述为"将继续保持东盟成员国之间紧密的协商关系"，东盟以"集体安全机制"为名介入南海问题并将持续和逐步加强。

美国把东盟视作地区结构性的支持，视为诸多政治、经济和战略问题上不可或缺的机构。为了与东盟建立更加牢固的联系，美国与东盟于2009年7月签署了《友好合作条约》，向东盟派驻美国外交使团，参加东盟国防部长会议，开展东盟与美国首脑峰会。"9.11"事件后，美国将东南亚地区作为反恐地缘政治的"心脏地带"，并努力扩大军事影响。时至今日，美国联合东南亚国家在南海地区举行的军事演习不断从双边走向多边，持续时间逐渐增加并且日益机制化、常态化。其中，"卡拉特"军事演习是近年来该地区最具规模、最具影响的军演代表。该演习以美国为首，涉及东南亚菲律宾、泰国、新加坡、马来西亚、印度尼西亚和文莱六国。

东盟作为一个小国集团，并不希望单独由中国来主持本地区事务，妄图采取"大国平衡战略"，利用美国来"遏制"中国在该地区的崛起。2009年8月19日，美国民主党参议员吉姆·韦伯在访问越南时称，美国应该做出更多努力，以"平衡"中国在东南亚、南亚地区的势力；美国作为一个国家的外交立场，希望在该区域能够成为"平衡"中国的势力。近年来，东南亚一些国家积极加强与美国的军事交流，从美国购置先进武器装备、引进先进军事技术以推动军力的发展。随着东盟与美国军事关系日益密切，马来西亚《吉隆坡安全评论》甚至发文宣称，在南海地区已形成"卡拉特集团"、"卡拉特海上力量集团舰队"的"反华南沙集团"。

东盟视美国为温和的超级大国、视日本为全面的合作伙伴、视中国为正在崛起的巨人，即便中国与东盟有着日益紧密的经贸联系，也很难改变东盟加强与美国、日本和印度的军事合作以制约中国的策略与现实，而这无疑给区域外力量在南海地区实施并加强军事渗透提供了有利的机会。

4.5.4 印度"东进"战略

冷战结束以来，印度明确提出了"东方海洋战略"的构想，强力推进"西挺东进"战略，力图掌控从波斯湾到马六甲海峡以东的广大地区。为此，印度加强了对印度洋及其周边海域的战略部署，通过"东进"战略积极谋求向太平洋进行渗透。东南亚"对于印度来说，是南亚在地理上的延伸。有些印度人甚至把这两个地区看成是一个战略整体”，致使印度不断加快其“东进”步伐。

2002 年 11 月，印度与东盟正式确立了“10＋1”合作机制；2004 年 11 月，印度与东盟签署了《和平、进步与共同繁荣伙伴关系协定》。2012 年 12 月 20 日，印度与东盟领导人出席的“纪念峰会”在印度首都新德里召开。会议通过了主张加强海洋安全等的安全合作“理想声明”，宣布印度和东盟的关系升级为“战略合作伙伴关系”，除了通过定期高级安全对话共享情报外，还确认将在海洋安全、航行自由、海上航线安全等方面深化合作。印度不断加大与东南亚国家的军事合作，互访不断增多，层次不断提高，从开始的军事交流逐步扩大到“全面防务合作”，印度每两年就要与主要东南亚国家举行一次代号为“MILAN”(印地语“会合”之意)的军事演习，其中印度与越南、印度尼西亚、马来西亚和新加坡的军事往来尤为密切和频繁。2003 年 11 月至 2008 年 10 月，印度与越南共举行了 4 次安全对话；2009 年 11 月，印越两国签署防务谅解备忘录；2010 年 7 月，印度陆军总司令访问越南。越南俨然成了印度军事力量辐射西太平洋的中转站。印度与印尼的军事交往也在不断加深。2005 年，印尼总统苏西诺访问印度，双方签订了战略伙伴关系协议，进行了更加密切的外交、军事合作。2011 年 1 月，印度海军司令尼尔马勒·沃尔马将军造访印尼，强化两国在海上安全与反海盗等方面的合作。印度还特别加强了与马来西亚的防务合作，为其训练军事人员。2007 年 12 月，两国签署协议，由印度空军为马来西亚皇家空军培训“苏-30MKM”战机飞行员。

印度发展与东南亚国家的防务合作，将势力范围延伸至南海，不仅对中国构成了牵制之势，还能为干涉南海问题提供军事支持。印度在东南亚地区的存在不仅为该地区提供一支平衡力量，也可最大限度地削弱中国在这一地区的影响力。印度进入东南亚及南海地区的重要动机就是要在地缘布局上反制中国，防止中国在东南亚地区影响力的进一步扩大和提升，并借此提高印度的国际地位、增加其在中印博弈中的筹码。

第5章　气候变化与国家海洋战略——风险概念模型

在前面章节中，我们对气候变化的特征趋势、海洋环境响应特征以及我国的海洋权益和海洋安全形势进行了分析阐述。本章拟在背景知识的基础之上，研究气候变化与国家海洋战略的关联性，提取气候变化对国家海洋战略的关键影响因子，分析气候变化对国家海洋战略的制约过程和影响机制，构建海洋战略风险评价体系和概念模型，为气候变化的海洋战略风险评估提供理论基础。

5.1　国家海洋战略内涵

5.1.1　海洋战略的定义

海洋战略是一个宏观、宽泛的名词，包含着丰富的内涵。可以认为，海洋战略是国家、政府及涉海部门处理海洋事务的策略、方法和艺术，包括海权问题、海洋开发与保护问题、海洋防务、海洋科技等问题的国家目标、行动方案以及实现上述目标的方案和手段等（李立新 等，2006）。具体地说，海洋战略是指一个国家为求其长期生存和发展，在外部环境和内部条件分析的基础上，对今后一个较长时期内海洋发展的战略目标、战略重点、战略步骤、战略措施等作出的长远和全面的规划，是涉及海洋开发、利用、管理、安全、保护、捍卫诸方面方针、政策的综合性、全局性战略（王历荣 等，2007）。

海洋战略从属于国家战略，是国家总揽海洋经济发展与海上国防安全的总方针，是处理国家海洋事务的总策略。海洋战略又可分为海洋发展战略和海洋安全战略两类战略方向（国家海洋局海洋发展战略研究所课题组，2010）。

海洋是现代文明的摇篮、自然资源的宝库、交通运输的命脉。在世界经济全球化发展以及陆地资源日益枯竭的21世纪，世界各国对海洋的依存度越来越高，争夺海洋水域管理权、海洋资源归属权、海峡通道控制权，已成为世界各国竞争与角逐的核心。世界各发达国家和涉海国家都在加紧对各自海洋战略的修订和调整，用以指导和推进的开发和利用海洋资源，获取海洋利益（江新风，2008；申晓辰，2009）。

5.1.2　我国的海洋战略

我国的海洋战略历经了不同历史时期的调整，目前仍处于探索和发展完善阶段。表5.1概括了国内部分学者和研究小组对中国海洋战略的观点与阐述。虽然所列内容有所差异，但基本上都是从海洋安全和海洋经济发展两个角度，围绕海洋和岛屿主权捍卫、海岸带经济发展、海洋资源开发利用、能源通道安全保障等4个方面的战略目标和方案来进行规划和论述的。综合分析，本书作者认为，我国21世纪的海洋战略应包含以下基本内涵：

(1)建设强大的海上军事力量，捍卫国家主权和海洋权益；

(2)加强海洋科技强国、科学规划海岸带经济发展、合理开发利用海洋资源；

(3)拓展国际合作和外交影响、确保我国能源通道安全畅通。

海洋战略的疆域，不仅包含我国沿海地区、内海和边缘海，还应关注中国周边和世界重要的区域海洋和海峡通道，走出一、二岛链，东出太平洋、西挺印度洋，关注北极、南极。

表5.1　我国国家海洋战略的部分观点阐述

<table>
<tr><th rowspan="2">部门或学者</th><th colspan="2">对我国国家海洋战略的建议</th></tr>
<tr><th>对国家海洋战略的分类</th><th>战略重点或目标</th></tr>
<tr><td rowspan="4">李立新，徐志良(2006)</td><td>海洋政治战略</td><td>以扩大管辖海域为核心</td></tr>
<tr><td>海洋经济发展战略</td><td>以建设海洋经济强国为核心</td></tr>
<tr><td>海洋防卫战略</td><td>以海洋安全和国家安全为主</td></tr>
<tr><td>海洋科技战略</td><td>高技术与常规技术相结合</td></tr>
<tr><td rowspan="2">尹卓(政协委员提案，2010)</td><td>国家海洋发展战略</td><td>开发海洋资源、发展海岸带和海洋经济、确保重要航线安全</td></tr>
<tr><td>海洋安全战略</td><td>应对传统安全威胁(包括岛屿主权、海域划界争端以及周边国家的军事挑衅)，加强巡逻，保卫领海主权不受侵犯；应对非传统安全威胁(包括海盗和恐怖袭击、世界维稳任务)，加强护航编队</td></tr>
<tr><td>许可(2011)</td><td></td><td>以“我”为主，巩固海岸线港口和基础设施；加快海上、空中军事力量的配合</td></tr>
<tr><td>国家海洋局海洋发展战略研究所(2010)</td><td>海洋发展的中长期指导方针</td><td>科学开发海洋资源，积极开拓海洋发展的新空间；切实保护海洋生态环境、努力保障海上战略通道安全、坚决捍卫国家海洋权利和利益</td></tr>
</table>

在国家海洋战略范畴中，凡是威胁海洋战略疆域领海与岛屿主权、海洋经济发展、海洋资源开发和能源通道安全的因素，都将影响制约国家海洋战略，构成潜在的风险。制定国家海洋战略，必须系统深入地考虑海洋自然环境以及气候变化引起的海洋环境响应，通过一系列关联机制和影响机制研究，进而揭示其对国家海洋战略可能产生的影响和潜在的风险，这也是当前较为薄弱和亟待开展的战略性研究课题。

5.2　气候变化对我国海洋战略的影响

气候变化对国家海洋战略的影响是多方位、多途径、多层次的，它涉及自然环境和人类社会等诸多领域。第3章中，对气候变化的时空分布特征、发展演变趋势及其对海洋环境的影响进行了分析，结果表明：气候变化所导致的海平面上升、海洋气象水文要素变异和海洋环境极端天气现象，已对岛屿、海岸带、海洋生物资源以及海上航运安全等产生显著影响。可以推测，随着气候变化的持续，上述影响也将持续甚至加剧，进而使国家海洋战略和国家海洋安全面临更大的风险。

5.2.1 气候变化对海洋环境的影响

综合前面的分析阐述，气候变化对海洋环境的影响可以归纳为如下方面。这里的海洋环境既包括海岸带、岛礁、海峡通道等地理环境，也包括与海上活动密切相关的海洋气象、海洋水文环境。

1. 气候变化可能改变或损毁海岸带与岛屿环境

气候变化引起的海平面上升，将使海岸带、岛屿遭受洪水、风暴潮、海岸侵蚀等灾害，造成包括盐沼、红树林在内的海岸带湿地丧失、沙滩退化，并危及重要的基础设施和人居环境，进一步造成海岸线的退缩和岛屿的淹没。而破坏性更强、影响范围更大的热带气旋侵袭沿岸地区和岛屿，更将造成人员伤亡和经济损失，导致人口流离失所、港口设施毁坏、军事基地受损等。

2. 气候变化可能影响制约和威胁海上活动安全

海平面上升使海峡水道的水深发生变化，可能有利于放宽对通航船舶吨位限制，但是在一些海峡通道拓宽的同时，也会使某些明礁变成暗礁，从而增加船舶航行中的触礁风险；在气候变化背景下，热带气旋呈现出增强的趋势，且移动路径更具随机性和不确定性，进而使船舶航行安全和海上军事行动面临更大威胁。严重冰情、低能见度、灾害性海浪等潜在的气候变化响应事件不利于海上航行和海上军事行动；海上极端的高温、高湿可使人员更易头晕、疲惫和中暑；极端的低温则更易导致冻伤，进而影响海上活动或军事行动效能。

热带气旋会带来狂风暴雨天气，海面产生巨浪和暴潮，造成生命财产的巨大损失，严重威胁海上航行安全。1944 年 12 月 17—18 日，美国海军第三舰队在吕宋岛以东洋面上突然遭遇台风袭击，3 艘驱逐舰沉没、9 艘舰船(包括航空母舰)严重损坏、19 艘舰船受损、毁坏飞机 146 架、775 人丧生。就其所遭受的损失而言，在美国海军的历史上仅次于珍珠港事件。在气候变化背景下，这类极端海洋灾害事件可能更加频繁出现、也更具危险性。

5.2.2 气候变化对海洋资源的影响

海洋资源是一个较为广义的范畴，这里的海洋资源特指我国周边海域的海洋生物和渔业资源、海洋矿物资源(特别是油气资源)以及北极地区的矿藏资源。气候变化对于海洋资源的影响主要表现在如下方面。

1. 气象水文要素变化将引起海洋生物资源变迁

大气和海洋的升温、海水的逐渐酸化、臭氧层破坏导致的紫外线强度增加和热带气旋变异等事件，将威胁珊瑚生存，导致珊瑚礁白化、死亡、受损。例如在 1998 年，全球气温达到近百年来最热程度，同年全球的珊瑚礁生态系统出现了大范围、灾难性、空前严重的珊瑚白化和死亡现象。珊瑚的死亡将直接威胁到依附其生存的海洋物种。另外，海水升温和溶解氧含量变化等因素将影响海洋生物的新陈代谢过程，将会干扰海洋生物个体的生长、发育、摄食和死亡，出现暖性生物分布区扩大，冷性生物分布区缩小以及物种北移等现象。海洋生态系统的结构和功能出现的变化，对海洋食物链乃至渔业和海水养殖业将产生明显的影响，从而导致海洋生物资源的可持续利用遭遇难以估量的影响(蔡榕硕 等，2006)。

2. 全球变暖增加了世界各国对海洋资源的依赖

随着世界各国城市化、工业化进程的推进和人类活动的加剧，大量温室气体排放导致了一

系列的高温、干旱、热浪等极端天气气候事件，致使更多的能源被用于生产、生活和改善环境，这反过来又加重了自然资源和自然环境的承受能力，并进一步增加了世界各国对海洋能源的依赖，促使各国加快对海洋资源的开采，从而使得海洋资源争夺在所难免，且会愈演愈烈。

3. 冰雪融化将致使北极资源争夺面临更大风险

随着气温的逐渐增暖，北极地区的积雪、冰川、冻土的面积和厚度将逐渐减少，使得丰富的北极资源越来越多地暴露出来，成为极具诱惑力的资源宝库；而海冰的融化又使得北极地区的航线数量、通航时空范围进一步扩大，航运更加便捷、成本更加经济，这些又为北极资源的开发提供了有利条件。目前，北极周边国家以及世界大国、强国均已加紧对北极地区的勘测考察，开展气候、环境、资源的分析评估研究和法律层面的诉求，都希望能够抓住气候变化带来的契机，更多地切分到北极这块大蛋糕的更大份额。由于北极地区长期以来被冰雪覆盖，其领土/领海地位和资源归属一直没有明确的划定，存在着较大的争议和法律盲区，随着气候变化导致的北极地区冰雪消融，未来北极资源的争夺将会更加复杂和激烈。

5.2.3 气候变化对能源通道的影响

海上通道一般是指海上客、货运输的流经地、路线以及管理系统的总和。海上能源通道包括能源运输的海洋航线、处于枢纽地位的海峡水道以及接卸油轮的沿海港口等。气候变化引起的海洋环境响应，可能威胁港口和货运船舶的航行安全，加剧我国传统能源通道的运输风险。但是，气候变化也可能为开辟新的能源通道创造了条件和机遇。

1. 地理和气象水文环境变异影响港口和航行安全

气候变化的海洋环境响应(海洋地理和海洋气象、水文要素)，首先是可能使得某些海拔高度较低的港口、码头对海平面上升极为脆弱，加之热带气旋、风暴潮等环境灾害，将会对港口设施和功能造成严重威胁，从而影响制约海上能源运输的畅通。

此外，海平面上升还会改变海峡通道的宽度、水深和明暗礁分布等地貌环境；海洋气象水文要素和极端天气事件，会使得海洋环境更加复杂，这些都将给海上船舶航行带来不安全的因素。

2. 生存环境恶化、海盗和恐怖活动增多，威胁海上交通运输安全

气候变化导致的气温升高和降水量的时空变异，将会引起某些沿海国家、地区的高温干旱、粮食减产、水资源供应不足；热带气旋、海岸带洪水等气候响应事件也将加剧这些国家和地区的经济负担，进一步导致环境恶化和地区贫困化。环境灾害造成的生存压力使得贫困地区的人口生活更加艰难，进而为诱发暴力冲突和滋生极端恐怖主义提供了温床，给国际社会和周边海区带来威胁和不稳定因素。

气候变化导致的人道主义灾难包括：恶化的气候条件和持续干旱导致2006年6月在埃塞俄比亚南部因为土地和水资源归属问题而引发流血冲突，数百人死亡，2.3万人被迫迁居；在尼日利亚，全球变化导致的贫困化成为该国中部地区的暴力之源；在苏丹达尔富尔地区，由于气候变化引起的部落之间的争夺自然资源的冲突接连不断(刘俊，2009)。

联合国秘书长潘基文曾表示，非洲部分地区的冲突和全球变暖之间存在着联系。而非洲东部海域航线密集，海盗和恐怖主义活动猖獗，随着气候变化的加剧，未来越来越严重的社会动乱和生存压力可能滋生更多的海盗活动和恐怖事件，给海上能源运输安全带来更严峻的

威胁。

3. 北极冰川消融将会加速“西北航运通道”开通

从地理学的角度看，“西北航道”是指东起加拿大东北部巴芬岛以北，向西经加拿大北极群岛间的一系列海峡至美国阿拉斯加北面的波弗特海的一条北冰洋的海上航道。它是连接大西洋和太平洋的便捷通道之一，航道全长约 1500 km，发现于 19 世纪中叶。由于“西北航道”一年中有 9 个月海面被厚达 3～4 m 的冰层覆盖，即使在最热的夏季，洋面上也漂浮着无数巨大冰山，船只能在冰山间穿行，航行非常艰险。因此“西北航道”自发现以来的近百年间并未得到充分利用。

然而，在全球气候变暖的背景下，北极地区和北冰洋的冰层正在快速融化且表现出加速的趋势，若这种趋势继续下去，预计在不久的将来，西北航道会因冰层的消融而变得畅通。甚至有科学家推测，在未来 25～30 年内，北冰洋的冰层将在某年的夏天消失。如果“西北航道”开通，除具有巨大的商业价值外，对于我国的能源运输来说，又增加一种可选方案和绝佳机遇，对于摆脱我国能源运输过分依赖印度洋航线的局面具有重要的战略意义和经济价值。

5.2.4 气候变化对海洋主权的影响

海洋主权主要涉及领海、毗连区和专属经济区的划界以及岛屿归属等问题。气候变化导致的海平面上升等海洋环境响应可能会进一步激化或加剧周边国家海洋主权冲突和海洋利益争夺。

1. 海平面上升将使部分海域和岛礁的主权争端风险加大

根据《联合国海洋法公约》，海岸线（包括陆地和岛屿海岸线）是决定该国领海、专属经济区、毗连区范围的重要依据。如《联合国海洋法公约》中规定每个国家领海的宽度为从基线量起不超过 12 海里，毗连区为从基线量起不超过 24 海里；每个国家有权在领海以外拥有从基线量起不超过 200 海里的专属经济区；沿海国家的大陆架，包括其领海以外依其陆地领土的全部自然延伸，直至大陆架的外缘，最远可延伸至 350 海里，如不到 200 海里，则可扩展至 200 海里。对于岛屿、岩礁问题，《联合国海洋法公约》规定，岛屿同其他陆地领土一样，可拥有领海、毗连区、专属经济区和大陆架；而对不能维持人类居住或其自身经济生活的岩礁，则不应有专属经济区或大陆架。

然而，气候变化导致的海平面上升，将可能导致大陆、岛屿海岸线发生变化，使得部分岛屿被淹没或变为岛礁，进而使得沿海各国对应的领海、毗连区、专属经济区范围发生相应的改变。具体表现为如下几个方面。

（1）海平面上升使得低海拔的海岸带将有可能被淹没，一方面造成国土资源的流失，另一方面由于海岸线的后退，导致领海、专属经济区的测量基线后退，进而使得领海范围退缩。

（2）低海拔岛屿或是低潮高地将会被海水淹没，如果被淹没的岛礁作为测量专属经济区和大陆架宽度的基点，则该基点由于淹没而被剔除的话，将使该国的海域疆界发生退缩；而对本身就拥有领海、毗连区、专属经济区和大陆架的岛屿来说，一旦被淹则意味着将失去一大片管辖海域。

（3）海拔较低的岛屿或高潮高地，也将部分被淹，且更易遭受极端海平面上升等事件的侵袭，使这些岛屿的人口、资源以及设施遭受严重损坏，失去基本的生存条件，由此同样也将失去其专属经济区和大陆架海区。

基于气候变化的上述潜在风险，周边各国基于自身的利益考量，必将激发新一轮的领海主权争夺。目前，中国在东海、南海等海区与周边国家本身就存在激烈的主权争端，海平面的上升无疑会使得这些海区和岛屿的主权争端进一步加剧，局势也更为复杂化。海区主权争端风险大小取决于海平面上升幅度、岛礁的海拔高度、岛屿面积、岛屿地质结构类型、岛屿在海域划分中的战略价值以及岛屿的政治、经济和军事地位。

2. 气候变化可能影响或削弱沿海和岛屿军事基地的防卫能力

海平面上升和热带气旋变异等极端天气事件与气候变化响应，可能会对沿海军事基地、岛屿驻军以及军事设施造成威胁，尤其是当这些海岸带或岛屿作为我国重要的海防基地时，将会直接影响和制约军事设施功能、效能和驻守部队的生存、生活环境，甚至不排除军事基地可能废除或荒芜，进而丧失重要的战略要点、改变军事部署格局、削弱防御纵深，间接影响海洋主权稳固或海洋国防安全。

5.2.5 气候变化对国家海洋战略的影响机制

以上分析表明，气候变化首先引起海洋环境的演变响应，海洋环境的各种演变再进一步影响制约海岸带经济、海洋资源、能源运输以及海洋主权，最后危及国家海洋安全和海洋战略。这种影响机制包括两个层面：气候变化的物理影响机制和气候变化的社会响应机制。

气候变化对海洋环境的影响主要是通过自然响应过程，属于物理机制的范畴。即气候变化引起的温度、降水变化影响作用于陆地、海洋等自然生态系统，引起水资源、冰川、海平面、极端天气和气象、水文要素变化响应，导致海岸带、岛屿等地理环境变迁以及作物生产和人居环境变异。

海洋环境变迁对海洋主权、海洋资源、能源运输的影响则是通过人为响应过程来实现的，属社会机制范畴。即海岸带和岛屿环境变迁、海洋地理和海洋气象水文环境的演变，影响危及社会、政治、经济，引发粮食和水资源等生存环境危机，致使社会动荡、政局不稳、极端势力和恐怖活动滋生以及国家之间资源争夺、主权争端等社会问题突显，最终影响国家海洋安全、制约国家对海洋的战略谋划。

由此，气候变化对国家海洋战略的影响和响应大致可划分为两个阶段：气候变化通过物理机制引起自然生态系统的响应阶段；自然环境演变通过社会机制引起政治、经济、社会的响应阶段（图 5.1）。

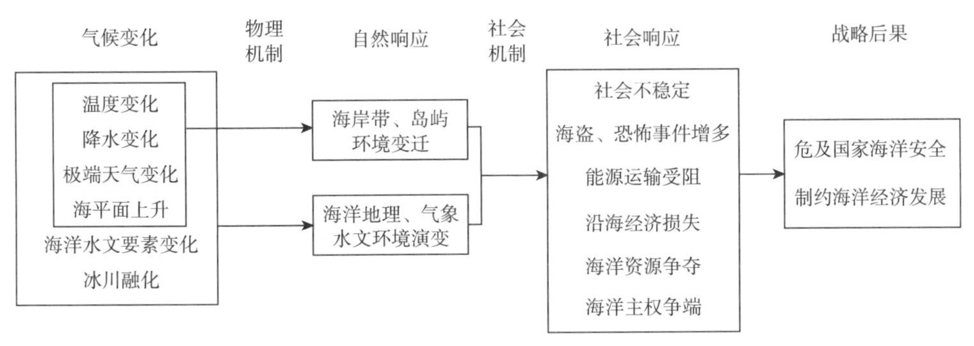

图 5.1 气候变化对国家海洋战略的影响机制和响应过程

5.3 海洋战略风险概念模型

基于上述气候变化对国家海洋战略的影响机制和响应过程分析，同时考虑到气候变化及其影响和响应过程自身包含的不确定因素，这些因素的累积叠加和相互作用将会使得气候变化与国家海洋战略之间的关联更具复杂性、多层次性和不确定性。基于此，我们引入风险分析的理论和方法来分析评价气候变化对国家海洋战略的影响、制约和潜在的威胁或机遇，建立气候变化对国家海洋战略的风险概念模型。

5.3.1 海洋战略风险概念与定义

在管理学领域，Andrews(1971)在《公司战略的概念》一书中首先提出战略风险的概念，开创性地将战略与风险理论相结合。此后，学术界和企业界从不同视角探讨了战略风险的概念特征和内涵本质(李杰群 等，2010)。目前，对战略风险定义的分歧主要集中在战略风险是战略自身的风险(Risk of strategy)还是战略性的风险(Strategic risk)。前者是指战略自身的内在风险，是在战略制定、实施和控制的整个过程中，战略偏离实际目标而造成损失的可能性或概率；后者是指外在环境给战略的制定和实施带来的风险，包括影响整个企业的发展方向、企业文化、商业信息和生存能力或公司业绩等战略性问题的因素。

相比而言，国家海洋战略的视野和着眼点更加宏观、内容也更丰富，它需要考虑所有对国家海洋战略制定和实施有重要影响的要素，包括气候变化与海洋环境响应。气候环境变异的潜在危险以及它们所表现出的不确定性所蕴含的灾害或损失的程度与概率，即为风险。风险因素对国家海洋战略决策和管理有着非常重要的影响，这类风险除具有损失、不确定性、动态等一般风险共有的特征外，还具有主观性和管理操控等特征，与企业战略风险极为相似。因此，本书借鉴管理学中的战略风险概念来定义、构建和刻画全球气候变化引起的国家海洋战略风险。需注意的是，气候变化对国家海洋战略的影响可能有利、有弊，但传统的风险概念一般只涉及其不利影响方面。

基于上述分析讨论以及对“风险”的理解，并参考管理学中企业战略风险概念和内涵，本书对全球气候变化致使国家海洋战略面临的风险提出如下的定义：“由于全球气候变化引发的海平面上升、海洋地理地貌变迁、海洋环境要素变异、极端天气和海洋灾害等不利事件，致使国家海洋权益、海洋资源、能源通道和海岸带经济等遭受威胁、损失，进而对国家海洋战略制定、实施的影响程度和可能性概率。”因此，本书提出的海洋战略风险属于战略性风险(Strategic Risk)的范畴。需注意的是，这里仅仅研究由于全球气候变化孕育的海洋战略风险(暂不考虑其他的影响因子)，且为了叙述方便，将气候变化国家海洋战略风险简称为“海洋战略风险”(后同，不再逐一解释)。

5.3.2 海洋战略风险体系结构

海洋战略风险的内涵和定义表明，它具有多层次、多方位、多元化的特征，完整的海洋战略风险体系应尽量包含风险的基本要素和海洋战略的基本属性。基于这种考量，结合前述气候变化对海洋战略的影响途径与关联机理，构建了如下海洋战略风险分类标准(表 5.2)和体系结构(图 5.2)。

表 5.2 海洋战略风险分类

分类标准	风险因素	风险承担者	风险后果	战略影响
分类结果	海平面上升 海洋要素变异 海洋环境变迁 极端天气事件	能源通道安全	恐怖袭击	海洋安全风险
		沿岸军事基地	主权争端	
		岛屿、岩礁、海域		
		海岸带	沿海经济发展	海洋发展风险
		环境生态系统		
		海洋资源开发	渔业资源变迁	
			油气资源争夺	

海洋战略风险并不是由单一要素引起的单一风险，而是由多个风险源、多途径、多层次风险构成的风险体系。其中，风险因子作用于承险体引起的直接风险处于最底层；底层风险作为相对独立的风险因子，加之承险体脆弱性的缩放效应，又会进一步触发新的风险，由此层层递推、反馈，构成了海洋战略风险体系(图 5.2)。

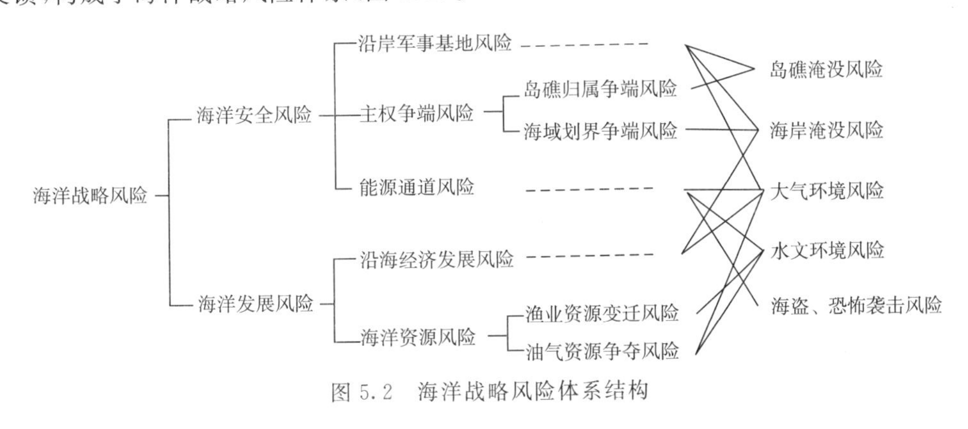

图 5.2 海洋战略风险体系结构

5.3.3 海洋战略风险的概念模型

基于以上海洋战略风险定义、风险形成机制、风险内涵和表达以及风险结构体系，我们综合构建了海洋战略风险概念模型，其基本要素和关联性流程如图 5.3 所示。

其中，概念模型的第一层次(底层)包括风险分析的三个基本要素：风险因子(也称致险因子)、承险体和风险防范措施。其中，风险因子包括气候变化引起的海洋环境响应与变异，如冰川融化、海平面上升和极端天气变化等；承险体包括航行船舶、海峡通道、岛屿、军事基地、海洋资源和沿海地区人口与经济；风险防范措施包括应对风险的方法、手段、措施和风险识别与灾害监测技术。第二层次通过定义相应的指标体系来对第一层次风险要素的特征、内涵予以客观描述和定量表达。其中，用危险性指标表现风险因子的出现频率和强度；用脆弱性指标描述承险体对风险的敏感性和风险承受能力(暴露性)；用防范能力指标来刻画对风险的监测、预警水平和风险防范能力。通过对海洋战略中重要目标对象的风险指标定义和风险评估建模，进而定义和构建出第三层次中的主权争端风险、能源通道风险、军事基地风险、海洋资源风险和沿海经济发展风险等指标体系和评价模型。最后，基于对海洋战略风险的理解和对底层风险因素重要性、危险性的综合权衡，通过引入适宜的集合方法和融合技术，得到综合考虑自然环境和人文社会风险因素的国家海洋战略风险概念模型，其体系框架结构如图 5.4 所示。

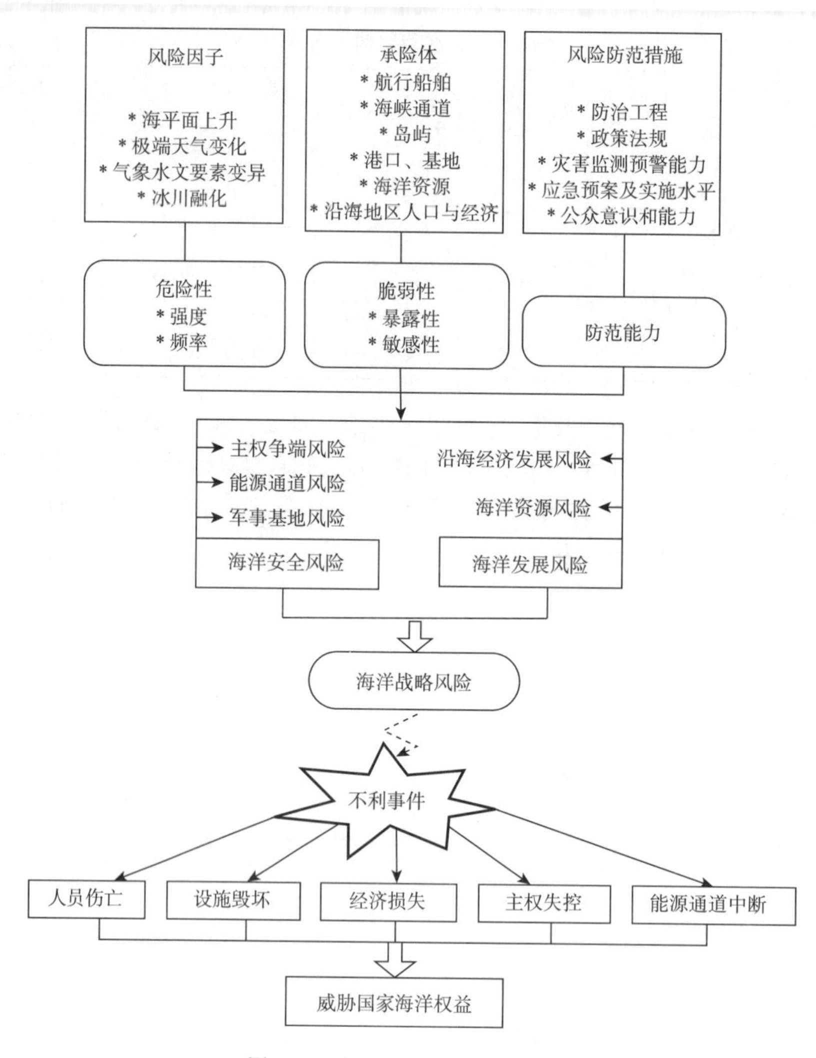

图 5.3 海洋战略风险概念模型

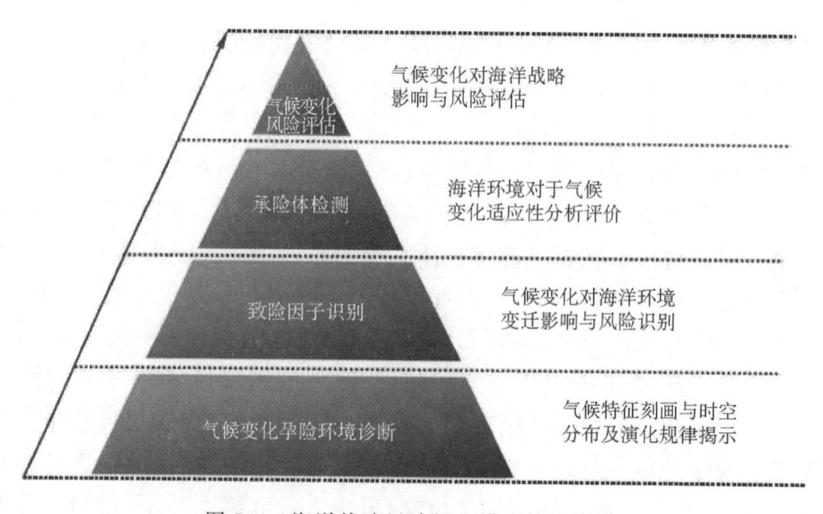

图 5.4 海洋战略风险概念模型体系框架

5.3.4 难点问题和关键技术

1. 气候变化特征刻画与趋势预估

由于气候系统的非线性、机理的复杂性和影响因素的多元性，使气候变化表现出明显的非平稳性和不确定性，目前对于气候变化的本质认识和机理揭示还十分有限。国内外学者和研究机构对于气候变化的动态和趋势展望尚限于“预估”层面。如 IPCC-4 就提供了数十种模式的气候预估以及不同温室气体排放条件下的情景模拟。如何针对海洋战略问题，对不同来源、不同途径的气候变化数据和模式产品分析判别、融合集成和降维处理，建立合理、可靠的气候变化特征提取与趋势预估技术途径，是亟待解决和有待深入研究的难点问题和核心技术。

2. 气候变化对海岸、岛屿、海峡通道的影响关联

气候变化是以温度变化为核心的全球尺度的自然现象，包含海、陆、气、生物圈和人类社会活动相互影响和耦合反馈等复杂过程。气候变化对海岸、岛屿、水资源的影响涉及物理、化学、生物等诸多领域和复杂的非线性大气、海洋的动力、热力过程和地质构造与演化过程。

由于气候变化对海洋战略的影响主要是通过对海岸、岛屿和海峡通道等因素影响或改变而体现出来的，或者说是通过海岸、岛屿、海峡通道等对气候变化的区域响应来影响海洋战略，因此，如何科学、合理地建立气候变化与海岸、岛屿、海峡通道等分布响应的统计关联模型，也是需要重点考虑和解决的难点问题和核心技术。

3. 气候变化对海洋战略影响的风险评估建模

气候变化对海洋战略的影响，既涉及自然环境的物理过程和影响机理，也涉及人文环境的社会机理与人为因素，一般很难直接建立影响评估的数学解析模型。由于气候变化主要是通过影响和改变海洋战略若干组成因素的区域环境、要素特性和极端天气来间接地影响海洋战略。因此，气候变化影响评估需在气候变化与区域响应的关联模型基础之上来进一步建模，是一个多级层次结构体系，需进行分解建模和层次融合，需要构建科学合理的气候变化影响与风险评价指标体系。这是当前气候变化影响评估领域中的薄弱环节和有待解决的关键技术。

4. 定性知识提取与信息量化

由于气候变化的机理复杂性（非线性、非平稳性）和特殊性（个例稀少与预估的不可验证），因此气候变化影响评估既难以建立基于清晰物理机理的解析模型，也难以建立基于充分案例样本的统计模型。目前和今后相当时间内，能够用于评估建模的信息资源主要是气候变化的一些非精确、非确定的预估信息（如不同气候模式提供的模拟产品）和一些定性的知识与情景描述（如 IPCC-4 提供的气候变化情景下，全球不同区域的气温、降水、径流变化响应概述和海平面上升、冰雪消融展望；环境要素变异对海洋战略影响的宏观见解和主观认识等）。因此，如何从目前可用的定性知识和非量化信息中合理提取定量知识与信息，使之运用于评估建模，也是气候变化研究领域中的重难点问题和应予以解决的关键技术。

5. 影响不确定与信息不完备条件的建模

由于气候系统变化及其影响过程和机理具有内在的随机性和不确定性，同时案例样本也较为稀少，因此，气候变化研究中面临的一个重要问题和关键技术是如何在不确定、不完备信息条件下进行风险评估建模。包括基于气候变化不确定性刻画的风险识别和风险区划；基于小样本案例和临界条件以及基于经验知识和定性描述的气候变化影响与风险评估建模；多气候因子综合影响效应评估与综合风险融合建模等关键技术。

第6章 海洋战略风险指标体系与数学模型

风险评估是指通过对可能造成威胁或伤害的风险因子、处在风险物理暴露之下的潜在受害对象及其脆弱性的分析辨识，从而判定风险的性质、范围与程度。风险评估是风险分析的核心环节，而建立风险评估指标体系是进行风险定量评估的基础，基于指标体系建立风险评估数学模型是实现风险定量评估的关键。

6.1 风险评估与风险指标

6.1.1 风险评估的要素与方法

联合国“国际减灾十年计划”提出的自然灾害风险评估是对给生命、财产、生计及人类依赖的环境等可能带来的潜在威胁或伤害的致险因子和承险体脆弱性进行的分析和评价。这从一定意义上规范了风险评估的内容，结合本书提出的风险表达式，提取出如下风险评估内容。

1. 风险因子危险性评估

以风险因子的自然属性分析为起点，通过对风险因子气候态的活动频率和强度进行综合分析，评估各风险因子可能导致的危险程度。

2. 承险体脆弱性评估

指的是对承险体受到风险因子侵害时的易损程度进行评价，主要包括两个方面：①承险体暴露性评估，即对处在某种风险中的承险体数量（或价值量）及其分布进行分析，一般用量化的统计指标表示；②承险体灾损敏感性评估，即评估各种承险体本身对不同风险因子及其强度的响应能力，一般与承险体的结构、质量、性能等因素有关。

3. 防范能力评估

是指对国家或区域应对和防范风险或灾害能力的评价，可从防范工程、应对政策法规、灾害监测预警能力、应急预案以及实施水平、公众风险意识和抗险自救能力等方面评价。

4. 风险度评估

在上述分析评估基础之上，建立底层风险评估模型，进行风险度的评估和区划。

风险评估一般采用风险评估指数法，该方法采用多个指标来综合反映风险程度。评估的基本思路如下：①确定风险评价指标体系；②对各指标进行标准化处理，消除量纲间的差异；③合理确定各指标权重，并按适宜的函数关系（模型）加以聚合，进而定量化表示风险的大小；④对计算出的不同区域风险数值进行分级和区划。

基于风险评估指数法，综合参考DRI灾害风险指数系统、全球自然灾害风险热点地区研究计划、社区灾害风险管理系统等相关系统和模型，并结合我们倾向的风险表达式（2.5），本书

所采用的风险量化思想可表示为

$$RI = H \cdot V \cdot (1 - R) \tag{6.1}$$

式中，RI 为风险指数；H、V、R 分别为风险因子危险性、承险体脆弱性和防范能力。

6.1.2 海洋战略风险指标体系

根据风险评估内容和式(6.1)量化思想，结合海洋战略风险概念模型，完整的海洋战略风险指标体系应包含海洋战略风险体系所涉及的各类子风险及其危险性、脆弱性和防范能力等众多指标。综合考虑海洋战略风险体系结构中的各级风险之间的关系，构建了如图 6.1 所示的海洋战略风险指标体系的层次结构。

位于最上层的海洋战略风险指数作为海洋战略风险系统的总目标，它由四个次级风险指数构成；将各个次级风险指数作为一个基本目标，进一步构建各自的指标体系(包含危险性、脆弱性和防范能力等指标)和数学模型。该工作是整个海洋战略风险评估的前提和基础。本章将从第 6.2 节开始依次构建沿海经济发展、沿岸军事基地、岛礁主权争端、海洋资源开发等风险指标体系以及相应的指标评价函数或评估模型，为海洋战略风险分析和综合评估以及相应的风险区划奠定基础。

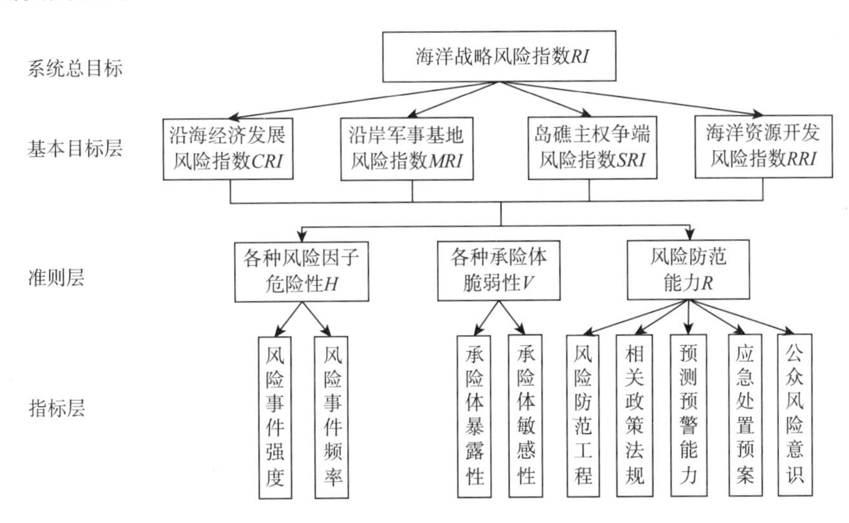

图 6.1 海洋战略风险指标的层次结构

6.1.3 指标的选取原则和步骤

1. 指标的选取原则

海洋战略风险是一个极为复杂的系统，建立合理的指标体系是进行海洋战略风险定量评估的前提和基础。为了使指标体系科学、合理并符合实际情况，在指标构建时应遵循如下的原则。

(1)客观性与准确性：选取的指标体系应能综合反映风险因子、承险体属性和风险防范能力，这样才能客观、准确地进行风险评估。

(2)系统性与层次性：鉴于风险系统的复杂性，要求在构建指标体系时，不仅要注重指标的系统性、整体性，同时还要具有一定的层次性、综合性，不能只考虑某一层面、某一因素，而必须系统完整、层次分明、结构清晰。

(3)具体性和可操作性:评估指标的选取必须考虑评估对象的具体情况,注意指标含义的清晰度和数据的可获取性。此外,还应恰当选取指标数量,避免不切实际、虚假或无关紧要的指标入选,防止指标体系过于庞杂、妨碍或混淆主要特征。

除以上原则外,指标体系中,应注意定性与定量指标相结合,在实际评估过程中,一般应以定性分析为基础、以定量分析为目标,力求对定性指标作量化处理,以使评估结果尽量客观、准确和数据化。

2. 指标的选取步骤

根据以上原则,给出如下风险评估指标选取的主要步骤。

(1)明确研究对象和目的。只有在明确研究目的和对象的前提下,才可能选取出具有准确性、代表性和针对性的指标。

(2)对研究对象开展深入调查、分析和讨论。调查是为了更全面、透彻地了解研究对象的特性;通过分析,透过现象看本质,使选取的评估指标能抓住风险的本质和核心;通过讨论可集思广益、发挥集体智慧,避免个人的主观偏好和局限性。

(3)在上述基础之上,可运用层次分析等方法建立评估指标的层次结构;找出风险的准则指标,再找出每个准则指标的一级指标和次级指标,逐一分解、层层深入,使评估体系的框架脉络清晰明了。

(4)对所有指标再进行严格的筛选。可通过建模仿真或利用历史灾情进行指标的相关性分析,将与风险事件关联性很小或对风险损失贡献不明显的指标剔除。也可采用德尔斐(Delphi)等方法,通过专家评价打分,进行筛选。

6.1.4 指标的量化方法

海洋战略风险评价体系庞大,指标中既包含地形地貌、气象水文等自然因素,也涉及社会、政治、军事、国际关系等人文因素。因此,指标的客观定义和量化表达是一个复杂和艰难的工作。

对于自然环境方面的指标可通过查询历史统计资料、样本案例和预估产品等途径直接进行定量计算。例如,热带气旋危险性包括热带气旋强度和发生概率两个指标,依据概率统计方法,可以通过历史热带气旋资料估算出区域内某个时段发生热带气旋的平均强度和概率,其中的强度指标可直接用近地面中心附近最大风速或中心最低的气压值来表达和衡量。

对于人文社会方面的指标,则应尽量构造出指标的量化表达。例如,在评价某海域应急救援能力时,可用该海域与最近救援中心的距离来衡量,距离越近,则救援能力指数越高。若无法找到量化指标时,可借鉴灰色关联分析中设定评语集方法,对定性指标进行量化分析,即先对定性指标拟定出合适的评语集并赋予相应的等级值,然后借鉴 Delphi 方法进行专家评判:专家首先各自给出评语,并通过陈述理由、质询和答辩,尽量剔除偏离实际的判断,最后专家评估团形成一致的评估意见和结果,并确定出各指标的量值。例如,在评价主权争端危险性时,需考虑争端国政治态度的强硬程度,该定性指标可通过灰色关联分析方法将其量化:首先设立相应的评语集和等级值(表 6.1),然后请专家(或根据专家知识库)进行评分,等级值越高,表示争端国政治态度越强硬、发生主权冲突的可能性越大。

表 6.1　争端国政治态度等级划分表

评语	强硬	较强硬	一般	较缓和	缓和
等级值	5	4	3	2	1

另外，为了计算方便，针对相关问题，还可采用分级赋值法对指标进行量化处理。例如，张继权等(2007)在进行城市干旱缺水风险评估时，采用了分级赋值法来对人均水资源占有量等指标进行分级量化处理(表 6.2)。

表 6.2　人均水资源占有量量化基准及量化值(张继权 等，2007)

量化基准(m^3)	≤500	501～1000	1001～1700	1701～3000	≥3001
量化值	5	4	3	2	1

6.1.5　指标的融合步骤

对于上述局部特性描写的评价指标，还需建立集合模型将众多单一指标逐层融合为综合风险评价指标。低层向高层、局部向综合的指标融合步骤如下所述。

1. 指标的标准化处理

由于不同指标的量纲各不相同，因此在指标融合之前，必须将各指标作标准化或归一化处理，将指标转换为 0～1 内的无量纲值，以便进行比较和统一表达。标准化方法有许多种，区别在于所选参考值不同。本节以最大值为标准，构造如下标准化公式：

$$X'_i = \frac{X_i}{X_{\max}} \text{ 或 } X'_i = \frac{X_i - X_{\min}}{X_{\max} - X_{\min}} \tag{6.2}$$

式中，X'_i 为评估单元 i 中某指标标准化后的值；X_i 为该指标的原始值；$X_{\max}$、$X_{\min}$ 分别为该指标在所有评估单元中的最大值和最小值。

2. 确定各指标权重

各指标的权重可以利用层次分析法(AHP)并结合 Delphi 法确定。Delphi 法是采取匿名的方式广泛征求专家的意见，经过反复多次的信息交流和反馈修正，使专家的意见逐步趋向一致，最后根据专家的综合意见，对评价对象作出评价的一种定量与定性相结合的预测评价方法(文世勇 等，2007)。其评估过程主要包括编制专家咨询表和分轮咨询等步骤。

AHP 方法是定性与定量结合的系统分析方法，适宜于解决那些难以完全用定量方法进行分析的决策问题。主要包括以下步骤：①建立递阶层次结构模型；②专家采用 1～9 标度打分，对各层因素作两两间量化比较，构造出各层次中所有的两两判断矩阵；③层次单排序及一致性检验；④层次总排序及组合一致性检验。

海洋战略风险涉及指标众多，且层次结构复杂，在对不同要素的相对重要性进行比较时，采用 AHP 方法比较便捷有效。因为 AHP 方法只是要求对指标进行一对一的比较，而非对所有指标一起进行比较；AHP 方法能连续使用，且可根据实际情况需要随时调整修订。在构造判断矩阵时，辅以 Delphi 方法广泛征求多位专家意见，可使计算结果更加准确合理。

3. 指标融合方法

常规的指标融合方法大致可归纳为以下 4 类(李登峰 等，2007)。

(1)线性加权：

$$X = \sum_{i=1}^{n} w_i \cdot x_i \tag{6.3}$$

(2)乘幂加权：

$$X = \prod_{i=1}^{n} x_i^{w_i} \tag{6.4}$$

(3)代换加权：

$$X = 1 - \prod_{i=1}^{n} (1 - x_i)^{w_i} \tag{6.5}$$

(4)模糊取大取小加权：

$$X = \bigvee_{i=1}^{n} (w_i \wedge x_i) \tag{6.6}$$

式(6.3)至式(6.6)中，X 为合成的指标值；x_i 为经过标准化的次级指标值；w_i 为其对应的权重；n 为次级指标个数；"∨"与"∧"分别表示"取大"、"取小"运算。

以上4种融合方法所反映的指标间的相互关系和补偿作用各不相同，融合的原则也不一样，如表6.3所示。可以根据不同方法的适应对象和优缺点以及具体指标间的相互关系来选用适宜的融合方法。例如，在对准则层指标进行融合时，考虑到危险性、脆弱性、防范能力指标是并列的、缺一不可的，而且相互间很少有补偿，因此乘幂加权融合比较恰当；而在对综合防灾能力等次级指标进行融合时，由于防灾工程、政策法规、预警能力、应急预案之间存在线性补偿关系，因此线性加权融合更合理(黎鑫，2010)。

表6.3 融合方法比较分析

融合算法	线性加权	乘幂加权	代换加权	模糊取大取小加权
指标关系	独立	相关	相关	独立
补偿关系	线性补偿	很少补偿	完全补偿	非补偿
融合原则	主指标突出	指标并列	主指标决定	关注次要指标
对指标间差异变动的反应	不太敏感	较敏感		
对指标值的数据要求	无	指标值大于零		

6.1.6 指标模型构建

依据风险评估指数基本模型和量化表达式(6.1)，综合选取指标融合方法，建立如下综合风险评估数学模型：

$$RI = \left(\prod_{j=1}^{J} H_j^{W_j}\right)^{W_H} \left(\prod_{k=1}^{K} V_k^{W_k}\right)^{W_V} \left(1 - \sum_{l=1}^{L} W_l \cdot R_l\right)^{W_R} \tag{6.7}$$

式中，RI 为风险指数，用于表示风险程度，其值越大，则风险越高；H_j 为风险因子危险性的第 j 项指标，W_j 为其对应权重；V_k 为承险体脆弱性的第 k 项指标，W_k 为其对应权重；R_l 为防范能力第 l 项指标，W_l 为其对应权重；J、K、L 分别为危险性、脆弱性和防范能力指标个数；W_H、W_V、W_R 分别为危险性、脆弱性和防范能力多因素融合指标的权重。

一般情况下，(6.7)式中的第一项和第二项可展开为

$$\prod_{j=1}^{J} H_j^{W_j} = P^{W_P} \cdot In^{W_{In}} \tag{6.8}$$

$$\prod_{k=1}^{K} V_k^{W_k} = VE^{W_{VE}} \cdot VS^{W_{VS}} \tag{6.9}$$

式中，P 为风险因子发生概率，W_P 为其权重；In 为对应强度，W_{In} 为其权重；VE 为暴露性，W_{VE} 为其权重；VS 为敏感性，W_{VS} 为其权重。

若暴露性或敏感性中又包含多个次级指标，则各次级指标之间可进一步采用线性融合；若该风险包含多个风险因子，则分别计算各种风险因子的危险性指标，再进行线性融合，得到综合的危险性指标，再参与综合风险指数的融合。

6.2 沿海经济发展风险指标体系与数学模型

6.2.1 气候变化影响与潜在风险

中国拥有大陆海岸线 1.8 万多平方千米，沿海地区共有 14 个省级行政区或特别行政区，自北向南依次为：辽宁省、河北省、天津市、山东省、江苏省、上海市、浙江省、福建省、广东省、广西壮族自治区、海南省以及台湾省、香港特别行政区和澳门特别行政区。沿海地区占全国 13.6%的国土面积，承载了全国近 41%的人口，涵盖了全国 70%以上的大城市，创造了全国 60%以上的 GDP，是人口稠密、城市集中、经济发达的地区。

但是，我国濒临西北太平洋和黄海、东海、南海，海洋环境复杂多变，沿海地区又处于海洋与大陆的交汇地带，是海洋灾害袭击的前沿。因此，中国沿海地区一向是我国海洋灾害频繁发生和受灾严重的地带。同时，也是世界上海洋灾害最严重的地带之一(左书华 等，2008)。近 10 年来，随着全球气候的变化，海洋灾害的发生呈现出增多的趋势(许小峰 等，2009)。因此，气候变化使原本就灾害频发的沿海地带面临更多、更大的灾害威胁风险。

海平面上升和随之衍生的海岸带侵蚀是气候变化最直接的后果之一。据相关文献(季子修，1996；季荣耀 等，2009；国家海洋局，2008)报告，近 40 年来，渤海沿岸约400 km^2 的耕地、盐场和村庄被海水淹没；广东省水东沿岸临海的上大海渔村，近百年来因海岸侵袭而向内陆迁村三次，侵蚀速率达 1.5～2.0 m/a；海南乐东县龙栖湾村附近海岸 11 年内后退了 200 余米，数十间房屋被毁，村庄三次搬迁，村民生存空间越来越小。

另外，全球气候变暖也会导致热带气旋、风暴潮等海洋灾害的强度和频率发生变异，呈现出逐渐增加的趋势。根据国家海洋局 1989—2009 年《中国海洋灾害公报》中提供的数据，近 21 年来，中国沿海地区遭受的海洋灾害损失巨大，直接经济损失累计达 2620 亿元，几乎有一半年份受到的经济损失超过 100 亿元。图 6.2 反映了近 21 年来我国沿海地区台风风暴潮灾害发生情况，图 6.3 反映了近 13 年来我国风暴潮灾害损失情况。可以看出近年来我国台风风暴潮灾害发生频次有所增加，造成的经济损失占据了海洋灾害总损失的绝大部分比例。可见风暴潮灾害不仅居海洋灾害之首，而且随着全球气候的持续变暖，风暴潮灾害已经成为威胁我国沿岸经济发展最严重的灾害之一。

气候变化对沿海经济发展的影响，主要表现为气候变化导致沿海地区的海洋灾害加剧，造成经济发展成本上升、收益减少，包括以下几个方面。

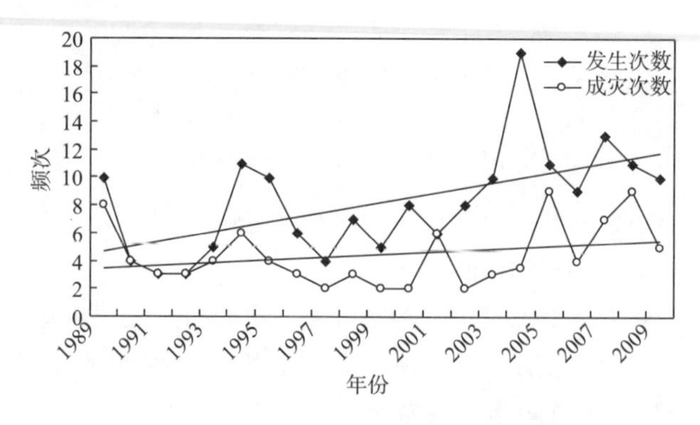

图 6.2　1989—2009 年我国台风风暴潮发生频数序列

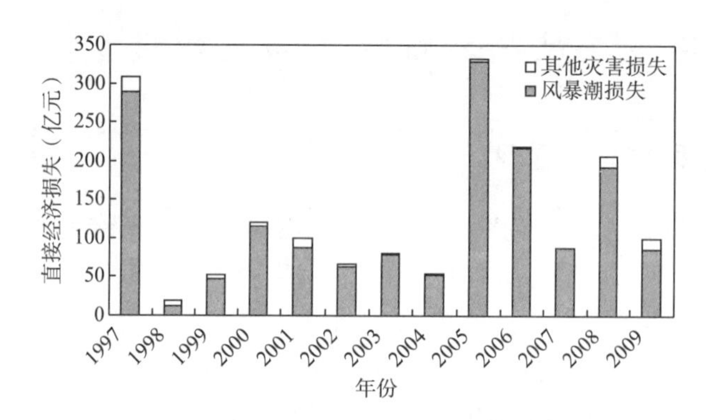

图 6.3　1993—2009 年我国海洋灾害损失情况

（数据来源：国家海洋局 1989—2009 年《中国海洋灾害公报》）

（1）灾害问题的加剧，迫使国家或地方政府不得不加大减灾力度，增加防灾减灾投入，造成经济发展的成本不断上升。

（2）一定时期内的社会财富是固定的，防灾减灾的投入扩大，用于直接经济发展的投入必然减少，社会再生产的发展无疑受到制约。

（3）重大灾害发生或者一般灾害的频繁发生，都会使已经积累的社会财富遭受一定数额的损失，正常的社会生产中断、灾后重建也会导致一段时期内社会发展的停滞。简单来说，灾害的增加将导致经济收益的减少，使经济发展速度减缓，给沿海地区经济的持续发展带来消极影响。

因此，我们可以从气候变化使沿海地区面临的海洋灾害危险程度及损失大小的角度，来评估气候变化对沿海经济发展造成的损失风险。基于此，“沿海经济发展风险”定义为：气候变化致使沿海地区遭受海洋灾害威胁、造成人民生命财产损失、影响经济发展的可能性/几率及其灾害损失程度。

全球气候变化背景下，多种灾害的共同作用，使沿海地区既受到直接灾害影响，也面临一系列次生灾害的威胁：海平面上升直接导致潮位升高，风暴潮致灾程度增强，海水入侵面积和范围加大，洪涝灾害加剧；潮差和波高的增大，将减弱沿岸防护堤坝的能力，海岸和低地受海水侵蚀程度相应加重；海平面上升和淡水资源短缺将使滨海淡水受到污染、农田盐碱化、河口区咸潮入侵，进而增加排污难度、破坏生态平衡。为梳理上述各灾害之间的层次结构与逻辑关系，我们采用灾害链法，由因及果演绎推导了气候变化背景下沿海地区可能面临的灾害链系统结构（图 6.4）。

由图 6.4 可见，热带气旋变异和海平面上升是气候变化的直接后果，同时也是多种次生灾

害的源头。风暴潮灾害因其危害巨大，近些年倍受关注。为此，本节选取热带气旋、海平面上升和风暴潮作为沿海地区典型灾害，进行气候变化影响沿海经济发展的风险评估。

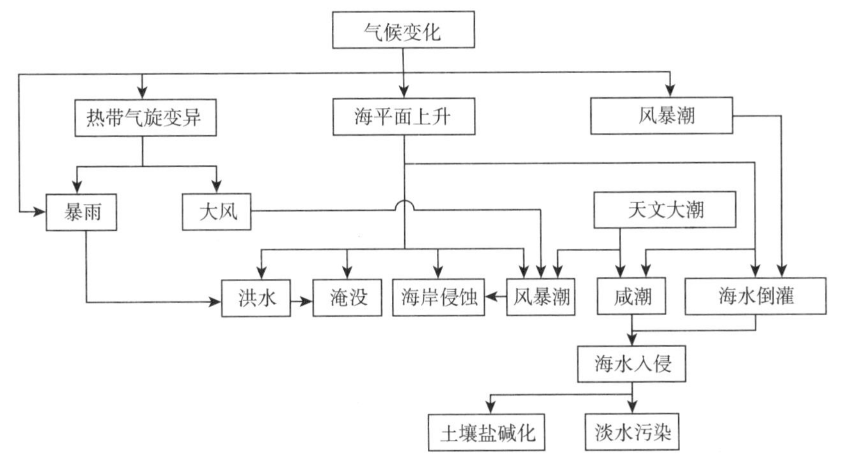

图 6.4 气候变化背景下沿海地区灾害链

6.2.2 风险指标体系

综上气候变化对沿海经济发展的影响因子与影响机理分析，可以构建出沿海经济发展的气候变化影响风险评价指标体系（表 6.4）。

表 6.4 沿海经济发展风险评价指标体系

目标层(A)	准则层(B)	权重	一级指标层(C)	权重	二级指标层(d)		权重
热带气旋灾害风险指标 A1	危险性 B1	W_{B1}	强度 C1	W_{C1}	热带气旋过程的最大风速	d_{01}	$W_{d_{01}}$
					热带气旋过程的风速强度	d_{02}	$W_{d_{02}}$
					热带气旋过程日最大降水量	d_{03}	$W_{d_{03}}$
					热带气旋过程影响持续时间	d_{04}	$W_{d_{04}}$
					热带气旋最大风速气候趋势	d_{05}	$W_{d_{05}}$
					热带气旋风速强度气候趋势	d_{06}	$W_{d_{06}}$
					热带气旋最大日降水量气候趋势	d_{07}	$W_{d_{07}}$
					热带气旋过程持续时间气候趋势	d_{08}	$W_{d_{02}}$
			频率 C2	W_{C2}	热带气旋年生成发展频次	d_{09}	$W_{d_{10}}$
					热带气旋年登陆影响频次	d_{10}	$W_{d_{10}}$
					热带气旋年生成频次气候趋势	d_{11}	$W_{d_{11}}$
					热带气旋年登陆影响气候趋势	d_{12}	$W_{d_{12}}$
	脆弱性 B2	W_{B2}	暴露性 C3	W_{C3}	热带气旋影响区域人口密度	d_{13}	$W_{d_{13}}$
					热带气旋影响区域地均 GDP	d_{14}	$W_{d_{14}}$
			敏感性 C4	W_{C4}	潜在人口伤亡率	d_{15}	$W_{d_{15}}$
					潜在经济损失率	d_{16}	$W_{d_{16}}$
	防范能力 B3	W_{B3}			预报警报能力	d_{17}	$W_{d_{17}}$
					应急响应能力	d_{18}	$W_{d_{18}}$
					财政支持能力	d_{19}	$W_{d_{19}}$

续表

目标层(A)	准则层(B)	权重	一级指标层(C)	权重	二级指标层(d)		权重
海平面上升风险指标A2	危险性 B4	W_{B4}			海平面上升幅度	d_{20}	$W_{d_{20}}$
					海平面上升概率	d_{21}	$W_{d_{21}}$
	脆弱性 B5	W_{B5}	暴露性 C5	W_{C5}	海平面上升影响地区人口密度	d_{22}	$W_{d_{22}}$
					海平面上升影响区域地均 GDP	d_{23}	$W_{d_{23}}$
			敏感性 C6	W_{C6}	海岸侵蚀	d_{24}	$W_{d_{24}}$
					咸潮入侵	d_{25}	$W_{d_{25}}$
	防范能力B6	W_{B6}			防护工程基础(堤围达标率)	d_{26}	$W_{d_{26}}$
					海堤防风暴标准	d_{27}	$W_{d_{27}}$
					政策法规及公众认知与执行水平	d_{28}	$W_{d_{28}}$
					财政支持能力	d_{29}	$W_{d_{29}}$
风暴潮灾害风险指标A3	危险性 B7	W_{B7}	强度 C7	W_{C7}	正常潮位	d_{30}	$W_{d_{30}}$
					历史最高增水	d_{31}	$W_{d_{31}}$
					热带气旋/寒潮强度	d_{32}	$W_{d_{32}}$
					地面高程	d_{33}	$W_{d_{33}}$
			频率 C8	W_{C8}	历史样本统计频次	d_{34}	$W_{d_{34}}$
	脆弱性 B8	W_{B8}	暴露性 C9	W_{C9}	风暴潮影响地区人口密度	d_{35}	$W_{d_{35}}$
					风暴潮影响地区地均 GDP	d_{36}	$W_{d_{36}}$
			敏感性 C10	W_{C10}	人口死亡率	d_{37}	$W_{d_{37}}$
					潜在人口伤亡率	d_{38}	$W_{d_{38}}$
					经济损失率	d_{39}	$W_{d_{39}}$
	防范能力B9	W_{B9}			预报警报能力	d_{40}	$W_{d_{40}}$
					财政支持能力	d_{41}	$W_{d_{41}}$
					防护工程基础(堤围达标率)	d_{42}	$W_{d_{42}}$

6.2.3 风险要素评价指标

6.2.3.1 热带气旋灾害风险指标

热带气旋灾害是全球发生频率最高、影响最严重的一种灾害。在全球热带气旋的活动区中，西北太平洋海区的热带气旋发生频率最高，约占全球总数 36%，同时西北太平洋中的热带气旋强度也是全球最强的(张继权 等，2007)。中国位于西北太平洋沿岸，是世界上遭受热带气旋影响最为严重的国家之一，南起两广、北至辽宁的漫长沿海地带经常遭受热带气旋袭击。对于热带气旋灾害对中国社会和经济的影响，我国学者开展了大量研究工作(曹楚 等，2006；李英 等，2004；刘燕 等，2009；丁燕 等，2002；樊琦 等，2000)，但大多集中在热带气旋强度、路径、台风预报等方面。近年来，热带气旋灾害评估逐渐成为社会和公众关注的热点，但也大多局限于对灾害损失的评定，对热带气旋风险评估方面的研究尚不多见。随着大量热带气旋历史资料的积累和发布(如中国气象局上海台风研究所整编的“CMA-STI 热带气旋最佳路径数据集”和《热带气旋年鉴》)，为热带气旋风险评估提供了可能。

这里以省为基本评估单元，建立我国沿海地区 12 个省级行政区(为便于分析和可视化表达，香港、澳门归入广东省地理区域）的热带气旋灾害风险指标体系。

1. 危险性指标

热带气旋危险性表示未来一段时间内评估区域可能遭遇热带气旋影响的危险性，包括热带气旋强度和影响频率等特征。基于历史资料的概率统计方法能够较为客观地反映评估区域的未来状况，因此，可以在历史数据资料基础上构建相应的危险性指标。基于不同资料，可以定义不同的危险性指标体系。下面分别定义基于《热带气旋年鉴》和“CMA-STI 热带气旋最佳路径数据集”的危险性指标体系。

方案一：基于《热带气旋年鉴》资料源的危险性指标体系

(1)热带气旋强度指标

d_{01}——热带气旋过程的最大风速指数

定义：评估单元（省）一年内所有热带气旋影响过程中曾达到过的最大风速值。

量化：首先提取统计时段内每一年的热带气旋过程极大风速值，表示成时间序列$\{d_{01i}\}$，然后求该样本序列的平均值，即为 d_{01} 指数值。

d_{02}——热带气旋过程的风速强度指数

定义：评估单元区域内由热带气旋造成的大风动能强度。

量化：考虑大风产生的动能与风速平方成正比，故可取风速强度指数计算式（陈俊勇，1994）为

$$d_{02} = \log_{10}(v_1^2 + v_2^2 + \cdots\cdots + v_n^2) \tag{6.10}$$

式中，v_n 表示各次热带气旋底层中心附近最大平均风速。该指数能够较好地表示风速与强度的关系。将统计时段内落在评估单元中的所有热带气旋每 6 h 记录的近中心附近最大平均风速值代入上式，即可计算得到 d_{02} 指数值。

d_{03}——热带气旋过程日最大降水量指数

定义：评估单元区域一年内所有热带气旋影响过程中曾出现过的最大日降水量。

量化：首先提取统计时段内每年的热带气旋过程最大日降水量，表示成时间序列$\{d_{03i}\}$，然后求该样本序列的平均值，即为 d_{03} 指数值。

d_{04}——热带气旋过程影响持续时间指数

定义：评估单元区域一年之内历经的各次热带气旋过程的平均影响日数。

量化：首先提取统计时段内每年影响该评估单元的热带气旋次数以及每次过程的影响日数，表示成时间序列$\{d_{04i}\}$，然后求该样本序列的平均值，即为 d_{04} 指数值。

d_{05}、d_{07}、d_{08}——分别为热带气旋的最大风速气候趋势、热带气旋最大日降水量的气候趋势以及热带气旋过程持续时间气候趋势等指数

定义：评估单元区域内，热带气旋过程的最大风速、过程最大日降水量以及过程平均影响日数的未来气候变化趋势。

量化：引用施能等(1997)提出的气候趋势系数方法，即对任一时间序列$\{x_i\}$，其气候趋势系数定义为

$$r = \frac{\sum_{i=1}^{n}(x_i - \bar{x})(i - \bar{t})}{\sqrt{\sum_{i=1}^{n}(x_i - \bar{x})^2 \sum_{i=1}^{n}(i - \bar{t})^2}} \tag{6.11}$$

式中，$\bar{x}$为$\{x_i\}$的均值；$\bar{i}$为自然数序列$\{i\}$的均值；n为样本长度。若$r>0$，表示序列$\{x_i\}$有上升趋势，r越大，上升趋势越强；若$r<0$，表示序列$\{x_i\}$有下降趋势，r值越小，下降趋势越强。将$\{d_{05i}\}$、$\{d_{07i}\}$、$\{d_{08i}\}$各序列分别代入上式，即可相应得到d_{05}、d_{07}、d_{08}的指标值。

说明：气候变化背景下的风险评估不同于一般意义上的自然灾害风险评估。气候变化是一个长期过程，会导致热带气旋等相关风险因子强度和频率的变化响应。因此，进行危险性评估时，还应将气候变化趋势的影响也考虑在内，在表示历史平均状况的指标之中加入反映气候变化趋势的指标。基于上述考虑，本书在气候变化风险分析中引入气候变化趋势指数。

d_{06}——热带气旋风速强度的气候趋势指数

定义：评估单元区域内，热带气旋风速强度指数的未来气候变化趋势。

量化：首先利用公式(6.10)计算评估单元内每年的风速强度指数，表示成时间序列$\{d_{06i}\}$，然后代入公式(6.11)，即可求得d_{06}指数。

(2)热带气旋频率指标

d_{09}——热带气旋年生成发展频次指数

定义：评估单元区域一年内热带气旋发生发展的次数。

量化：首先提取统计时段内每一年该评估单元区域的热带气旋发生发展的次数，表示成时间序列$\{d_{09i}\}$，然后求该样本的平均值，即为d_{09}指数值。

d_{10}——热带气旋年登陆影响频次指数

定义：评估单元区域内年均历经热带气旋登陆影响的次数。

量化：

$$d_{10}=\frac{N}{Y} \tag{6.12}$$

式中，N为统计时段内，评估单元区域中历经的所有热带气旋每6 h记录个数；Y为统计时段的年数。

d_{11}——热带气旋年生成频次气候趋势指数

定义：评估单元区域内热带气旋年生成频次的气候变化趋势。

量化：首先统计评估单元区域每一年的热带气旋生成频次，表示成时间序列$\{d_{11i}\}$，然后代入公式(6.11)，即可得到d_{11}指数。

d_{12}——热带气旋年登陆影响气候趋势指数

定义：评估单元区域内热带气旋年登陆频次的气候变化趋势。

量化：首先统计评估单元区域每一年的热带气旋登陆频次，表示成时间序列$\{d_{12i}\}$，然后代入公式(6.11)，即可得到d_{12}指数。

方案二：基于“CMA-STI热带气旋最佳路径数据集”指标体系

以上基于《热带气旋年鉴》资料的危险性指标体系需要大量的统计数据，不利于风险评估的快速实现。“CMA-STI热带气旋最佳路径数据集”提供了完整的自1949年至2009年西太平洋(含南海、赤道以北、东经180°以西)海域热带气旋每6 h中心位置和近中心最低气压值、近中心最大风速值的记录，不仅减轻了原始数据收集处理工作量，而且每6 h的位置和风速记录也能较为客观地反映热带气旋的持续时间、移动情况和影响强度的基本特征。因此，也可基于“CMA-STI热带气旋最佳路径数据集”进行上述热带气旋危险性指标体系定义(具体指标内涵阐述、定义和量化表达类同于《热带气旋年鉴》部分）。

2. 脆弱性指标

沿海地区热带气旋灾害承险体较为复杂，但总体上可以分为人口和经济两大类。因此，脆弱性指标可以从人口脆弱性和经济脆弱性两方面进行考虑。

（1）暴露性指标

d_{13}——热带气旋影响地区人口密度指数

定义：评估单元区域内单位面积的人口数量。

量化：人口/面积（单位：万人/平方千米），以当前国家统计局的人口统计数为准。

d_{14}——热带气旋影响区域地均 GDP 指数

定义：评估单元区域内单位面积 GDP。

量化：GDP 总量/面积（单位：万元/平方千米），以各省最近一年 GDP 总量为准。

（2）敏感性指标

d_{15}——潜在人口伤亡率指数

定义：评估单元区域因热带气旋灾害可能造成的人员伤亡情况。

量化：

$$d_{15} = \frac{1}{5}\sum_{i=1}^{5}\frac{pop'_i}{pop_i} \tag{6.13}$$

式中，pop'_i 为第 i 年评估单元区域内因热带气旋灾害而伤亡的人数；pop_i 为第 i 年评估单元的受灾人数；i 取值从 1 至 5。

d_{16}——潜在经济损失率指数

定义：评估单元区域因热带气旋灾害可能遭受的经济损失率。

量化：

$$d_{16} = \frac{1}{5}\sum_{i=1}^{5}\frac{e'_i}{e_i} \tag{6.14}$$

式中，e'_i 为第 i 年评估单元区域内因热带气旋灾害造成的直接经济损失；e_i 为第 i 年评估单元总产值；i 取值从 1 到 5。

说明：区域人口、经济对热带气旋灾害的敏感性是由人口年龄结构、体能状况、产业结构等复杂特性决定的，评估难度很大。但是，历史受灾情况也能反映区域综合敏感情况。因此，可用历史灾损指标来反映评估单元的敏感性。

3. 防范能力指标

对热带气旋灾害，防范能力主要体现在灾前的预报预警能力、灾区民众转移安置能力以及灾后恢复重建能力，后两者与政府的财政能力紧密相关。由此构建如下指标。

d_{17}——预报警报能力指数

定义及量化：

$$d_{17} = \frac{1}{n}\sum_{i=1}^{n}\left(1 - \frac{\sqrt{(In_i - In'_i)^2}}{(In_i + In'_i)}\right) \tag{6.15}$$

式中，In'_i 和 In_i 分别代表评估单元区域内第 i 次发生的热带气旋灾害预报强度和实际发生强度，n 为评判次数。

d_{18}——应急响应能力指数

定义及量化:可用紧急转移安置人口占受灾人口的比例来表示。

d_{19}——财政支持能力指数

定义及量化:可用人均财政收入表示。在该资料获取难度较大情况下,可用人均 GDP 代替。

6.2.3.2 海平面上升灾害风险指标

海平面上升是沿海地区一种渐进性的灾害,易被人们忽视,但其长期累积所造成的灾害影响却比任何其他自然灾害的破坏性更加广泛、持久和深远(陈俊勇,1994)。海平面变化有绝对海平面变化和相对海平面变化两种概念:绝对海平面变化是相对于地心的全球性的海平面变化,由于全球气候变暖引起的海水热膨胀以及极地冰盖、陆源冰川、冰帽的融化,造成了全球海平面的不断上升;相对海平面变化是特定岸段的地面与海面之间相对位置的变化,是各地验潮站可以测到的海平面的实际变化。往往某个区域的海平面变化同时包含了全球性因素和区域性因素。例如,未来全球海平面上升对于地面沉降的沿海区域会加剧其风险,对于地面抬升的区域则可能会被抵消而不受影响或少受影响。

我国沿海绝大部分地区海拔低于 5 m,其中一些人口集中、经济发达的城市(如天津、上海和广州等)位于河口淤积平原,由于地下水的过量开采和大型建筑群增加的地面负载,加速了因自然构造运动或新近沉积层压实作用而导致的地面沉降。全球海平面上升与上述区域的沉降效应相叠加,使得我国沿海地区相对海平面持续上升。至 2009 年,我国沿海各省区相对海平面已比常年上升了 43~107 mm(许小峰 等,2009),为近 30 年最高。一些地区甚至处于海平面以下,目前只能靠修筑海堤来防护。

例如,在海平面相对上升最快的天津地区,陆面高程一般在 2.5~4.5 m 之间,平均海平面在 1.5 m 左右。令人担忧的是,从 1959 年到 1988 年,天津地区陆地沉降面积已达 7300 km^2,使得天津地区陆面高程半数以上降到 1~3 m,有些区域的高程甚至已处于海平面以下,只能靠防护堤围护。

再如,面积为 6932.5 km^2 的珠江三角洲,河道纵横、地势低平,绝大部分地区的海拔高度不到 1 m,其中有 25%的土地在珠江基准面高程 0.4 m 以下,大约有 13%的土地(约 803.65 km^2)在海平面以下。目前,珠江三角洲的中山市北部、新会、原斗门县、珠海西区等地区有 460 万人生活在海平面以下,仅靠堤围来保护生存。若海平面继续上升,势必会给这些地区带来更加严重的威胁和灾难。

国家海洋局在《2009 年中国海平面公报》中提出,要在"沿海重点经济区开展海平面上升影响评价,对评价区域进行海平面上升脆弱性区划,将评价结果和脆弱性区划范围作为沿海重点经济区规划的重要指标"。因此,开展海平面上升的风险评估研究对于沿海经济发展具有非常重要的意义。

根据《2009 年中国海平面公报》对沿海各省区已发生的海平面上升等不利事件的描述和对未来 30 年相对海平面升幅的预估,依据指标选取原则,构建如下海平面上升风险指标体系。

1. 危险性指标

海平面上升的危险性表示评估单元区域未来一段时间内(譬如未来 30 年)相对海平面上升的严重程度和可能性。其中,单纯的上升幅度并不能直观反映危险程度,还应将上升幅度与评估单元的海拔高度相结合,才能更加合理地表述危险性。另外,相对海平面上升的可能性是由全球绝对海平面变化和该地区的地面升降决定的。目前，关于全球海平面持续上升的预估已得到较为广泛的认同，因此只需重点考察该地区的地面升降情况即可。由此，构建如下危险性指标。

d_{20}——海平面上升幅度指数

定义及量化：

$$d_{20}=\begin{cases}0.9 & h-\Delta h\leqslant -2\\ 0.8 & h-\Delta h\leqslant 0\\ 0.7 & h-\Delta h\leqslant T\\ 0.6 & h-\Delta h\leqslant T_{\max}\\ 0.3 & 5<h-\Delta h-T_{\max}\leqslant 10\\ 0.1 & h-\Delta h+T_{\max}>10\end{cases} \tag{6.16}$$

式中，h 为海拔高程(m)；Δh 为评估时段(如未来30年)相对海平面上升幅度(m)；T 为该评估单元常见潮位(m)；$T_{\max}$ 为该评估单元历史最高潮位(m)。对于 T 和 $T_{\max}$ 可采用以点代面的方法，即应用代表站点来表示评估单元区域的数值。将淹没2 m设定为极危险临界值，5 m、10 m设定为海平面上升安全性的亚临界值和临界值。

d_{21}——海平面上升概率指数

定义：表示评估单元区域相对海平面上升的可能性。

量化：

$$d_{21}=\begin{cases}0 & R_g-R_r\leqslant 0\\ 1 & R_g-R_r>0\end{cases} \tag{6.17}$$

式中，R_g 和 R_r 分别为评估时段内全球绝对海平面上升速率和评估单元地面上升速率。

2. 脆弱性指标

(1)暴露性指标

d_{22}——海平面上升影响地区的人口密度指数

定义：评估单元内单位面积人口数量。

量化：人口/面积(单位：万人/平方千米)。人口数据以当前各省的人口统计数据为准。

d_{23}——海平面上升影响区域的地均GDP指数

定义：评估单元内单位面积GDP。

量化：GDP总量/面积(单位：万元/平方千米)。GDP数据以各省最近一年的GDP总量为准。

(2)敏感性指标

d_{24}——海岸侵蚀指数

定义：评估单元区域海岸线易于遭受侵蚀的程度。

量化：$d_{24}=(E_b/\Delta h')\times(E_1/L)$ (6.18)

式中，E_b 为某一历史时期评估单元的海岸线侵蚀距离；$\Delta h'$ 为同期评估单元海平面上升幅度；E_l 为评估单元已被侵蚀的海岸线长度；L 为评估单元海岸线总长度。

d_{25}——咸潮入侵指数

定义：评估单元区域易于遭受海水入侵的程度。

量化：

$$d_{25} = S_b / \Delta h' \tag{6.19}$$

式中，S_b 为某历史时期评估单元的海水入侵距离；$\Delta h'$为同期评估单元的海平面上升幅度。

3. 防范能力指标

面对海平面上升所带来的一系列灾害，区域防范能力主要体现在防治工程和政策法规以及公众意识等三方面。首先，防护林的保护或种植面积、防护海堤的修建力度和防护标准，对于减轻未来几十年内的海平面上升灾害是最直接和有效的措施；其次，若政府能够合理规划利用土地，出台有效的措施或政策平衡经济发展与生态环境保护的关系，公众能够认识到海平面上升的巨大危害，节约生活消耗，对防御海平面上升灾害也有很大的帮助。

d_{26}——防护工程基础(堤围达标率)指数

定义及量化：海岸线绿化带长度或海堤长度占评估单元海岸线总长度的比例。

以山东省为例，全省海岸线绿化带长达 1432 km，而全省海岸线为 3121 km(王贵霞 等，2004)，故其 $d_{26}=1432/3121=0.459$。

我国现有 1.8×10^4 km 的大陆海岸线，分别濒临黄渤海、东海、南海等 3 个海区，现有总长度约 1.2×10^4 km 的各类不同标准的海堤工程(李维涛 等，2003)，故其防护工程基础指标 $d_{26}=1.2/1.8=0.667$。

d_{27}——海堤防风暴标准指数

定义及量化：海堤抵御、防护风暴灾害的能力、标准和水平。

中国沿海各地区规划的海堤防风暴标准如表 6.5 所示。

表 6.5 我国沿海各地区规划的海堤防风暴潮标准(李维涛 等,2003)

<table>
<tr><th rowspan="2">城市名称</th><th rowspan="2">城市防洪(潮)标准</th><th colspan="4">海堤标准(重现期)</th></tr>
<tr><th>100 年</th><th>50 年</th><th>20 年</th><th>10 年</th></tr>
<tr><td>丹东</td><td>100</td><td></td><td rowspan="6">5 万亩 * 以上</td><td rowspan="6">1 万～5 万亩</td><td rowspan="6">万亩以下</td></tr>
<tr><td>大连</td><td>100</td><td></td></tr>
<tr><td>锦州</td><td>50</td><td></td></tr>
<tr><td>营口</td><td>100</td><td></td></tr>
<tr><td>盘锦</td><td>50</td><td></td></tr>
<tr><td>葫芦岛</td><td>20～50</td><td></td></tr>
<tr><td>秦皇岛</td><td>100</td><td></td><td>一般市区</td><td></td><td></td></tr>
<tr><td>唐山</td><td>100</td><td></td><td></td><td rowspan="2">一般乡村</td><td></td></tr>
<tr><td>沧州</td><td>50</td><td></td><td></td><td></td></tr>
<tr><td>天津</td><td>200</td><td>市区、企业加 7 级风</td><td>一般地区加 7 级风</td><td></td><td></td></tr>
<tr><td>东营</td><td>100</td><td></td><td></td><td></td><td></td></tr>
<tr><td>潍坊</td><td>50</td><td></td><td></td><td></td><td></td></tr>
<tr><td>烟台</td><td>50</td><td></td><td rowspan="2">加 10 级风</td><td rowspan="2">1 万～5 万亩加 10 级风，其他加 8 级风</td><td></td></tr>
<tr><td>威海</td><td>20</td><td></td><td></td></tr>
<tr><td>青岛</td><td>50～100</td><td>市区加 12 级风</td><td></td><td></td><td></td></tr>
<tr><td>日照</td><td>50</td><td></td><td>加 10 级风</td><td></td><td></td></tr>
</table>

* 1 亩=666.6 m^2。

续表

<table>
<tr><th rowspan="2">城市名称</th><th rowspan="2">城市防洪(潮)标准</th><th colspan="5">海堤标准(重现期)</th></tr>
<tr><th>100 年</th><th>50 年</th><th colspan="2">20 年</th><th>10 年</th></tr>
<tr><td>连云港</td><td>50～100</td><td>市区</td><td rowspan="3">县城加 10 级风</td><td rowspan="3" colspan="2"></td><td rowspan="3"></td></tr>
<tr><td>盐城</td><td>50～100</td><td></td></tr>
<tr><td>南通</td><td>50～100</td><td></td></tr>
<tr><td>上海</td><td>1000</td><td>市区加 12 级风，农村加 11 级风</td><td>城乡结合部加 11 级风</td><td colspan="2"></td><td></td></tr>
<tr><td>嘉兴</td><td>100</td><td rowspan="6">50 万～100 万人城市、100 万亩平原加同频率风</td><td rowspan="6">10 万～50 万人城市、5 万～100 万亩农田</td><td rowspan="6" colspan="2">1 万～10 万人城市、1 万～5 万亩农田</td><td rowspan="6">1 万人以下、1 万亩以下</td></tr>
<tr><td>杭州</td><td>100～500</td></tr>
<tr><td>舟山</td><td>50～100</td></tr>
<tr><td>台州</td><td>50～100</td></tr>
<tr><td>宁波</td><td>100</td></tr>
<tr><td>温州</td><td>100</td></tr>
<tr><td>福州</td><td>200</td><td></td><td rowspan="5">万亩以上</td><td rowspan="5" colspan="2">1000 亩以上</td><td></td></tr>
<tr><td>莆田</td><td>50</td><td></td><td></td></tr>
<tr><td>泉州</td><td>100</td><td></td><td rowspan="3"></td></tr>
<tr><td>厦门</td><td>100</td><td></td></tr>
<tr><td>漳州</td><td>100</td><td></td></tr>
<tr><td>汕头</td><td>50</td><td rowspan="8">五大联杆</td><td rowspan="8">20 万～50 万人；20 万～100 万亩</td><td rowspan="8">1 万～20 万人；1 万～20 万亩</td><td rowspan="8">1 万～5 万亩</td><td rowspan="8">小于 1 万亩</td></tr>
<tr><td>惠州</td><td>100</td></tr>
<tr><td>珠海</td><td>50</td></tr>
<tr><td>东莞</td><td>50</td></tr>
<tr><td>中山</td><td>50～100</td></tr>
<tr><td>深圳</td><td>100</td></tr>
<tr><td>广州</td><td>200</td></tr>
<tr><td>湛江</td><td>100</td></tr>
<tr><td>钦州</td><td>50</td><td></td><td rowspan="4">5 万亩以上</td><td rowspan="4" colspan="2">1 万～5 万亩</td><td rowspan="4">1 万亩以下</td></tr>
<tr><td>北海</td><td>50</td><td></td></tr>
<tr><td>南宁</td><td>100</td><td></td></tr>
<tr><td>防城港</td><td>50</td><td></td></tr>
<tr><td>海口</td><td>50</td><td></td><td></td><td rowspan="2" colspan="2">一般地区</td><td></td></tr>
<tr><td>三亚</td><td>50</td><td></td><td></td><td></td></tr>
</table>

d_{28}——政策法规及公众认知和执行水平指数

量化:采用专家、普通民众问卷及打分的方式进行评分。

d_{29}——财政支持能力指数

量化:根据政府的财政支持力度和能力来进行评分。

6.2.3.3　风暴潮灾害风险指标

风暴潮是指由于强烈的大气扰动,如热带气旋、温带气旋等,引起的海面异常升高现象。风暴潮有两种类型:一种是由热带气旋引起的风暴潮,另一种是由温带气旋或强寒潮引起的风暴潮。风暴潮灾害主要是由大风和高潮水位共同引起的，是局部地区的猛烈增水，如果正好遇上天文大潮，则可形成特大风暴潮，进而酿成重大灾害(左书华 等，2008)。我国风暴潮灾害一年四季均有可能发生，受灾区域几乎遍及整个中国沿海，灾害居西太平洋沿岸国家之首(许小峰 等，2009)，每次风暴潮造成的经济损失少则几亿元，多则几百亿元。

据近500年历史潮灾史料和近50年风暴潮观测记录的研究表明，在气候偏暖期，中国沿海的风暴潮灾发生频次较气候偏冷期显著偏多(许小峰 等，2009)。由此推测，全球变暖将可能使我国沿海地区的风暴潮灾害加剧。事实上，由于风暴潮是由强烈的大气扰动引起的海面异常升高现象，而全球气温升高又为热带/温带气旋等强烈大气扰动的生成和发展创造了有利的条件。同时，沿海地区相对海平面的升高可使得风暴潮位相应抬升，风暴增水值与潮位叠加后将可能出现更高的风暴高潮位，这就意味着目前的高潮位重现期将有可能显著缩短，致使风暴潮灾风险更加严峻。

一般而言，形成严重风暴潮的条件有三个：一是强烈而持久的向岸大风；二是有利的海岸带地形，如喇叭口状港湾和平缓海滩；三是天文大潮配合。根据不同的条件，风暴潮的空间范围一般由几十千米至上千千米不等。风暴潮的强度可以由风暴潮增水的多少来划分，一般风暴潮可分为7级，如表6.6所示(许小峰 等，2009)。

表6.6 风暴潮强度等级划分(许小峰 等，2009)

级别	名称	增水(cm)
0	轻风暴潮	30～50
1	小风暴潮	51～100
2	一般风暴潮	101～150
3	较大风暴潮	151～200
4	大风暴潮	201～300
5	特大风暴潮	301～450
6	罕见特大风暴潮	≥450

综上分析，利用国家海洋局1989—2009年《中国海洋灾害公报》中提供的风暴潮灾害统计资料，依据指标选取原则，建立如下的风暴潮灾害风险指标体系。

1. 危险性指标

(1)强度指标

d_{30}——正常潮位指数

定义：评估单元区域的正常潮位高度。

量化：可采用代表站点的正常潮位来代表整个评估单元区域值。

d_{31}——历史最高增水指数

定义及量化：取1989—2009年期间评估单元区域所出现过的风暴潮的最高增水值。

d_{32}——热带气旋/寒潮强度指数

定义及量化：1989—2009年期间评估单元区域所出现过的热带气旋或寒潮的平均强度。

d_{33}——地面高程指数

定义及量化：

$$d_{33} = \begin{cases} 0.9 & h \leqslant 0 \\ 0.8 & 0 < h \leqslant \Delta h \\ 0.7 & T < h \leqslant \Delta h + T \\ 0.6 & T_{max} < h \leqslant \Delta h + T_{max} \\ 0.3 & \Delta h + T_{max} < h \leqslant \Delta h + T_{max} + 10 \\ 0.1 & h > \Delta h + T_{max} + 10 \end{cases} \tag{6.20}$$

式中，h 为海拔高程；Δh 为评估时段（如未来 30 年）相对海平面升幅；T 为该评估单元的常见潮位；T_{max} 为该评估单元的历史最高增水。将 10 m 设置为海拔高程脆弱性的临界值。

（2）频率指标

d_{34}——历史样本统计频次（热带气旋/强冷空气入侵频次）指数

定义及量化：

$$d_{34} = \frac{1}{n}\sum_{i=0}^{6}\omega_i \cdot p_i \tag{6.21}$$

式中，n 为统计时段年数；i 为风暴潮强度等级；p_i 为统计时段内评估单元发生 i 级风暴潮的次数，ω_i 为其对应的权重，并取 ω_0 为 0.02，ω_1 为 0.04，ω_2 为 0.07，ω_3 为 0.14，ω_4 为 0.19，ω_5 为 0.24，ω_6 为 0.30。

表 6.7 是 1989—2007 年中国沿海各省发生的风暴潮频次和等级（谢莉 等，2010）。

表 6.7　1989—2007 年中国沿海各级风暴潮次数及分布区域

年限 \ 风暴潮次数	总数	0 级	1 级	2 级	3 级	4 级	5 级	6 级	分布区域
1989	10	2	1	4	3	0	0	0	浙江、广东、海南、上海
1990	4	0	0	1	2	1	0	0	福建、浙江
1991	7	0	0	0	4	2	1	0	海南、广东
1992	8	0	0	4	2	1	1	0	海南、广西、福建、广东
1993	5	0	0	1	1	3	0	0	广东
1994	11	0	4	1	4	2	0	0	浙江、福建、广东
1995	10	0	4	2	4	0	0	0	广东、广西、福建
1996	6	0	0	0	3	3	0	0	福建、广东、广西、浙江
1997	4	0	0	0	2	2	0	0	沿海大部分省区
1998	7	0	3	4	0	0	0	0	广东、福建
1999	5	0	0	5	0	0	0	0	广东、福建
2000	8	0	2	1	2	1	2	0	浙江、江苏
2001	6	0	0	2	2	2	0	0	广东、福建
2002	8	0	1	1	2	2	2	0	广东、福建、浙江
2003	10	0	0	0	6	1	3	0	广东、广西、海南
2004	10	0	2	3	2	1	2	0	浙江、福建、上海
2005	11	0	0	5	2	1	3	0	浙江、海南、福建
2006	9	0	0	0	4	3	2	0	福建、广东
2007	13	0	3	2	2	6	0	0	浙江、广东、海南

以2004年为例，根据所给权重和公式，可计算得到全国范围2004年的历史样本统计频次指数：$d_{34} = \frac{1}{n}\sum_{i=0}^{6}\omega_i \cdot p_i = 1.24$。

2. 脆弱性指标

(1)暴露性指标

d_{35}——风暴潮影响地区的人口密度指数

定义：评估单元区域单位面积的人口数量。

量化：人口/面积。以当前各省的人口统计数据为准(人口计算与d_{22}一致)。

d_{36}——风暴潮影响地区的地均GDP指数

定义：评估单元区域单位面积的GDP。

量化：GDP总量/面积。以各省最近一年GDP总量为准(GDP取值与d_{23}一致)。

(2)敏感性指标

d_{37}——人口死亡率指数

定义：评估单元区域内死亡人数占该单元总人数的比例。

量化：

$$d_{37} = \frac{1}{5}\sum_{i=1}^{5}\frac{pop'_i}{pop_i} \tag{6.22}$$

式中，pop'_i为第i年评估单元内因风暴潮灾害而死亡的人数；pop_i为第i年评估单元的总人数；i取值从1到5。

d_{38}——潜在人口伤亡率指数

定义：评估单元区域内可能伤亡的人数(可用受灾人数替代)占该单元总人数的比例。

量化：

$$d_{38} = \frac{1}{5}\sum_{i=1}^{5}\frac{pop''_i}{pop_i} \tag{6.23}$$

式中，pop''_i为第i年评估单元内因风暴潮灾害而受灾人数；pop_i为第i年评估单元总人数；i取值从1到5。

广东省1991—2005年因风暴潮灾害的死亡人数、受灾人数和该省总人数如表6.8所示。

表6.8 广东省1991—2005年因风暴潮灾害死亡人数、受灾人数和该省总人数(邓松 等,2006)

年限	风暴潮灾害死亡人数(人)	总人口数(万人)	风暴潮灾害受灾人数(万人)
1991	0	6359.45	0
1992	0	6532.17	0
1993	47	6691.28	1468
1994	0	7123.09	0
1995	74	7387.49	1042
1996	208	7531.66	930
1997	6	7882.58	111
1998	0	8107.82	0
1999	10	8343.91	525
2000	0	8650.03	0

续表

年限	风暴潮灾害死亡人数(人)	总人口数(万人)	风暴潮灾害受灾人数(万人)
2001	7	8712.39	698
2002	0	8844.72	0
2003	22	8902.17	1118.6
2004	0	9001.80	0
2005	0	9194.00	0

基于上述统计数据，根据公式(6.22)，可估算出广东省2001—2005年人口死亡率：

$$d_{37}=\frac{1}{5}\sum_{i=1}^{5}\frac{pop'_i}{pop_i}=\frac{1}{5}\left(\frac{7}{8712.39\times10000}+\frac{22}{8902.17\times10000}\right)=0.655\times10^{-7}$$

根据公式(6.23)，可估算出广东省2001—2005年的潜在人口伤亡率：

$$d_{38}=\frac{1}{5}\sum_{i=1}^{5}\frac{pop''_i}{pop_i}=\frac{1}{5}\left(\frac{698}{8712.39}+\frac{1118.6}{8902.17}\right)=0.0412$$

江苏盐城2000—2007年因风暴潮灾害的死亡人数、受灾人数和总人数如表6.9所示。

表6.9　江苏盐城2000—2007年因风暴潮灾害死亡人数、受灾人数和总人数(于文金 等，2009)

年限	风暴潮灾害死亡人数(人)	总人口数(万人)	风暴潮灾害受灾人数(万人)
2000	2	613.41	2.4
2001	10	639.34	11
2002	0	649.67	0
2003	4	710.83	116.58
2004	0	743.96	0
2005	2	798.67	289.76
2006	0	801.47	10.98
2007	0	808.77	0

基于以上统计数据，根据公式(6.22)，可估算出江苏盐城2003—2007年的人口死亡率：

$$d_{37}=\frac{1}{5}\sum_{i=1}^{5}\frac{pop'_i}{pop_i}=\frac{1}{5}\left(\frac{4}{710.83\times10000}+\frac{2}{798.67\times10000}\right)=0.1626\times10^{-6}$$

根据公式(6.23)，可估算出江苏盐城2003—2007年的潜在人口伤亡率：

$$d_{38}=\frac{1}{5}\sum_{i=1}^{5}\frac{pop''_i}{pop_i}=\frac{1}{5}\left(\frac{116.58}{710.83}+\frac{289.76}{798.67}+\frac{10.98}{801.47}\right)=0.1081$$

d_{39}——经济损失率指数

定义：评估单元区域内因风暴潮灾害遭受的经济损失率。

量化：

$$d_{39}=\frac{1}{5}\sum_{i=1}^{5}\frac{e'_i}{e_i}\tag{6.24}$$

式中，e'_i为第i年评估单元内因风暴潮灾害造成的直接经济损失；e_i为第i年评估单元的总产值；i取值从1到5。

1991—2005年广东省因风暴潮灾害引起的经济损失如表6.10所示。

表 6.10 广东省 1991—2005 年因风暴潮灾害引起的经济损失(邓松 等,2006)

年限	风暴潮灾害造成的直接经济损失(亿元)	GDP 总量(亿元)
1991	0	1893
1992	0	2448
1993	57.83	3469
1994	0	4619
1995	63.00	5933
1996	129.00	6835
1997	21.00	7775
1998	0	8531
1999	12.68	9251
2000	0	10741
2001	24.50	12039
2002	0	13502
2003	42.00	15845
2004	0	18865
2005	0	22557

基于上述数据,根据公式(6.24),可估算出广东省 2001—2005 年的经济损失率:

$$d_{39}=\frac{1}{5}\sum_{i=1}^{5}\frac{pop'_i}{pop_i}=\frac{1}{5}\left(\frac{24.50}{12039}+\frac{42.00}{15845}\right)=0.937\times10^{-3}$$

3. 防范能力指标

d_{40}——预报警报能力指数

定义及量化:

$$d_{40}=\frac{1}{n}\sum_{i=1}^{n}\left(1-\frac{\sqrt{(In_i-In'_i)^2}}{(In_i+In'_i)}\right) \tag{6.25}$$

式中,In'_i 和 In_i 分别代表评估单元第 i 次发生的风暴潮灾害的预报强度和实际强度,n 为考察次数。

d_{41}——财政支持能力指数

定义及量化:可用人均财政收入来表示,在该资料获取难度较大的情况下,可用人均 GDP 代替。

d_{42}——防护工程基础(堤围达标率)指数

定义及量化:达标的防潮堤长度占评估单元海岸线总长度的比例。

6.2.4 风险要素融合与综合评估模型

根据指标融合方法,首先对各底层指标进行标准化处理,其中的气候趋势项只取其绝对值进行标准化;然后按照式(6.7)~(6.9),可认为热带气旋、海平面上升、风暴潮对沿海地区具有同等权重,建立如下沿海经济发展综合风险评估模型:

$$CRI=A1+A2+A3 \tag{6.26}$$

其中,$A1$ 的数学模型为

$$A1=B1^{W_{B1}}\cdot B2^{W_{B2}}\cdot(1-B3)^{W_{B3}} \tag{6.27}$$

进一步展开为

$$B1 = \left(\sum_{i=1}^{8} W_{d_i} \cdot d_i\right)^{W_{C1}} \cdot \left(\sum_{i=9}^{12} W_{d_i} \cdot d_i\right)^{W_{C2}} \tag{6.28}$$

$$B2 = \left(\sum_{i=13}^{14} W_{d_i} \cdot d_i\right)^{W_{C3}} \cdot \left(\sum_{i=15}^{16} W_{d_i} \cdot d_i\right)^{W_{C4}} \tag{6.29}$$

$$B3 = \sum_{i=17}^{19} W_{d_i} \cdot d_i \tag{6.30}$$

$A2$ 数学模型为

$$A2 = B4^{W_{B4}} \cdot B5^{W_{B5}} \cdot (1 - B6)^{W_{B6}} \tag{6.31}$$

进一步展开为

$$B4 = d_{20}{}^{W_{d_{20}}} \cdot d_{21}{}^{W_{d_{21}}} \tag{6.32}$$

$$B5 = \left(\sum_{i=22}^{23} W_{d_i} \cdot d_i\right)^{W_{C5}} \cdot \left(\sum_{i=24}^{25} W_{d_i} \cdot d_i\right)^{W_{C6}} \tag{6.33}$$

$$B6 = \sum_{i=26}^{29} W_{d_i} \cdot d_i \tag{6.34}$$

$A3$ 数学模型为

$$A3 = B7^{W_{B7}} \cdot B8^{W_{B8}} \cdot (1 - B9)^{W_{B9}} \tag{6.35}$$

进一步展开为

$$B7 = \left(\sum_{i=30}^{33} W_{d_i} \cdot d_i\right)^{W_{C7}} \cdot (W_{d_{34}} \cdot d_{34})^{W_{C8}} \tag{6.36}$$

$$B8 = \left(\sum_{i=35}^{36} W_{d_i} \cdot d_i\right)^{W_{C9}} \cdot \left(\sum_{i=37}^{39} W_{d_i} \cdot d_i\right)^{W_{C10}} \tag{6.37}$$

$$B9 = \sum_{i=40}^{42} W_{d_i} \cdot d_i \tag{6.38}$$

6.2.5 西北太平洋海区热带气旋风险实验评估

西北太平洋是全球热带气旋发生频率最高、强度最强、分布范围最广的海域。中国位于西北太平洋西岸，属世界上遭受热带气旋影响最严重的国家之一。根据政府间气候变化专门委员会(IPCC)第四次评估报告(2007)，由人类活动引起的全球气候变暖已是不争的事实，20 世纪 90 年代后期以来的观测结果显示，全球平均海表温度持续上升。在此背景之下，很多学者对热带气旋发生频数及其强度与全球变暖的关系开展了机理研究、数值模拟和统计关联研究(Knuson，1998；Krishnamuri，1998；马丽萍 等，2006；黄勇 等，2009；袁俊鹏 等，2009)。现在，虽还不足以确认西北太平洋热带气旋发生频率和平均强度随全球气候变化有确定的增加趋势，但是有证据表明，极具破坏力的强热带气旋或强台风将随着全球海表温度的升高而相应增加(Emanuel，2000)，这势必会给人类社会带来更严重的影响。因此，基于气候变化情景下开展热带气旋灾害的风险评估显得尤为重要。美国早在 20 世纪 80 年代就全面开展了加勒比海沿岸地区的飓风灾害风险评估，建立了完整的可供操作的飓风灾害的风险评估模式(Howard *et al*，1998)，而我国的相关研究尚不多。本节拟基于前面所建风险评价指标对热带气旋危险性及其对我国周边海域的灾害风险进行分析和实验评估。

6.2.5.1 资料与方法

基于中国气象局上海台风研究所整编的 1949—2009 年的“CMA-STI 热带气旋最佳路径

数据集”，选取我国周边海域(95°～140°E，0～45°N)作为研究区域，按照GB/T 19201—2006的热带气旋等级国家标准，将热带气旋(TC)分为热带低压(TD)、热带风暴(TS)、强热带风暴(STS)、台风(TY)、强台风(STY)、超强台风(SuperTY)进行讨论。热带气旋的强度和频数分别选用底层(近地面或近海面)中心附近最大平均风速和研究区域一年中的热带气旋每6 h记录的总条数。其中极端最大风速是指研究区域内一年中所有TC生命史中曾达到过的最大中心风速值；年均最大风速指研究区域内一年中所有TC生命史中曾达到过的最大中心风速的算术平均值。将研究区域内热带气旋记录根据空间位置分配到1°×1°的网格单元内，即可得到2025个网格单元的1949—2009年热带气旋近中心的最大风速样本。

基于地理信息系统(GIS)进行热带气旋灾害风险评估，采用灾害风险评价指数方法(Davidson *et al*，2001)，认为热带气旋灾害风险是其危险性(H)、脆弱性(V)、区域防灾减灾能力(R)综合效应的结果，可以表达为

$$\text{TC 灾害风险指数} = \text{危险性}(H) \times \text{脆弱性}(V) \times (1 - \text{区域防灾减灾能力}(R)) \tag{6.39}$$

采用层次分析法(AHP)并结合Delphi法进行指标体系建立和指标权重计算。

为了消除各指标量纲差异，采用如下标准化公式对各指标进行标准化处理：

$$X' = \frac{X - X_{\min}}{X_{\max} - X_{\min}} \tag{6.40}$$

式中，X'为评估单元内某指标标准化后的值；X为单元内指标的原始值；$X_{\min}$为研究区域内该指标的最小值；$X_{\max}$为研究区域内该指标的最大值。

脆弱性和防灾减灾能力指标合成采用加权综合评价法(张继权 等，1994)：

$$C_V = \sum_{i=1}^{n} W_i \cdot V_i \tag{6.41}$$

$$C_R = \sum_{i=1}^{n} W_i \cdot R_i \tag{6.42}$$

式中，C_V、C_R分别为脆弱性和防灾减灾能力指标加权评估值；V_i、R_i为脆弱性和防灾减灾能力第i年的标准化值；W_i是指标权重；n是统计年份。

6.2.5.2 我国周边海域TC频数与强度的气候特征

1949—2009年，我国周边海域(95°～140°E，0～45°N)范围内TC频数分析表明，TC总频数和TY及以上级别的TC频数在61年间均呈现出弱减少趋势，然而自20世纪90年代后期至2009年呈波动增加状态(图3.3a)；虽然近10年来TC总频数仍低于历史平均水平，但TY及以上级别TC频数所占比例明显偏多。TC强度由底层(近海面)中心附近最大平均风速表示。图3.3c给出了1949—2009年我国周边海域TC年均最大风速、TY及以上级别TC的年均最大风速、极端最大风速的逐年分布及5阶拟合曲线。可以看到，TC平均强度在20世纪60年代末之前偏高，之后呈现弱的波动变化特征，2000年后略有增加；而TC强度极值的波动特征比平均状况要明显得多，2000年后，强度极值明显增加，中心最大风速由2001年的50 m/s持续上升至2009年的65 m/s，这种年最大强度连续9年持续上升的现象在61年间是极为少见的。

上述TC频数与强度的变化趋势特征虽尚不足以证明我国周边海域热带气旋发生频率和平均强度有必然增加的趋势，但少数极具破坏力的强台风则有可能会随着海表温度升高而相

应增加,使沿海地区和海上活动面临严重的潜在灾害风险。为此,我们开展如下气候变化背景下的热带气旋灾害风险分析与实验评估。

6.2.5.3 我国周边海域TC灾害风险评估

1. 概念模型

灾害是指某种自然变异超过一定程度,对人类和社会经济造成损失的事件。风险是指遭受损失的可能性与受损程度的综合效应。这里的热带气旋灾害风险是指热带气旋灾害发生的可能性以及由此造成损失的严重程度。热带气旋灾害风险评估是指通过风险分析手段,对尚未发生的热带气旋灾害的致灾体强度、潜在的灾损程度进行评定和预估。

热带气旋灾害风险要素可归纳为孕灾背景、致灾因子、承灾体特征以及风险防范能力等要素(张继权 等,2006)。总结前人研究并结合作者对灾害风险内涵的理解,我们认为区域TC灾害风险是在一定的孕灾环境中,由TC灾害危险性(H)、承灾体的脆弱性(V)和区域综合防灾减灾能力(R)三因素综合构成。危险性表示TC发生强度和频率特征;脆弱性表示风险区社会经济系统易于遭受TC威胁的性质和状态,包括其物理暴露性和灾损敏感性两方面的内容;防灾减灾能力反映了人类社会应对灾害的主观能动性,具体可指区域TC灾害预警能力、应急管理能力以及在遭受TC灾害袭击后的恢复能力。由此建立图6.5所示的TC灾害风险概念模型。

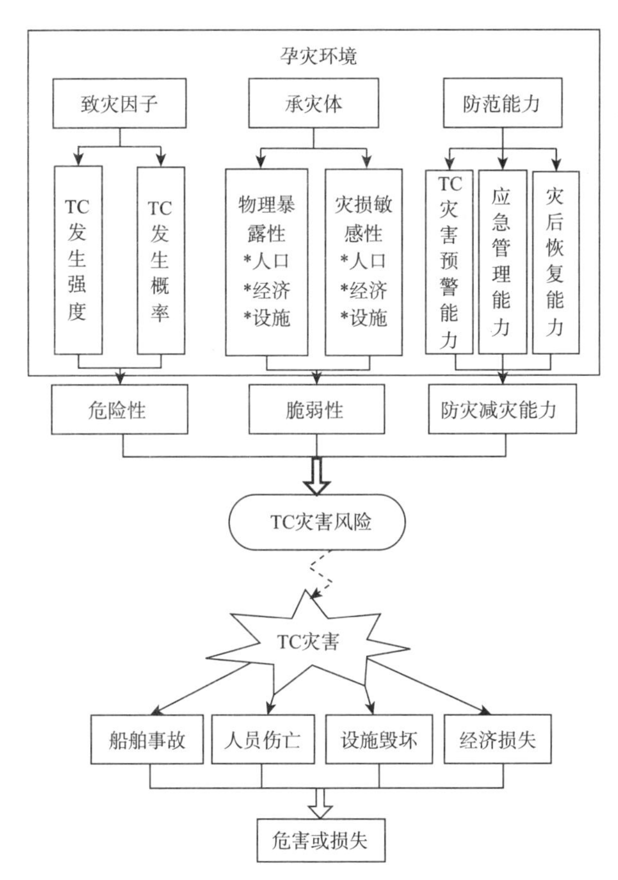

图6.5 TC灾害风险概念模型

2. 评估指标

根据TC灾害风险概念模型以及灾害风险评价指数法，综合考虑指标体系确定的目的性、系统性、科学性、可比性和可操作性原则，建立如表6.11所示的TC灾害风险评估指标。该指标体系分为目标层、因子层、指标层。其中最高层为综合指标：TC灾害风险指数RI，表示我国周边海域遭受热带气旋灾害的严重情况与损失程度，由TC危险性、各类承灾体的脆弱性以及综合防灾减灾能力所决定。需说明的是，我国周边海域热带气旋灾害影响极为广泛，包括渔业、航运、科考、资源开采等所有海上活动，这里仅以近海及远洋船舶、油气资源开采活动等两类承灾体为例，进行脆弱性分析；另外，防灾减灾能力涉及区域财力、物力、科技等综合情况，对其进行全面评估极为复杂，这里仅以离岸距离作为应急救援效率的简单量化指标。若有进一步的评估需求，可以对指标体系进行相应补充或调整。

表6.11　我国周边海域TC灾害风险评估指标

目标层	因子层		指标层	
	因子	权重	指标	权重
我国周边海域TC灾害风险指数(RI)	危险性(H)	$W_H=0.5454$	频率(X_1)	$W_1=0.6667$
			强度(X_2)	$W_2=0.3333$
	脆弱性(V)	$W_V=0.2728$	船舶密度(X_3)	$W_3=0.5333$
			船舶排水量(X_4)	$W_4=0.0667$
			油气资源分布(X_5)	$W_5=0.1333$
			开采量(X_6)	$W_6=0.2667$
	防灾减灾能力(R)	$W_R=0.1818$	离岸距离(X_7)	$W_7=1$

其中各指标的权重用层次分析法(AHP)确定，在构造判断矩阵时为了使计算结果更加准确合理，还可采用Delphi方法征求多位专家意见，具体步骤可参考相关文献(文世勇 等，2007)。通过一致性检验的权重计算结果如表6.11所示。

各指标量化方法如下。

(1)频率(X_1)：

$$X_{1i}=\frac{N_i}{Y} \tag{6.43}$$

式中，N_i为统计时段内落在评估单元i内的热带气旋每6 h记录个数；Y为统计时段的年数。

(2)强度(X_2)：考虑到大风所产生的动能与风速的平方成正比，参考周俊华等人(2004)的研究，构造如下风速强度指数计算公式。

$$X_{2i}=\log_{10}(v_1^2+v_2^2+\cdots\cdots+v_n^2) \tag{6.44}$$

式中，v_n表示落在评估单元i内的各次TC底层中心附近最大平均风速。

(3)船舶密度(X_3)：航行于评估单元内的船舶数量分布。该指标属于物理暴露性指标，其值越大，潜在的灾害风险越大。

(4)船舶排水量(X_4)：属于灾损敏感性指标，反映船舶本身抵御风浪的能力，一般情况下，排水量越小，抗风能力就越差，发生倾覆的可能性越大，则灾损敏感性越高。量化标准如表6.12所示。

表 6.12 船舶灾损敏感性量化标准

船舶排水量(t)	抗风能力(级)	灾损敏感性描述	灾损敏感性取值
<200	5～6	敏感性极高	0.9
200～500	6～8	敏感性较高	0.7
500～1000	8～9	敏感性一般	0.5
1000～3000	9～11	敏感性较低	0.3
>3000	11～12	敏感性极低	0.1

(5)油气资源分布(X_5):属于物理暴露性指标,油气分布可以反映潜在的开采活动分布情况。若评估单元内有油气资源分布,则 X_5 的值记为 1,否则记为 0。

(6)开采量(X_6):钻井平台年产油量,属于灾损敏感性指标,开采量越大,需投入的人力、资金、设备也越多,遭受热带气旋侵袭时,受到的损失就会越严重。

(7)离岸距离(X_7):反映应急救援效率,一般情况下,离海岸越远,应急救援效率越低。

3. 数学模型

根据以上指标体系和公式(6.40)、(6.42),建立 TC 灾害风险评估数学模型如下:

$$RI = H^{W_H} \cdot V^{W_V}(1-R)^{W_R} \tag{6.45}$$

$$H = X_1^{W_1} \cdot X_2^{W_2} \tag{6.46}$$

$$V = \sum_{i=3}^{6} W_i \cdot X_i \tag{6.47}$$

$$R = W_7 \cdot X_7 \tag{6.48}$$

式中,X 为各指标标准化之后的量化值。

6.2.5.4 风险评估及区划实验

由公式(6.46)计算得到各评估单元 TC 灾害危险性值,最大为 0.9988,最小为 0。为比较不同评估单元的 TC 致灾危险程度,利用 GIS 空间分析功能,采用 Kriging 插值和自然断裂法(Natural breaks),将 TC 危险性分为 5 级,等级划分基准及各等级所占比例如表 6.13 所示。由此绘制出我国周边海域 TC 危险性分布(图 6.6(a))。

表 6.13 我国周边海域 TC 危险性等级划分

H	≤0.11	0.11～0.29	0.29～0.50	0.50～0.68	>0.68
等级	1	2	3	4	5
描述	危险性极低	危险性较低	危险性中等	危险性较高	危险性极高
比例	33.4%	20.3%	16.6%	17.8%	11.9%

同理得到脆弱性和防灾减灾能力评估结果,如图 6.6(b)、图 6.6(c)所示。

由图可见,热带气旋危险性极高区域主要分布在海南岛东南部,包括西沙、中沙、东沙群岛在内的我国南海海域以及巴士海峡、菲律宾海广大海域。这些海域热带气旋极为活跃,海上活动极易遭受其影响。危险性较高区域由此向外扩展,包括北部湾、珠江口附近、台湾海峡、台湾岛以东、琉球群岛以南的海域,这些区域遭受热带气旋影响的可能性较大。渤海、黄海、日本海,以及泰国湾、南薇滩、太平岛、苏禄海、帕劳群岛以南海域的热带气旋灾害风险较低。

脆弱性极高区域主要分布在东沙群岛北部、巴士海峡、马来半岛以东、曾母暗沙附近以及昆仑岛以东南、薇滩以西海域，这些区域位于世界主要航线上，且油气资源丰富，是油气的主要产区，各种海上交通运输活动频繁，因此其脆弱性最大。脆弱性较高区域以此为中心向外扩展，另外还包括马六甲海峡、泰国湾、北部湾、香港、钓鱼岛，以及济州岛以东、琉球群岛以西、九州岛以东、辽东半岛西缘部分海区。

防灾减灾能力按照距离陆地由近到远而逐渐降低。

将危险性、脆弱性、防灾减灾能力评估结果代入式(6.45)，利用 GIS 栅格计算器进行图层叠加运算，得到我国周边海域热带气旋灾害风险指数评估值 RI，最大为 0.6228，最小为 0。考虑研究区域特征，采用等间距法(Equal interval)将 RI 分为 5 级，等级划分基准及各等级所占比例如表 6.14 所示。由此绘制出我国周边海域 TC 灾害风险区划图(图 6.6(d))。

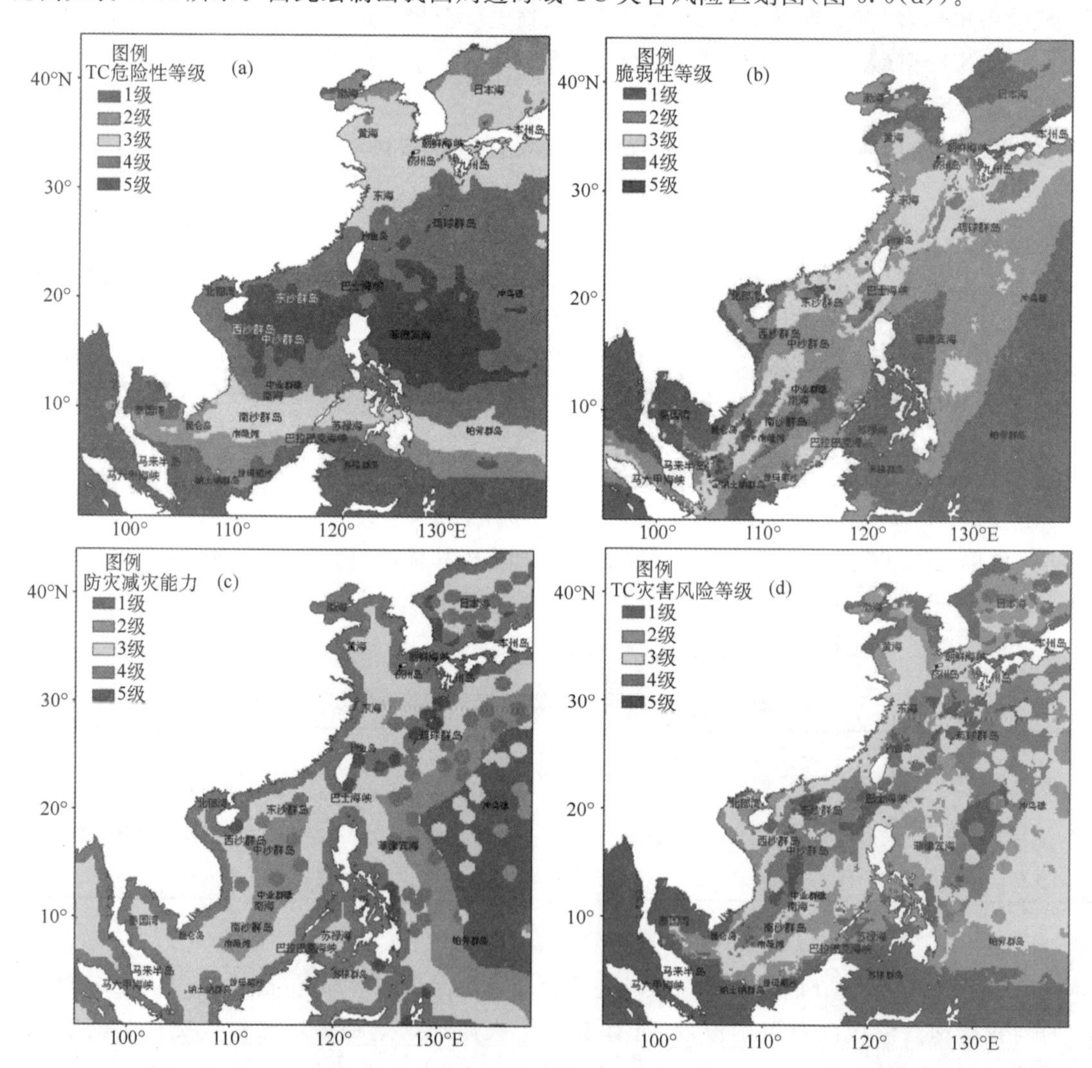

图 6.6　我国周边海域 TC 危险性(a)、承灾体脆弱性(b)、防灾减灾能力(c)、TC 灾害风险(d)区划

表6.14 我国周边海域TC灾害风险等级划分

RI	≤0.12	0.12～0.25	0.25～0.37	0.37～0.50	>0.50
等级	1	2	3	4	5
描述	极低风险	较低风险	中等风险	较高风险	极高风险
比例	22.6%	22.0%	30.6%	20.4%	4.4%

由上述热带气旋风险分析评估结果可以看出，西北太平洋是热带气旋灾害的高风险区，尤其是南海北部和菲律宾海东部洋面，风险等级均在4级以上；而在东沙、中沙群岛附近，以及菲律宾海以东，更是分布着三个5级风险区。相比之下，渤海、黄海、日本海、泰国湾，以及南沙的太平岛以南、苏禄海、帕劳群岛以南，属于热带气旋灾害低风险区。

比较风险区划图和危险性、脆弱性、防灾减灾能力评价图的差异发现：马来半岛东南侧以及马六甲海峡承灾体脆弱性很高，但是很少有热带气旋发生，即危险性极低，所以热带气旋灾害风险极低，可见致灾体危险性是构成风险必不可少的条件；菲律宾海西北部热带气旋危险性极高，但是由于承灾体暴露很小，故风险值较低，可见承灾体也是风险存在的必要条件；珠江口、台湾岛南缘和琉球群岛附近，热带气旋危险性和脆弱性都较高，但是由于其防灾减灾能力较强，故发生灾害的风险并不高。由以上分析可知，包含危险性、脆弱性、防灾减灾能力三个因子的风险概念模型较为合理，从致灾体危险性、承灾体脆弱性和防灾减灾能力三个方面对热带气旋灾害风险进行的评估具有实际意义。

6.2.5.5 结论

本节针对气候变化背景下热带气旋演变趋势与灾害风险，探讨了我国周边海域热带气旋强度及频数的气候变化特征，从风险分析的角度构建了热带气旋灾害风险概念模型，并基于风险评价指数法初步构建了风险评估的指标体系和数学模型，应用GIS技术进行了我国周边海域热带气旋灾害风险的等级区划。结论主要包括以下方面。

(1)在全球气候变化背景下，我国周边海域热带气旋频数近60年来呈现出弱的下降趋势，但从20世纪90年代后期开始，TC频数又有所增加，尤其是达到台风及以上级别TC频数增加显著；TC平均强度有弱的下降趋势，但是自2000年以来，TC平均强度又有所加强，尤其是TC的强度极值增强更为显著。

(2)南海北部和菲律宾以东洋面是热带气旋灾害的高风险区；而渤海、黄海、日本海、泰国湾，以及太平岛、苏禄海、帕劳群岛以南海域热带气旋灾害风险较低。

(3)比较目标层和各因子层评价结果的差异可知，从致灾体危险性、承灾体脆弱性和防灾减灾能力3个方面对灾害风险进行评估具有实际意义。

由于资料来源有限，上述承灾体脆弱性和防灾减灾能力评估时，指标选取较单一，因此只能作为对评估方法和技术的探讨。实际上热带气旋灾害风险系统涉及的对象和内容要复杂得多，应对指标体系进一步充实，使评估区划结果更为科学、合理。

6.3 沿岸及岛礁守备基地风险指标体系与数学模型

军事基地是指驻扎一定数量的武装力量，遂行特定的军事任务，建有相应的组织机构和军事设施的地区。军事基地是军队遂行作战训练任务的保障依托。按军种可分为陆军基地、海军基地、空军基地、战略导弹基地等。若按作用和地位也可分为战略基地和战役、战术基地,前者包括战略空军基地、战略核潜艇基地等,后者包括各军兵种遂行战役、战术任务的基地以及训练基地、后勤基地等。随着军事技术的发展和新的军、兵种的出现,军事基地的类型也在逐渐增多。

军事基地通常是在综合考虑了地理位置、生存环境、自然条件、基础设施、交通运输和政治军事意义等因素之后建立的。我国沿海地区分布有陆、海、空诸军事基地,在大陆海岸线以外的众多岛屿包括西沙、南沙部分岛礁上,也有我军官兵常年驻守。这些军事基地对护卫我国海洋安全、维护我国海洋权益具有十分重要的作用。

然而,随着全球气候变化加剧,一些军事基地所处环境正在受到多种因素威胁:高温热浪、冰冻严寒、土地退化、雾霾等不仅影响、制约武器装备设施效能正常发挥,也使驻守官兵的生活条件乃至生存环境面临威胁;气候变化可能孕育或诱生的低能见度、狂风、暴雨、雷电等恶劣天气,将严重影响作战训练和武器装备效能发挥;热带气旋、海平面上升对沿海地区和低海拔岛屿的军事基地更是严重的安全隐患。

1992 年,"安德鲁"飓风过境佛罗里达州,几乎将美军霍姆斯代德空军基地完全摧毁,该基地虽几经修复,仍然无法正常使用。2004 年,美国彭萨科拉海军航空站遭到"伊万"飓风的毁灭性袭击,被迫关闭一年。据统计,截至目前已有 63 处美军海岸设施和一些核反应堆面临暴风雨造成的威胁。同样的灾害性天气事件对我军基地和人员、装备带来的影响和造成的损失也不鲜见。如 1996 年 9 月 9 日,9615 号台风突然袭击了广东雷州半岛,风力达到 15 级,对某基地装备设施和人员造成重大损失。2005 年 10 月 2 日,受第 19 号台风影响,福州地区突降特大暴雨,使某部驻地遭受特大山洪袭击,造成多处房舍被毁和较为严重的人员伤亡。

因此,沿岸及岛礁守备基地是气候变化的主要风险对象和承险体。这里的"沿岸"包括沿海大陆和邻近海域岛屿。沿岸及岛礁守备基地泛指临近海岸线的陆上军事基地以及驻守在岛屿、礁盘上的海上军事基地。"沿岸及岛礁守备基地风险"是指在气候变化背景下,热带气旋、海平面上升等极端天气气候事件使上述军事基地环境、人员、设备等遭受伤损以及作战训练或保障功能受到不利影响的程度和可能性。

海岸线可广义理解为陆地与海洋的分界线;岛礁包括岛屿和礁、沙、滩。岛屿是指四周环水,高潮时露出海面的海洋地形。礁、沙、滩是指四周环水,且高潮时不能露出海面的海洋地形。中国的海岸线曲折漫长,就大陆海岸线而言,北起中朝交界的鸭绿江口,南至中越交界的北仑河口,全长 18400 km,岛屿海岸线全长 14247 km(孙湘平,2006)。在我国漫长的海岸线里,守备基地对保卫我国领土安全、维护海洋权益,发挥着重要作用。随着气候变化加剧,海洋环境变迁、极端天气气候事件频发,已对我沿岸和岛礁守备基地的正常运行和生活、生存环境构成潜在的隐患。因此,开展沿岸及岛礁守备基地的气候变化影响风险评估,可为我军在战场建设规划论证中应对和防范气候变化风险提供信息咨询和决策支持。

6.3.1 气候变化影响与潜在风险

传统意义上,风险是指灾害的未来情景。根据世界银行的研究报告(Dilley *et al*,

2005)，沿岸及岛礁区域多发的自然灾害风险包括：热带气旋、风暴潮、暴雨等。因此，对于守备基地而言，一般具有对传统自然灾害的预报预警机制。但传统的灾害预警不够精细，无法满足军事需求。同时，随着气候系统的变化，自然灾害的种类和数量也在逐渐发生改变。因此，对守备基地的风险评估，还应结合风险的触发机制，充分体现基地的职能属性。

守备基地一般由基础设施、人员装备、战备物资等三要素构成。其中，基础设施是基地赖以生存的前提，装备是遂行任务的手段，物资是人员和装备运行的保证。以一个典型的海军基地为例，基础设施包括码头、道路、营房、仓库等建筑，装备包括舰船、武器、车辆、起重机械等，物资包括电、油料、食品、淡水等。在不利的自然环境条件下，一个典型的海军基地会发生的风险事件包括：码头、仓库、营房受损或无法使用，舰船装备受损、船员受伤、油料食品无法补给、训练计划无法正常实施等。这些风险事件一旦发生，会极大阻碍基地的正常运行，在严重的情况下，甚至会动摇基地存在的价值。

因此，为不失一般性，本书评估中将沿岸及岛礁守备基地的自然环境风险大致归结为基地生存、人员装备安全和作战训练效果等三类风险。其中，基地生存风险主要指基地基础设施可能受到的不利影响，人员装备安全风险是指基地人员及财产可能受到的伤害或损失，作战训练效果风险是指基地的职能或使命履行可能受到的不利影响。

6.3.2 风险评价指标体系

1. 评价指标选取

自然灾害风险评估中，一般通过危险性、脆弱性和防范能力三个指标来评价风险。危险性评价指标一般由环境因子构成，包括短期的极端天气事件和长期的气候环境变异因子。本项评估工作中，所有可能对守备基地运行产生不利影响的天气气候事件都可以看作是危险性评价指标。针对沿岸和岛礁守备基地的地理特点，在本项评估中，选取海平面上升、热带气旋、风暴潮、大浪、湿热和风寒天气、海面封冻、低能见度、雷暴、极端降水、极端温度作为危险性的评价指标。

脆弱性评价是指对承险体某薄弱环节的描述或评判，正因脆弱性的存在，才使得致险因子得以对承险体产生不利影响。在本项评估实验中，选取地形地貌、生存环境、作训强度、作训类别、人员数量、装备价值等作为脆弱性评价指标。

防范能力是对守备基地应对和防范灾害事件的基础设施和软硬件条件的评价。在本项评估中，可选取工程建筑标准、装备技术含量、场馆设施水平、预报预警能力等作为防范能力评价指标。

2. 体系构建

基于上述沿岸及岛礁守备基地面临的三类气候变化潜在风险，其相应的危险性、脆弱性和防范能力等指标则可遵循相应的逻辑关系划分为三类指标体系。基于以上准则，可以构建如下沿岸及岛礁守备基地的风险评估指标体系(表 6.15)。

表 6.15　沿岸及岛礁守备基地风险评估指标体系

目标层(A)	准则层(B)	权重	一级指标层(C)	权重	二级指标层(d)	权重
基地生存环境风险 $A1$	危险性 $B1$	W_{B1}			海平面上升影响(概率+幅度) d_{01}	$W_{d_{01}}$
					热带气旋影响(路径、强度、频率) d_{02}	$W_{d_{02}}$
					风暴潮影响(强度、频率) d_{03}	$W_{d_{03}}$
					咸潮入侵影响(海平面上升+地形、海拔) d_{04}	$W_{d_{04}}$
	脆弱性 $B2$	W_{B2}	暴露性 $C1$	W_{C1}	军事价值 d_{05}	$W_{d_{05}}$
			敏感性 $C2$	W_{C2}	地理特征(地形、地貌、海拔高度) d_{06}	$W_{d_{06}}$
	防范能力 $B3$	W_{B3}			基础工程质量与防护标准 d_{07}	$W_{d_{07}}$
					后勤保障能力与医疗条件 d_{08}	$W_{d_{08}}$
作战训练环境风险 $A2$	危险性 $B4$	W_{B4}			大风影响(大风日、极值日) d_{09}	$W_{d_{09}}$
					暴雨影响(暴雨日、极值日) d_{10}	$W_{d_{10}}$
					雷暴影响(雷暴日) d_{11}	$W_{d_{11}}$
					低能见度影响(雾霾日、恶劣能见度日) d_{12}	$W_{d_{12}}$
					海浪影响(大浪日、极值日) d_{13}	$W_{d_{13}}$
					海面封冻 d_{14}	$W_{d_{14}}$
	脆弱性 $B5$	W_{B5}	暴露性 $C3$	W_{C3}	作训科目(高/一般强度;常规/实战) d_{15}	$W_{d_{15}}$
			敏感性 $C4$	W_{C4}	作训人员素质(体能、生理、心理素质) d_{16}	$W_{d_{16}}$
					武器装备类型(常规武器、高精武器) d_{17}	$W_{d_{17}}$
	防范能力 $B6$	W_{B6}			预报预警能力 d_{18}	$W_{d_{18}}$
					应急保障能力 d_{19}	$W_{d_{19}}$
人员装备安全风险 $A3$	危险性 $B7$	W_{B7}			热带气旋影响(路径、频率、强度) d_{20}	$W_{d_{20}}$
					风暴潮影响(强度、频率) d_{21}	$W_{d_{21}}$
					湿热天气 d_{22}	$W_{d_{22}}$
					风寒天气 d_{23}	$W_{d_{23}}$
	脆弱性 $B8$	W_{B8}	暴露性 $C5$	W_{C5}	人员数量 d_{24}	$W_{d_{24}}$
					装备价值 d_{25}	$W_{d_{25}}$
			敏感性 $C6$	W_{C6}	作训人员素质 d_{26}	$W_{d_{26}}$
					武器装备类型 d_{27}	$W_{d_{27}}$
	防范能力 $B9$	W_{B9}			预报警报能力 d_{28}	$W_{d_{28}}$
					应急防范能力 d_{29}	$W_{d_{29}}$
					基础工程质量与防护标准 d_{30}	$W_{d_{30}}$
					后勤保障能力与医疗条件(降温、取暖基础设施、医疗水平、救护设备) d_{31}	$W_{d_{31}}$

6.3.3　基地生存环境评价指标

评价指标的标准化是建立在指标合理定义的基础之上的,并依据指标某一属性值对指标进行量化评价。对于可观测的定量指标,一般采用效能函数方法进行标准化;对于难以观测的定性指标,一般采用评语集方法进行标准化赋值。

6.3.3.1　危险性指标

危险性指标是对环境致险因子强度和频率的综合评价。在本节评估工作中,评估对象的

危险性指标包括:海平面上升、热带气旋、风暴潮、咸潮入侵、暴雨、大浪、低能见度、湿热天气、风寒天气、海面封冻、雷暴等。

这里的危险性指标取值范围为[0,1],指标取值为0时,表示危险性极小,即该要素对评估对象不会产生影响或影响极小;指标取值为1时,表示危险性极大,即该要素将严重制约评估对象的安全或效能。一般采用具有负指数性质的效能函数表达式来对危险性指标进行标准化。

1. 海平面上升影响指数

定义:海平面上升是指由于冰川消融、水体热膨胀等因素造成的海平面升高现象。海平面上升对沿岸及岛礁守备基地的危害主要表现为对生活设施和武器装备阵地的淹没、倒灌等。海平面上升危险指数是对评估目标海区的海平面上升概率和上升幅度的综合评价。

属性:一般认为,海平面上升灾害的危险性主要由海平面上升幅度与地面高程之比来决定(崔红艳,2003)。海平面上升幅度越大,则危险性越高;地面高程越高,则危险性越低。故海平面上升影响指数 d_{01} 可定义为

$$d_{01} = \frac{(\Delta E + c)}{h} \tag{6.49}$$

式中,ΔE 代表海平面上升幅度;c 为当地常见的高潮位;h 表示地面高程。

2. 热带气旋影响指数

定义:热带气旋对沿岸与岛礁守备基地的影响和危害主要表现为热带气旋带来的狂风、暴雨等破坏性天气过程。热带气旋影响指数是对影响评估目标区域的热带气旋强度和出现频率的综合评价。

属性:从统计意义上看,历史上影响该区域的热带气旋强度越大、频率越高,则其危险性越大。

量化:

$$d_{02} = \frac{I_{TC} - \min I_{TC}}{\max I_{TC} - \min I_{TC}} \times \frac{P_{TC} - \min P_{TC}}{\max P_{TC} - \min P_{TC}} \tag{6.50}$$

$$I_{TC} = (v_1^2 + v_2^2 + \cdots\cdots + v_N^2)/N, P_{TC} = \frac{N}{Y}$$

式中,I_{TC}、P_{TC} 分别为评估单元区域的热带气旋年均强度指标和频率指标;$\max I_{TC}$、$\min I_{TC}$ 分别为所有评估单元 I_{TC} 的最大、最小值;$\max P_{TC}$、$\min P_{TC}$ 分别为所有评估单元区域的 P_{TC} 的最大、最小值;v_N 表示各次热带气旋底层中心附近最大平均风速,N 为统计时段内落在评估单元中的所有热带气旋每6 h记录次数;Y 为统计时段的年数。

3. 风暴潮影响指数

定义:风暴潮(Storm Surges)是来自海上的一种巨大的自然灾害现象,它是指由于剧烈的大气扰动——强风和气压骤变(如热带气旋、寒潮和温带气旋等强天气系统)导致海面异常升高的现象。如果此时又赶上天文潮的高潮位相,则两者叠加将会导致目标海区的水位暴涨,形成更强的破坏力、酿成巨灾(冯士筰 等,1999),故又称"风暴增水"、"风暴海啸"、"气象海啸"或"风潮"。风暴潮对沿岸及岛礁守备基地的危害主要表现为潮水对基地生活设施、战备物资的浸泡以及风浪对武器装备阵地的冲击。风暴潮危险指数可用评估区域的风暴潮发生频率与强度等因素来综合评价。

属性:一般情况下,风暴潮强度越大、发生频率越高,则危险性越大;反之,则危险性越小。

量化：可以采用评估目标区域年均风暴潮累计次数与强度等级（表 6.6）作为风暴潮危险性评价依据。若记评估对象区域每年受强度等级为 S 的风暴潮影响 $N(S)$ 次，则风暴潮危险性评价指数可表达为

$$d_{03} = \sum_{S=0}^{6} Iss(S) \cdot Pss(S) \cdot Vss(S) \tag{6.51}$$

$$Iss = \begin{cases} 0 & S = 0 \\ (S/5)^2 & 0 < S < 5 \\ 1 & S \geqslant 5 \end{cases}, Pss(S) = \frac{N(S)}{\sum_{S=0}^{6} N(S)}, Vss(S) = \mathrm{e}^{-1/N(S)}$$

式中，$Iss(S)$为等级为 S 的风暴所对应的强度值；$Pss(S)$为该等级风暴在所有风暴中所占的比例；$Vss(S)$为 S 等级风暴年发生频次的评分值。

4. 咸潮入侵影响指数

定义：咸潮（又称咸潮上溯、盐水入侵）是一种自然的水文现象，它是由太阳和月球对海水的吸引力引起的（主要是月球引力）。当淡水河流水量不足时，将可导致海水倒灌，咸淡水混合造成上游河道水体变咸，即形成咸潮。由于海平面抬升或潮汐、潮流作用导致海水向海岸渗透与侵蚀也是咸潮入侵的重要原因。咸潮入侵对沿岸及岛礁守备基地的危害主要表现为土壤盐渍化、生态环境恶化以及淡水源污染。

属性：咸潮入侵与海平面上升、潮汐、潮流变化和风浪、气压以及地形、地貌等因素有关。咸潮影响指数可简单用近年来海平面上升幅度与潮位变化距平来表现。

量化：以评估区域历史上最大增水为参考标准，结合效能函数的建模思路，构建分段函数表达式。d_{04}为咸潮漫滩危险性指数，S 为年最大增水幅度，c 为该地历史上最大的增水幅度，则

$$d_{04} = \begin{cases} 0 & S \leqslant 0 \\ \mathrm{e}^{\frac{S-c}{S}} & 0 < S < c \\ 1 & c \leqslant S \end{cases} \tag{6.52}$$

6.3.3.2 脆弱性指标

脆弱性是指评估对象抵御和承受危险事件能力的综合评价。脆弱性一般又可分为暴露性和敏感性两个方面。在基地生存环境脆弱性评价中，暴露性指标包括军事价值指数，敏感性指标包括地理特征指数。

脆弱性指标取值范围设定为[0,1]，指标取值为 0 时，表示脆弱性极小，即该对象对灾害风险的承受能力很强，受恶劣环境影响程度很小或几乎不受影响；指标取值为 1 时，表示脆弱性极大，表明该对象对灾害风险的承受能力很弱，极易产生严重损失后果。采用负指数性质的效能函数表达式和评价赋值来对脆弱性指标进行拟合建模。

1. 暴露性

军事价值指数 d_{05}：基地生存环境风险的暴露性主要体现在其军事地位和应用价值等方面，因此，对其暴露性的刻画可以通过引入军事价值指数来予以描述。

定义：军事价值是指国家对一个军事基地赋予的保卫国家安全、维护国家主权和权益的任务使命，军事价值指数是对评估对象使命任务重要性的综合评价。

属性：一般而言，若评估对象的军事价值越大，其面临风险时的暴露性就越大；若军事价值

一般，则其暴露性也相对较小。

量化：可采用分级方式对军事价值的暴露性指标 d_{05} 进行量化，量化方式如表 6.16 所示。

表 6.16 军事价值暴露性赋值

军事价值暴露性	基地重要性	d_{05} 赋值
1 级	极为重要	1.0
2 级	较为重要	0.8
3 级	一般重要	0.6
4 级	普通基地	0.4
5 级	备用基地	0.2

2. 敏感性

地理特征指数 d_{06}：基地生存环境风险敏感性主要体现在其地理位置和地形地貌特征等方面，因此，对其敏感性的刻画可以通过引入地理特征指数来予以描述。

定义：地理特征泛指海拔高度、地质结构、地形地貌等特征属性。地理特征指数是衡量和评价沿岸与岛礁守备基地承受极端气候事件与环境灾害能力的重要评判依据。

属性：一般情况下，评估区域的海拔越高，则受海平面上升、风暴潮、海浪等海洋要素的影响越小、敏感性越低；平坦低洼地形受风暴潮和强降水的影响，易积水内涝，则其敏感性高；植被茂密地区，蓄水和抗风能力强，则其敏感性低；土地松软裸露地区，易出现水土流失或发生滑坡与泥石流灾害，则灾害敏感性高。

量化：地理特征指数 d_{06} 评价，可以通过评语集结合模糊逻辑推理等途径实现，如表 6.17 所示。

表 6.17 地理特征指数敏感性评语赋值

敏感性	评语	d_{06} 赋值
1 级	低海拔、低洼地形、植被条件差	0.9
2 级	低海拔、平坦地形、植被条件好	0.7
3 级	高海拔、低洼地形、植被条件差	0.5
4 级	高海拔、平坦地形、植被条件好	0.3

6.3.3.3 防范能力指标

风险防范能力泛指沿岸与岛礁守备基地抵御和防范海洋灾害风险或极端气候事件的综合能力和技术水平。评价指标包括基础工程质量与防护标准和后勤保障能力与医疗条件等指数。

风险防范能力指标取值范围为[0,1]。0 表示防范能力最弱，1 表示防范能力最强。也可采用具有负指数性质的效能函数和评价赋值等方法来进行防范能力指标建模。

基础工程质量与防护标准包括：营房、生活设施、物资仓库建设质量和防护标准。后勤保障能力与医疗条件包括：基地正常运行维持所需粮食、淡水、蔬菜等生活物质条件，油料、电力、通讯和交通运输补给能力以及医疗救护水平。

1. 基础工程质量与防护标准指数

定义：基础工程质量与防护标准指数是指评估对象的基础设施水平和防护工程质量及其抵御和防范海洋灾害风险和极端气候事件的能力和水平（d_{07}）。

属性：可简略认为，基础设施的建筑标准高（土木结构＜砖混结构＜钢筋混凝土结构＜钢结构）、设计寿命年限长、功能设施完善，则防护工程基础指数高；反之，则低。

量化：工事建筑的防范能力由工事建筑自然灾害防护潜力（P，potential defend ability）和可靠性（R，已使用年限或损毁情况）共同决定。则

$$d_{07} = P \cdot R \tag{6.53}$$

参照建筑潜在抗震性能（李中锡 等，2009）快速评价方法，构建工事建筑的自然灾害防护潜力 P 评价表（表 6.18）。

表 6.18 工事建筑的自然灾害防护潜力 P 评价表

基本分数、修正因子、最终分数					
建筑类型	钢框架	混凝土框架	砌体结构	轻金属	木框架
基础评分	1	0.9	0.8	0.7	0.6
基岩地质	+0	+0	+0	+0	+0
硬土地质	+0	−0.1	−0.2	+0	+0
软土地质	−0.1	−0.2	−0.3	+0	+0
低层（＜3 层）	+0	+0	+0	+0	+0
中层（3～5 层）	+0	+0	−0.1	−0.2	−0.3
高层（＞5 层）	+0	−0.1	−0.2	−0.3	−0.4
总评分	0.9	0.5	0	0.2	−0.1

R 为建筑物可靠性赋值，赋值方案如表 6.19 所示。

表 6.19 建筑物可靠性赋值方案

可靠性等级	A	B	C	D
R 赋值	1	0.8	0.6	0.2

可靠性等级的评价标准可参照《民用建筑可靠性鉴定标准》（GB 50292—1999）和《工业厂房可靠性鉴定标准》（GBJ 144—1990）。

2. 后勤保障能力与医疗条件指数

定义：后勤保障能力与医疗条件指数系指描述沿岸与岛礁守备基地的生活供应、物质保障、后勤补给能力与医疗救护条件的综合评价指标（d_{08}）。

属性：后勤保障能力包括生活物质条件与医疗救护能力、电力、油料、通讯保障能力、装备物资补给等。

量化：上述诸方面因素的后勤保障能力条件可采用分级评分方法给出（表 6.20），对于岛礁守备基地还应考虑基地与大陆的距离 l；也可采用模糊逻辑推理技术途径，给出其评价模型 d_{08}。

表 6.20 生存环境脆弱性评语赋值表

后勤保障能力与医疗条件	评语				d_{08} 赋值
	生活物质条件	电力通讯条件	后勤补给条件	医疗救护条件	
1 级	优	优	优	优	0.9
2 级	良	良	良	良	0.7
3 级	中	中	中	中	0.5
4 级	差	差	差	差	0.3

6.3.4 作战训练环境评价指标

军事基地日常训练包括飞行、出航训练、敌情监测、对抗演习与军事体能训练等，雨、雾、雷暴等天气现象和浪、流等水文要素是影响作战训练的环境风险因子。通过对气候变化背景下这些气象、水文要素强度和频率的变异特性分析，可以对军事基地作战训练环境的适应性给出一个总体评价，并据此建立作战训练环境风险指标体系。

6.3.4.1 危险性指标

危险性指标是对环境致险因子强度和频率的综合评价，影响作战训练环境的危险性因子包括：大风、暴雨、雷暴、低能见度、海浪、海面封冻等。

1. 大风影响指数

定义：大风影响指数是指风速达到一定级别以上的强风天气对沿岸与岛礁守备基地人员安全、生活设施、作战训练和正常运行可能带来的影响和危害程度(d_{09})。

属性：一般情况下，风速越大，对基地的影响、威胁越大，进而不利于作战训练的正常开展；反之亦然。

量化：记评估区域内在统计时段上年平均 g 级大风日数为 $N(g)$。则有：

$$d_{09}=\sum_{g=6}^{13} Iwd(g)\cdot Pwd(g)\cdot Vwd(g) \tag{6.54}$$

$$Iwd(g)=\begin{cases}0 & g\leqslant 5\\ \dfrac{v^2(g)-v^2(5)}{v^2(12)-v^2(5)} & 5<g\leqslant 12\\ 1 & g>12\end{cases},Pwd(g)=\frac{N(g)}{\sum\limits_{g=6}^{13}N(g)},Vwd(g)=\mathrm{e}^{-c/N(g)}$$

式中，$Iwd(g)$为 g 级大风的强度指标(6 级以上认定为大风)；$v(g)$为 g 级大风平均风速；$Pwd(g)$为年平均 g 级大风占所有大风的比例；$Vwd(g)$为大风日数的评分值；c 为调整系数，一般认为大风日数在 100 天以上会严重影响(评分值达 0.8 以上)作战训练，相应地取 $c=20$。

2. 暴雨影响指数

定义：暴雨泛指达到一定强度的强降水天气过程，包括雨、雪、冰雹等天气；暴雨影响指数可定义为强降水天气对沿岸与岛礁守备基地人员安全、生活设施、作战训练和正常运行可能产生的影响大小和危害程度(d_{10})。

按照中国气象局规定，24 h(20 时至次日 20 时)降水量为 50 mm 或以上的降水称为“暴雨”。按其降水强度大小又可分为 3 个等级，即 24 h 降水量为 50～99.9 mm 称“暴雨”，100～250 mm 以下为“大暴雨”，250 mm 以上称“特大暴雨”。暴雪是指日降雪量(融化成水)≥10 mm。

属性：一般认为，频繁的降水过程和强降水天气，可能导致洪涝或地质灾害、房屋受损、交通受阻，影响制约或不利于基地生活和作战训练的正常开展。

量化：暴雨影响指数可简化为

$$d_{10}=C_n\cdot R_n \tag{6.55}$$

暴雨发生强度(C)：可用某一次暴雨的降水量及其前后 2 天的总降水量来表示该区域此

次暴雨的强度。用统计年份内所有暴雨的发生强度除以总暴雨日数，所得值即为该地区的暴雨发生强度(梅勇 等,2011)。

$$C = \frac{1}{N}\sum_{i=1}^{N} C_i \tag{6.56}$$

式中，C 为某区域的暴雨发生强度；C_i 是某一次暴雨的发生强度；N 为统计年份内的暴雨日数。

暴雨频率指数(R)：可将暴雨、大暴雨、特大暴雨的发生频率进行平均后所得值作为该地区的暴雨发生频率(王清川 等,2010)。

$$R = \left(\frac{1}{N}\sum_{i=1}^{N} r_{1i} + \frac{1}{N}\sum_{i=1}^{N} r_{2i} + \frac{1}{N}\sum_{i=1}^{N} r_{3i}\right)/3 \tag{6.57}$$

式中，r_{1i}表示暴雨出现的次数；r_{2i}表示大暴雨出现的次数；r_{3i}表示特大暴雨出现的次数。

C 和 R 除以各自指标中的最大值进行归一化后得到 C_{n} 和 R_{n}。

3．雷暴影响指数

定义：雷暴是指与对流性天气相关联的一种复杂的大气放电现象，雷暴出现时常伴有狂风、暴雨和冰雹等极端天气现象。雷暴天气对沿岸与岛礁守备基地的影响和危害主要表现在威胁电子设备、高层建筑物以及人身安全。雷暴影响指数是指雷暴天气过程对评估目标区影响大小和威胁程度的综合评价(d_{11})(王建恒,2011；于怀征,2009)。

属性：一般认为，雷暴天气不利于基地人员安全和装备运行维护。基本要素包括地闪密度和雷暴频度两方面。

地闪密度 G：研究区域内雷击的次数(单位：次/ km^2)；雷暴频度 R：研究区域内每年出现雷暴灾害的次数(单位：次/年)。

$$R = \frac{1}{n}\sum_{i=1}^{n} Ni \tag{6.58}$$

式中，Ni 为研究区域内第 i 年内发生雷暴灾害的次数；n 为统计样本年数。

G 和 R 除以各自指标中的最大值进行归一化后得到 G_n 和 R_n。

量化：雷暴影响指数可简化为

$$d_{11} = G_n \cdot R_n \tag{6.59}$$

4．低能见度影响指数

定义：低能见度天气是指由于雾、霾、烟尘和降水过程产生的水平能见度降低的天气状况。低能见度天气将严重影响飞机起降、舰船航行和车辆行驶，干扰观探测工作精度和效率。低能见度天气对沿岸与岛礁守备基地的影响主要表现在危及车辆通行、舰船离靠码头安全以及妨碍作战训练、巡逻值勤和目标观测。低能见度危险指数是对评估区域低能见度天气影响大小和危险程度的综合评价(d_{12})。

属性：一般认为，低能见度日越多、能见度越差，越不利于日常工作和作战训练。

量化：低能见度的致险程度同样与其发生频率和强度有关。能见度越低，武器装备和作战训练的事故发生概率将越大。根据国际雾级规定，凡能见度低于 4 km 的称为不良能见度；在此基础之上，依据国际气象能见度分级编码以及我国的地面气象观测规范，考虑到目标海区能见度在 0.2 km 以下的极少，可将其整合为一级，最终低能见度等级划分如表 6.21 所示。

表 6.21 低能见度等级划分

等级标记	等级描述	水平能见度范围(km)	水平能见度中间值(km)
1	不良能见度	1～4	2.5
2	低能见度	0.5～1	0.75
3	恶劣能见度	<0.5	0.3

记等级为 $g(g=1,2,3)$ 的低能见度年出现日数为 $N(g)$，则低能见度影响指数 d_{12} 可表示为

$$d_{12} = \sum_{g=1}^{3} Ivis(g) \cdot Pvis(g) \cdot Vvis(g) \tag{6.60}$$

$$Ivis(g) = l(2)/l(g), Pvis(g) = \frac{N(g)}{\sum_{g=1}^{3} N(g)}, Vvis(g) = e^{-c/N(g)}$$

式中，$Ivis(g)$ 为 g 级低能见度的强度；$Pvis(g)$ 为其在所有低能见度中所占比例；$l(g)$ 为等级为 g 的低能见度中间值(单位：km)；$Vvis(g)$ 为低能见度日数的评分值；c 为调整系数，一般取 $c=20$，即当低能见度日数达到 100 天以上为严重影响军事活动(评分值达 0.8 以上)。

5. 海浪影响指数

定义：海浪对沿岸与岛礁守备基地的影响主要表现为危及舰船航行和离靠岸安全、影响涉海作战训练以及港口设施，海浪危险指数是对评估目标区域海浪影响大小和危险程度的综合评价(d_{13})。

属性：一般认为，海浪波幅和浪级越大、大浪频率越高、大浪日越多，越不利于基地日常工作和作战训练的正常开展。

量化：与大风影响指数的量化基本相同。其表达式如下：

$$d_{13} = \sum_{g=5}^{9} Iwv(g) \cdot Pwv(g) \cdot Vwv(g) \tag{6.61}$$

$$Iwv(g) = \begin{cases} 0 & g \leqslant 5 \\ \dfrac{H^2(g) - H^2(5)}{H^2(9) - H^2(5)} & 5 < g \leqslant 9 \\ 1 & g > 9 \end{cases}, Pwv(g) = \frac{N(g)}{\sum_{g=5}^{9} N(g)}, Vwd(g) = e^{-c/N(g)}$$

式中，d_{13} 为大浪影响指数；g 为大浪的风力等级(以 5 级为大浪标准)；$Iwv(g)$ 为 g 级大浪的强度指标；$H(g)$ 为 g 级大浪浪高中数；$Pwv(g)$ 为 g 级大浪占所有大浪的比例；$Vwd(g)$ 为大浪日数的评分值，c 为调整系数，一般也取 $c=20$。

6. 海面封冻指数

定义：海面封冻一般指冬季在北方海域发生的海面结冰或流冰现象。海面封冻对沿岸与岛礁守备基地的影响主要是妨碍和危及舰只正常出航、交通运输和后勤补给。海面封冻指数是对评估目标海区海面积冰状况与封冻程度的总体评价(d_{14})。

属性：一般认为，海冰日出现越早、积冰厚度越大、封冻时间越长，对日常生活和作战训练的影响越大。

量化：不考虑结冰的热力过程以及海冰产生危害的动力学机制，仅考虑积冰时间、强度的影响。

$$d_{14} = \sum_{i=1}^{n}\left(\frac{T_i \cdot D_i \cdot S_i}{H_i}\right) \tag{6.62}$$

式中，d_{14} 为积冰封冻指数；T_i 为年积冰日数；D_i 为年平均积冰厚度；S_i 为年平均封冻面积；H_i 为积冰海域平均水深；n 为统计年份。

6.3.4.2 脆弱性指标

1. 暴露性指标——作训科目

定义：作训科目大致分为室内模拟演练、适应性训练、野外高强度作训和实弹对抗演练等，作训科目指数是对沿岸与岛礁守备基地实施作训计划和完成作训任务受环境影响程度大小的综合评价（d_{15}）。

属性：一般情况下，野外高强度作训和实弹对抗演练受环境条件的影响较明显，室内模拟演练、适应性训练受环境条件的影响相对较小。

量化：记作训科目类型为 i，各类科目年均作训时间为 t_i（日），各类科目影响权重为 λ_i，如表 6.22 所示。则作训科目 j 的暴露性指标 d_{15} 可简单表示为

$$d_{15} = 4 \cdot (t_j \cdot \lambda_j) \Big/ \sum_{i=1}^{4}(t_i \cdot \lambda_i) \tag{6.63}$$

表 6.22　作训科目脆弱性权重分级

作训科目类型	对环境条件的敏感性和依赖性	影响权重
室内模拟演练	对气象、水文要素敏感性弱；对环境条件依赖性很小	0.3
适应性训练	对气象、水文要素敏感性强；对环境条件依赖性较小	0.5
野外高强度作训	对气象、水文要素敏感性强；对环境条件依赖性较大	0.7
实弹对抗演练	对气象、水文要素敏感性强；对环境条件依赖性很大	0.9

2. 敏感性指标——作训人员素质

定义：作训人员素质包括作训人员心理素质和生理素质，作训人员素质指数旨在刻画作训人员面对自然灾害与极端气候事件的心理承受能力、生理适应能力和体能调节能力（d_{16}）。

属性：一般情况下，作训人员心理、生理素质越高，作训效果受环境和不利气象条件的影响越小，作训人员在致险因子面前的暴露性越小；反之，心理、生理素质越低，则同等条件下的暴露性越大。

量化：作训人员的心理、生理素质涉及多方面的因素，是一个复杂的问题，基于可用的数据信息条件，可简单用平均服役年限和实际年龄作为衡量作训人员心理素质的参数。一般认为，人员服役年限长、年龄大，则适应复杂情况的经验多，但体力、体能相应减弱；反之亦然。记平均服役年限为 a、平均年龄为 b，则简单地建立如下的作训人员素质评价公式

$$d_{16} = \mathrm{e}^{-c\cdot(b/a)} \tag{6.64}$$

式中，c 为待调整比例系数，$0<c\leqslant 1$。

3. 敏感性指标——武器装备类型

定义：海岸与岛礁基地空气湿度大、空气中盐分对武器装备腐蚀作用明显，武器装备类型指数 d_{17} 旨在给出不同类型的武器装备对目标区环境变化的敏感程度和对环境的依赖性评价。

属性：大体可将武器装备简单划分为常规武器装备（如普通枪支、火炮）与高精武器装备

（如雷达、导弹等）。常规武器装备对环境条件敏感性较小，高精武器装备则对环境条件依赖性较强。

量化：武器装备类型复杂，很难具体列出和准确判定，因此可简单采用分类评分等途径给出不同类型的武器装备对气象、水文条件的敏感性和依赖性的打分情况（表6.23）。

表6.23　武器装备权重表

武器装备类型	对环境条件的敏感性和依赖性	d_{17}指数评分
常规武器装备	对气象、水文要素敏感性弱；对环境条件依赖性较小	0.3
高精武器装备	对气象、水文要素敏感性强；对环境条件依赖性较大	0.7

6.3.4.3　防护能力指标

1. 预报预警能力

定义：预报预警能力指数 d_{18} 旨在给出目标对象对灾害事件或极端天气的预报技术与预警能力评价。

属性：预报预警能力可从以下方面考虑：预警通讯能力（P）、预报准确率（V）、预警时效性（N）。对灾害天气或极端事件的预报准确率越高、预警时效越早、信息传输能力越强，则预报预警能力越强；反之，则预报预警能力越弱。

量化：基于上述预警能力因素，预报预警能力指数 d_{18} 可简单表示为：

$$d_{18} = P \times V \times N \tag{6.65}$$

2. 应急保障能力

定义：应急保障能力 d_{19} 是指目标对象对环境灾害或极端天气事件的防范条件和应对能力，如应急预案、救援措施、物质保障和人员疏散等应急处置能力的综合评价。

属性：一般原则是应急预案科学合理、救援行动及时、物质保障到位、处置措施得力，则应急保障能力指标高；反之，则应急保障能力指标低。

量化：应急保障能力多为定性评价，可用等级评定途径给出评语集打分（表6.24）。

表6.24　应急保障能力评价赋值

评语	很好	较好	一般	较差	很差
d_{19}赋值	1	0.8	0.6	0.4	0.2
描述	长期进行应急保障训练，灾害事件多发，经多次检验成功，应急保障制度健全	长期进行应急保障训练，灾害事件多发，有多次灾害应急救援经验	长期进行应急保障训练，应急保障制度健全，灾害事件发生不多，少有实际检验	偶尔进行应急保障训练，应急保障制度不健全	极少进行应急保障训练，灾害事件少发

6.3.5　人员装备安全评价指标

6.3.5.1　危险性指标

危险性指标是对环境致险因子强度和频率的综合评价。影响作战训练环境的危险性因子包括：热带气旋、风暴潮、湿热天气、风寒天气。

1. 热带气旋影响指数

热带气旋影响指数 d_{20} 同 A1 危险性指数中的同类指数定义和表达。

2. 风暴潮影响指数

风暴潮影响指数 d_{21} 同 A1 危险性指数中的同类指数定义和表达。

3. 湿热大气指数

定义：湿热天气指数 d_{22} 一般指潮湿、高温、闷热天气对沿岸与岛礁守备基地人员的体能、生理和心理健康影响（如中暑、体能降低等）程度的综合评价。

属性：一般情况下，空气湿度大、气温高，则湿热天气指数大，不利于日常生活和作战训练；此外，风速小、湿热持续时间长，也将进一步加重湿热天气的影响和危害。

量化：湿热天气指数可表示为

$$d_{22} = [1 + (3f - 5\ t)/1000]t \tag{6.66}$$

式中，t 为气温（单位：℃），且满足 $25℃ \leqslant t \leqslant 45℃$；$f$ 为空气相对湿度（单位：%）（张军 等，2005）。将评估对象所在区域一年内每日最高气温和对应的相对湿度代入上式，即可计算得到每日的湿热指数。统计一年内 $d_{22} > k$（k 为根据具体地点的选定值）的日数 n_k，还可得到湿热天气指数另一种表达式：

$$d_{22} = \mathrm{e}^{-c \cdot 365/n_k} \tag{6.67}$$

式中，$c, n_k > 0$，c 为经验系数。

4. 风寒天气指数

定义：风寒天气指数 d_{23} 一般指低温、寒冷、大风天气对沿岸与岛礁守备基地人员的体能、生理和心理健康的影响和危害（如冻伤、体能降低）程度的综合评价，风寒天气指数也称热损耗率（单位：$\mathrm{kCal \cdot m^{-2} \cdot h^{-1}}$）。

属性：一般情况下，气温低、空气潮湿、风速大，则风寒天气指数高，将严重影响制约日常生活和作战训练。

量化：风寒天气指数

$$d_{23} = (33 - t)(9.0 + 10.9\sqrt{v} - v)[1 + (F - 50)/100]^{3/4} \tag{6.68}$$

式中，33℃为人体裸露皮肤温度；t 为气温（单位：℃），且满足 $t \leqslant 13℃$；v 为风速（单位：m/s）；f 为空气相对湿度（单位：%），且满足 $f \geqslant 50\%$（张军 等，2005）。

表 6.25 给出了不同风寒天气指数值时人体的舒适感。将评估区域一年内每天的最低气温和风速、相对湿度代入上式，可计算出每天的风寒天气指数。统计一年内 $d_{23} > l$（l 根据具体地点选定）的日数 n_l，则风寒天气指数的另一表达式为

$$d_{23} = \mathrm{e}^{-c \cdot 365/n_l} \tag{6.69}$$

式中，$c, n_l > 0$，c 为待定系数。

表 6.25　湿热天气指数、风寒天气指数与人体反应

湿热天气指数值	人体反应	风寒天气指数值	人体反应
≤28	舒适	300～600	凉
28～31	一半的人感到不适	601～800	很凉
31～34	几乎所有人感到不适	801～1000	冷

续表

湿热天气指数值	人体反应	风寒天气指数值	人体反应
≥34	有发生中暑的可能	1001～1200	很冷
		1201～1400	极冷
		>1400	裸露皮肤冻伤

6.3.5.2 脆弱性指标

1. 暴露性指标

(1)人员数量

定义:人员数量是指常年工作、生活在沿岸与岛礁守备基地内的作训人员数量。人员数量指数 d_{24} 旨在评价沿岸与岛礁守备基地暴露在风险环境下时对作训人员健康状况与生命安全的影响大小与威胁程度。

属性:一般情况下,人员稀少,则暴露性小;人员密集,则暴露性大。

量化:为便于比较,可简单采用临界人员密度比较方法进行评价。若记基地驻守人员临界密度为 p_{crisis}(单位:人/100 m^2,单位的选取可视具体情况而异),实际人员密度为 p_{actual},则人员数量脆弱性指标为

$$d_{24}=\frac{P_{actual}}{P_{crisis}} \tag{6.70}$$

(2)装备价值

定义:装备价值泛指沿岸与岛礁守备基地武器装备的资产价值。装备资产价值指数 d_{25} 是对沿岸与岛礁守备基地暴露在风险环境下的资产价值的总体评价。

属性:一般情况下,资产价值越大,则暴露性越大;反之,则暴露性越小。

量化:W_{out} 为该基地在室外工作,无防护的装备数量,W_{total} 为该基地的装备总量,则装备资产价值指数为

$$d_{25}=\frac{W_{out}}{W_{total}} \tag{6.71}$$

2. 敏感性指标

(1)作训人员素质

作训人员素质指数 d_{26} 同 A2 脆弱性指标中同类指数定义和表达。

(2)武器装备类型

武器装备类型指数 d_{27} 同 A2 脆弱性指标中同类指数定义和表达。

6.3.5.3 防护能力指标

1. 预报警报能力

预报警报能力指数 d_{28} 同 A2 防范能力指标中同类指数定义和表达。

2. 应急防范能力

应急防范能力指数 d_{29} 同 A2 防范能力指标中同类指数定义和表达。

3. 基础工程质量与防护标准

基础工程质量与防护标准指数 d_{30} 同 A1 防范能力指标中同类指数定义和表达。

4. 后勤保障能力与医疗条件

后勤保障能力与医疗条件指数 d_{31} 同 A1 防范能力指标中同类指数定义和表达。

6.3.6 风险要素融合与风险评估模型

根据指标融合方法，首先对各底层指标进行标准化处理，其中气候趋势项只取其绝对值进行标准化；然后按照式(6.7)～(6.9)，并认为生存条件、训练环境、人员装备安全对军事基地具有同等重要性，建立沿岸军事基地风险评估的数学模型如下：

$$MRI = A1 + A2 + A3 \tag{6.72}$$

其中，$A1$ 的数学模型为

$$A1 = B1^{W_{B1}} \cdot B2^{W_{B2}} \cdot (1 - B3)^{W_{B3}} \tag{6.73}$$

进一步展开：

$$B1 = \sum_{i=1}^{4} W_{d_i} \cdot d_i \tag{6.74}$$

$$B2 = {d_5}^{W_{d_5}} \cdot {d_6}^{W_{d6}} \tag{6.75}$$

$$B3 = \sum_{i=7}^{8} W_{d_i} \cdot d_i \tag{6.76}$$

$A2$ 的数学模型为

$$A2 = B4^{W_{B4}} \cdot B5^{W_{B5}} \cdot (1 - B6)^{W_{B6}} \tag{6.77}$$

进一步展开：

$$B4 = \sum_{i=9}^{14} W_{d_i} \cdot d_i \tag{6.78}$$

$$B5 = C3^{W_{C3}} \cdot C4^{W_{C4}} = {d_{15}}^{W_{d_{15}}} \cdot \sum_{i=16}^{17} {d_i}^{W_{d_i}} \tag{6.79}$$

$$B6 = \sum_{i=18}^{19} W_{d_i} \cdot d_i \tag{6.80}$$

$A3$ 的数学模型为

$$A3 = B7^{W_{B7}} \cdot B8^{W_{B8}} \cdot (1 - B9)^{W_{B9}} \tag{6.81}$$

进一步展开：

$$B7 = \sum_{i=20}^{23} W_{d_i} \cdot d_i \tag{6.82}$$

$$B8 = C5^{W_{C5}} \cdot C6^{W_{C6}} = \sum_{i=24}^{25} {d_i}^{W_{d_i}} \cdot \sum_{i=26}^{27} {d_i}^{W_{d_i}} \tag{6.83}$$

$$B9 = \sum_{i=28}^{31} W_{d_i} \cdot d_i \tag{6.84}$$

6.4 岛礁主权争端风险指标体系与数学模型

6.4.1 气候变化影响与潜在风险

我国既是一个陆地大国，也是一个海洋大国，拥有 300 万平方千米的海洋国土。大陆海岸线北起鸭绿江口、南到北仑河口，海岸线长 1.8 万多千米，居世界第四。此外，还拥有辽阔的专属经济区。然而，我国与 8 个国家(朝鲜、韩国、日本、菲律宾、马来西亚、文莱、印尼及越南)海岸相邻或相向的事实，也使得我国大约 120 万平方千米的海洋国土与周边国家存在争议或没有掌控在自己手中。当前，我国海洋主权面临的风险主要表现为岛礁被侵占和海域被分割的局面。

(1)岛礁主权争端。在黄海大陆架，丰富的油气资源使得沉于海面之下原本并不存在争议的苏岩礁，近年来也成为韩国争夺的目标。在东海，日本一些右翼团体和极少数地方议员频频登上钓鱼岛，并上演"国有化"购岛等闹剧，企图造成既成事实，并以该岛为起点，与我国争夺东海主权和利益。在南海，围绕南海诸岛尤其是南沙群岛、中沙群岛和西沙群岛的主权争端从来没有停止过。自 20 世纪，尤其是 20 世纪 80 年代以来，中国的南海岛礁逐渐被越南、菲律宾等国蚕食侵占。目前，东沙群岛及其唯一岛屿东沙岛由中国台湾控制，西沙群岛及其最大岛屿永兴岛由我国控制，中沙群岛唯一岛礁黄岩岛及其周边海域被菲律宾宣称拥有主权。在南沙群岛 189 个已命名的岛礁滩沙中，露出海面的 52 个岛礁均已被分占，我国目前只控制了 8 个(其中太平岛为中国台湾海巡署驻守)，越南侵占 29 个，菲律宾侵占 9 个，马来西亚侵占 5 个，文莱侵占 1 个。

(2)海域划分争端。《联合国海洋法公约》将领海范围扩大到 12 海里，并规定 200 海里的专属经济区和最多可扩展至 350 海里的大陆架。而我国与各邻国之间大多并没有达到 400 海里的地理距离，因此我国与邻国的专属经济区重叠不可避免。解决的办法只能是通过协商，但根据一些国家单方面宣布的海洋专属经济区大陆架范围，使我国约 $120\times10^4\ km^2$ 海域成为争议区。

在本已存在争端的情况下，全球气候变化作为新的风险因子，在未来可能给海洋权益划分带来更多新的威胁或不确定因素，从而加剧海洋主权争端风险。

当然，气候变化对于减缓某些争端也有"积极"的作用。例如，印度与孟加拉国多年来一直争夺的一座岛屿(印度称为葛拉马拉岛，孟加拉国称为南塔尔巴提岛)就已经随着海平面的上升而完全淹没，两国的麻烦也"被迫"解决。但是这种情况并不适用于我国。我国周边海域拥有丰富的海洋渔业和油气资源，南海诸岛又地处于国际重要海上航线之战略要冲。政治、军事、经济利益的巨大诱惑，使周边国家不会轻易放过任何契机，哪怕是未露出海面的岩礁，也不惜血本建造人工岛或水上礁盘建筑，试图改变岩礁的自然属性，为其非法侵占铺路。

全球气候变化一方面给一些国家造成资源压力，使其对海洋资源开发和海上航运通道的依存度越来越高；另一方面，海平面上升和极端天气变异将可能改变岛礁现有的生存环境和生态格局，使得某些岛礁的军事防卫能力减弱，或原来拥有领海辖区的岛屿失去拥有条件，或新的岩礁露出海面达到拥有领海辖区的条件等等。但总的来讲，气候变化给我国海洋权益带来的风险远大于其积极作用。因此，需重点研究的问题是气候变化对我国海洋权益带来的不利影响和潜在威胁。由此给出如下"主权争端风险"定义：由于全球气候变化导致的海平面上升和极端天气事件等，使得海岸线、岛礁的自然形态和生态环境发生变异或消长，从而诱发岛礁主权和海洋权益争端的程度及其可能性。

为理清气候变化与岛礁主权争端之间的关系脉络，采用事件树方法，由结果向原因做树状图分解，进而找出主权争端的根源所在(图 6.7)。可以看出，主权争端包括岛礁争端和海域争端两个方面，其中岛礁争端是造成海域争端风险的原因之一。因此，可先开展岛礁争端风险分析，并在此基础之上构建海域争端的风险指标体系。

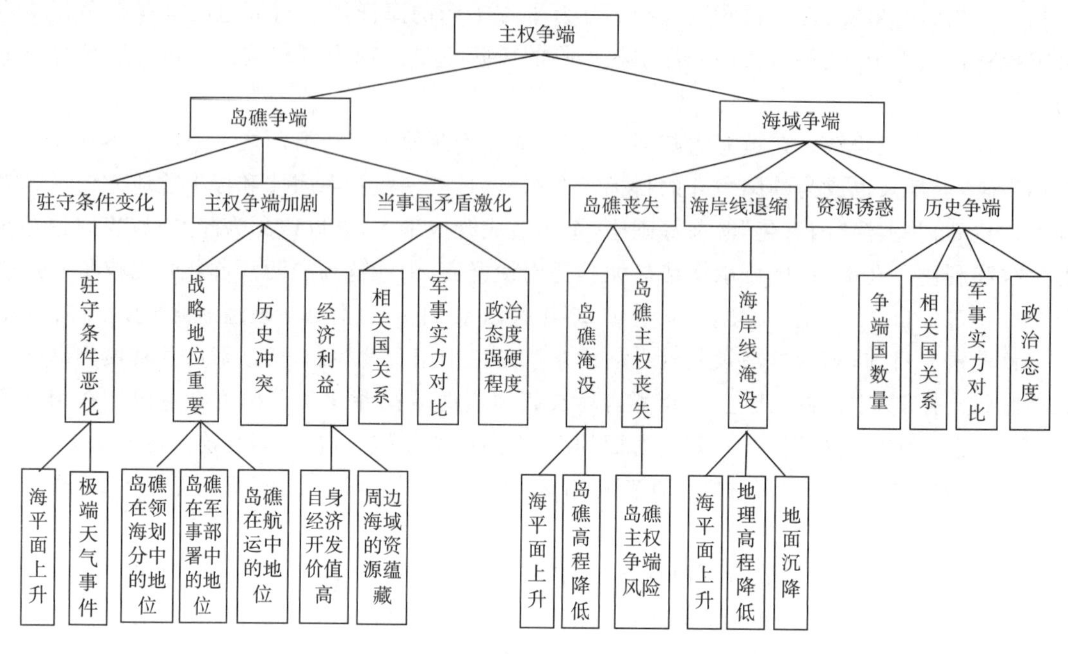

图 6.7　气候变化背景下岛礁主权争端风险辨识事件树

6.4.2　风险评价指标体系

综上风险辨识和影响因子分析，构建如下主权争端风险评价指标体系（表 6.26）。

表 6.26　主权争端风险评估指标体系

目标层(A)	准则层(B)	权重	一级指标层(C)	权重	二级指标层(d)		权重
岛礁争端风险 A1	危险性 B1	W_{B1}			海平面上升危险	d_{01}	$W_{d_{01}}$
					热带气旋变异危险(强度、路径、频数)	d_{02}	$W_{d_{02}}$
	脆弱性 B2	W_{B2}	暴露性 C1	W_{C1}	岛礁面积/海拔高度	d_{03}	$W_{d_{03}}$
					岛礁的经济价值	d_{04}	$W_{d_{04}}$
					岛礁的战略价值	d_{05}	$W_{d_{05}}$
			敏感性 C2	W_{C2}	岛礁的地理位置	d_{06}	$W_{d_{06}}$
					岛礁的实际控制情况	d_{07}	$W_{d_{07}}$
					争端国之间关系	d_{08}	$W_{d_{08}}$
					争端国之间军事实力对比	d_{09}	$W_{d_{09}}$
					争端国的政治态度强硬程度	d_{10}	$W_{d_{10}}$
					争端国之间的历史冲突情况	d_{11}	$W_{d_{11}}$
	防卫能力 B3	W_{B3}			驻军数量/武器装备	d_{12}	$W_{d_{12}}$
					巡航能力/频次	d_{13}	$W_{d_{13}}$
					军事支援能力(距大陆距离)	d_{14}	$W_{d_{14}}$

续表

目标层(A)	准则层(B)	权重	一级指标层(C)	权重	二级指标层(d)	权重
海域争端风险$A2$	危险性 $B4$	W_{B4}			海岸线变更危险性 d_{15}	$W_{d_{15}}$
					领海主权宣称争端 d_{16}	$W_{d_{16}}$
	脆弱性 $B5$	W_{B5}	暴露性 $C3$	W_{C3}	海区战略地位/军事地位 d_{17}	$W_{d_{17}}$
					油气与渔业资源分布状况 d_{18}	$W_{d_{18}}$
					海域的船舶航线密度 d_{19}	$W_{d_{19}}$
			敏感性 $C4$	W_{C4}	海区的实际控制情况 d_{20}	$W_{d_{20}}$
	防卫能力 $B6$	W_{B6}			巡航能力(频次、航程) d_{21}	$W_{d_{21}}$
					兵力投送与支援能力(距大陆或周边军事基地的距离) d_{22}	$W_{d_{22}}$

6.4.3 指标的定义与建模

6.4.3.1 岛礁争端风险指标

岛屿是指四周环水,高潮时露出海面的陆地。我国是世界上岛屿最多的国家之一,面积超过 1000 km^2 的大岛有 3 个,即台湾岛、海南岛、崇明岛;面积大于 500 m^2 的岛屿有 6500 多个,其中常住居民的有 460 多个。东海岛屿占总数的 66%,南海约占 25%,黄海居第三,渤海最少。大部分岛屿分布在沿岸海域,距离大陆小于 10 km 的岛屿约占总数的 67%以上。

按照岛屿的成因可分为大陆岛、冲积岛、海洋岛三大类,按岛屿物质组成可分为基岩岛、沙泥岛、珊瑚岛。

大陆岛全部为基岩岛,约占到全国岛屿总数的 93%,其特点是面积大、海拔高,是建设港口、发展旅游业和海洋渔业的理想场所,是海岛开发的核心。冲积岛全部为沙泥岛,其土质肥沃,可用以开辟良田,也可发展海岛旅游业、海水养殖业和工业。海洋岛又可以进一步分为火山岛和珊瑚岛两种,其中火山岛属于基岩岛。我国的火山岛分布远离大陆,岛屿本身面积不大,如钓鱼岛面积仅 3.8 km^2,赤尾屿 0.05 km^2,除钓鱼岛外均无淡水,也无人居住。但是,这些岛屿在海洋划界中的地位十分重要,且附近海域中蕴藏着丰富的油气资源,故其重要性不在于岛屿本身,而在于附近海域中拥有的海洋资源。珊瑚岛是由海洋中造礁珊瑚的钙质遗骸和石灰藻类生物遗骸堆积形成的岛屿,由于珊瑚虫的生长、发育要求有温暖的水温,故珊瑚岛只分布在南北纬 30°之间的热带和亚热带海域。除西沙群岛高尖石岛外的南海诸岛,以及澎湖列岛都是在海底火山上发育而成的珊瑚岛。珊瑚岛一般地势低平、面积不大,以岛、礁、沙、滩等形式存在。我国珊瑚岛面积最大的是澎湖岛,为 82 km^2;南海面积最大的珊瑚岛是西沙群岛的永兴岛,约 2 km^2。南沙群岛面积较小,露出海面的海拔也较低,最大的太平岛仅 0.43 km^2,高 7.6 m。虽然南沙群岛的岛礁面积不大,但是它控制着广阔的海域,海底油气资源量约为 160×10^8 t,海洋渔业资源蕴藏量约为 180×10^4 t,年可捕获量约 $50\times10^4\sim60\times10^4$ t。此外,南沙群岛位于新加坡、马尼拉和香港之间航线的中途,是沟通印度洋和太平洋的重要通道,因此,在政治、军事、交通运输和经济上都极具重要地位(《中国海岛》编委会,2000)。

考虑到有相当一部分以礁、沙、滩形式存在的珊瑚岛在高潮时并不能露出海面,不满足“岛屿”的定义,但它们的战略地位不可忽视,因此本书以“岛礁”涵盖岛、礁、沙、滩等各种形式的海洋陆地。

在这些岛礁之中，有的作为我国的领海基点，在明确海洋主权范围、维护国家海洋权益中发挥着重要作用。根据《联合国海洋法公约》，领海基点是计算沿海国领海、毗连区、专属经济区和大陆架的起始点，相邻基点之间的连线构成领海基线，是测算沿海国上述国家管辖海域的起算线（图 6.8）。沿海国可采取 3 种方式确定其领海基线：正常基线法、直线基线法、混合基线法。1996 年 5 月 15 日，我国政府发表了《关于中华人民共和国领海基线的声明》，宣布了我国大陆领海的部分基线和西沙群岛领海基线，公布了作为领海基点的 77 个岛礁、岬角的名称和经纬度。其中大陆领海部分基线为 49 个基点之间的直线连线，西沙群岛领海基线为环绕西沙群岛外缘岛礁的 28 个基点之间的直线连线。在这 77 个领海基点中，位于岛礁上的有 75 个，其中 66 个设在无居民岛礁之上。

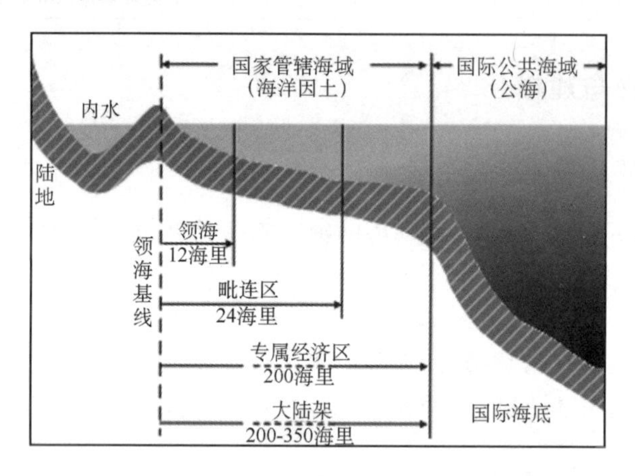

图 6.8 《国际海洋法公约》海域划分规定示意图

岛礁争端风险所关注的是作为大陆领海基点的大陆边缘岛屿，以及大陆领海基线以外归我国管辖的所有海洋岛礁。这些岛礁大多面积较小、海拔较低、距离大陆较远，很少有常住居民，按照物质组成有基岩礁和珊瑚礁。根据评估需要，将其分为“a”到“j”10 类（表 6.27）。

表 6.27 岛礁类型划分

岛礁类型	基点岛礁	专属经济区或大陆架内我国实际控制的岛礁	专属经济区或大陆架内他国实际控制的岛礁	专属经济区或大陆架内无实际控制的岛礁
露出海面有领海辖区的岛屿	a	c	f	
露出海面无领海辖区的岛礁		d	g	i
海面之下的岩礁	b	e	h	j

1. 危险性指标

目前我国与周边国家存在争端的岛礁主要是黄海的苏岩礁、东海的钓鱼岛诸岛和南海诸岛礁。苏岩礁是江苏外海大陆架延伸的一部分，属于中国所有；钓鱼岛位于中国东海大陆架的边缘，实为台湾大屯山之延伸，是我国台湾岛的一部分；中国是南海合法的主权国。基于以上立场，结合气候变化背景下极端天气和海平面变化等海洋环境响应，各类岛礁的主权争端风险关系如表 6.28 所示。需注意的是，由于南海绝大部分岛礁属于珊瑚岛礁，虽然海水增暖和酸化会造成珊瑚的白化和死亡，不利于珊瑚岛礁生长，但仍不排除个别岛礁生长速率高于南海区域平均海平面上升速率的现象，因此在定义海平面上升危险性指标时，应充分考虑岛礁本身的升降情况（珊瑚礁生长和礁盘地质沉降）。由此建立气候变化背景下岛礁争端的危险性指标。

表 6.28　气候变化危险性与各类岛礁主权争端风险的关系

岛礁类型	未来气候变化情景			是否关系海域争端
	极端天气	海平面上升＞岩礁生长	海平面上升＜岩礁生长	
a	生存条件恶化，驻守困难，争端风险加大	岛礁淹没，主权争端风险加大	易于驻守，争端风险减小	是
b	驻守困难，争端风险加大	驻守困难，争端风险加大	易于驻守，争端风险减小	是
c	生存条件恶化，驻守困难，争端风险加大	淹没，争端风险加大	易于驻守，争端风险减小	是
d	生存条件恶化，驻守困难，争端风险加大	淹没，争端风险加大	生存条件改善，具备拥有领海辖区权的潜在条件，争端风险加大	无直接关系
e	驻守困难，争端风险加大	驻守困难，争端风险加大	易于驻守，争端风险减小	无直接关系
f	生存条件恶化，驻守松懈，争端风险减小	淹没，争端风险减小	易于驻守，争端风险增大	是
g	生存条件恶化，驻守松懈，争端风险减小	淹没，争端风险减小	生存条件好转，具备拥有领海辖区权的潜在条件，争端风险加大	是
h	驻守松懈，争端风险减小	驻守松懈，争端风险减小	生存条件好转，争端风险加大	是
i	无直接影响	无直接影响	生存条件好转，具备拥有领海辖区权的潜在条件，争端风险加大	是
j	无直接影响	无直接影响	生存条件好转，争端风险加大	是

d_{01}——海平面上升危险指数

定义：评估时段内岛礁主权受相对海平面变化影响的程度。

量化：可认为当岛礁海拔高于 30 m 时，则受海平面变化的影响很小。构造如下海平面变化危险性指数：

$$d_{01}=\begin{cases}0.1 & h>30\ \text{m 的岛礁或满足}\ \Delta h-\Delta e>0\ \text{的 i、j 类岛礁}\\ 0.5+0.5\times\dfrac{a_i-a_{\min}}{a_{\max}-a_{\min}} & \text{其他}\end{cases} \tag{6.85}$$

式中，a_i 为岛礁 i 的高差指数，按照下式计算：

$$a_i=\begin{cases}[(\Delta h-\Delta e)+T]-h & \text{a、b、c、e 类岛礁}\\ (|\Delta h-\Delta e|+T)-h & \text{d 类岛礁}\\ h-[(\Delta h-\Delta e)+T] & \text{f、g、h 类或满足}\ \Delta h-\Delta e<0\ \text{的 i、j 类岛礁}\end{cases} \tag{6.86a}$$

式中，h 为岛礁的海拔高度（单位：m）；Δh 为评估时段（如未来 30 年）区域平均海平面上升幅度（单位：m）；Δe 为评估时段岛礁本身生长或沉降幅度；T 为岛礁常见潮位（单位：m）。在 Δe 不易获知时，不考虑岛礁本身生长或沉降，则采用下式进行计算：

$$a_i = \begin{cases} (\Delta h + T) - h & \text{a、b、c、d、e 类岛礁} \\ h - (\Delta h + T) & \text{f、g、h 类岛礁} \end{cases} \tag{6.86b}$$

d_{02}——热带气旋变异危险指数

定义：岛礁主权受热带气旋变异(包括强度、路径、频数)影响的程度。

量化：其中 a、b、c、d、e 类岛礁参照公式(6.28)计算方法，直接得到 d_{02}；f、g、h 类岛礁参照公式(6.28)计算方法得出结果后，再由 1 减去该结果得到 d_{02}。

2. 脆弱性指标

根据图 6.8 主权争端风险辨识事件树，建立岛礁争端脆弱性指标。

(1)暴露性指标

d_{03}——岛礁面积/海拔高度指数

定义及量化：可采用岛礁的面积或海拔高度来度量，岛礁面积越大、海拔越高，则其承受风险的暴露性越大；反之，则暴露性越小。

d_{04}——岛礁的经济价值指数

定义及量化：系指岛礁自身的经济开发价值以及周边海域的海洋资源利用价值，分别用 a_1、a_2 表示，评判标准见表 6.29，则 $d_{04}=(a_1+a_2)/2$。

表 6.29　岛礁经济价值评判标准

自身经济开发价值	生物、矿物资源丰富，植被繁茂	有生物、矿物资源，少量植被覆盖	生物、矿物资源贫乏，无植被覆盖
周边海域资源	油气资源丰富、天然渔场	水产资源丰富	其他
a_1、a_2 取值	0.9	0.5	0.1

d_{05}——岛礁的战略价值指数

定义及量化：系指岛礁在海上交通运输中的作用和岛礁的军事利用价值等，分别用 a_1、a_2 表示，评判标准见表 6.30，则 $d_{05}=(a_1+a_2)/2$。

表 6.30　岛礁战略价值评判标准

在海上交通中的作用	a_1 取值	军事价值	a_2 取值
国际航线交通枢纽	0.9	极为重要	0.9
国内航线交通要道	0.7	比较重要	0.5
其他	0.1	一般重要	0.1

(2)敏感性指标

d_{06}——岛礁地理位置指数

定义及量化：岛礁地理位置大致可分为三种情况，①位于领海及毗连区以内；②位于专属经济区内；③位于专属经济区以外的大陆架上。可按表 6.31 进行赋值。

d_{07}——岛礁实际控制情况指数

定义及量化：岛礁的实际控制情况可分为五种，①我国实际控制；②我国实际控制但他国有主权要求；③无人实际控制但多国有主权要求；④他国实际控制；⑤他国实际控制且多国有主权要求。可按表 6.31 进行赋值。

d_{08}——争端国之间关系指数

定义及量化：争端国之间关系可通过两国间目前的贸易额和外交关系密切程度来进行判断，一般可划分为紧张、比较紧张、一般、比较友好、友好五个等级，并按表 6.31 赋值；若争端国涉及多个国家，则以最紧张的国家为标准。

d_{09}——争端国之间军事实力对比指数

定义及量化：军事实力对比可大致分为一国超强、一国较强和两国相当等三个等级，按表 6.31 赋值；若争端国涉及多个国家，则以军事实力最强的国家为标准。

d_{10}——争端国的政治态度强硬程度指数

定义及量化：争端国的政治态度可以大致划分为强硬、比较强硬、比较缓和、缓和、无争端等五个等级，按表 6.31 进行赋值；若争端国涉及多个国家，则以态度最强硬国家为标准。

d_{11}——争端国之间的历史冲突情况指数

定义及量化：历史冲突情况可根据官方记载的事件，按冲突的性质分为剧烈冲突（指发生过战争或战斗）、严重冲突（发生过激烈的冲撞事件和外交斗争）、较大冲突（有过较大外交纷争和间接冲撞）、一般冲突（指发生过外交纷争）和无冲突（没有发生冲撞或纷争）这五种情况，并按表 6.31 进行赋值。

表 6.31　岛礁争端敏感性指标评价标准

地理位置	位于专属经济区以外的大陆架上		位于专属经济区内		位于领海及毗连区内
d_{06}赋值	0.9		0.5		0.1
实际控制情况	他国实际控制且多国有主权要求	他国实际控制	无人实际控制但多国有主权要求	我国实际控制且他国有主权要求	我国实际控制
d_{07}赋值	0.9	0.8	0.7	0.5	0.1
争端国之间关系	紧张	比较紧张	一般	比较友好	无争端
d_{08}赋值	0.9	0.7	0.5	0.3	0
争端国之间军事实力对比	一国超强		一国较强		两国相当
d_{09}赋值	0.9		0.6		0.3
争端国政治态度强硬程度	强硬	比较强硬	比较缓和	缓和	无争端
d_{10}赋值	0.9	0.7	0.3	0.1	0
历史冲突情况	剧烈冲突	严重冲突	较大冲突	一般冲突	无冲突
d_{11}赋值	0.9	0.7	0.5	0.3	0

表 6.32 列出南海主要岛礁的实际控制与主权宣称情况，用以概要估计南海岛礁主权争端风险的敏感性。

表 6.32　南海主要岛礁的实际控制情况

岛屿名称	实际控制情况	岛屿名称	实际控制情况
南子岛	越南占据	北子岛	菲律宾占据
南威岛	越南占据	中业岛	菲律宾占据
敦谦沙洲	越南占据	西月岛	菲律宾占据
鸿庥岛	越南占据	双黄沙洲	菲律宾控制

续表

岛屿名称	实际控制情况	岛屿名称	实际控制情况
景宏岛	越南占据	费信岛	菲律宾占据
安波沙洲	越南占据	南钥岛	菲律宾占据
染青沙洲	越南占据	马欢岛	菲律宾占据
中礁	越南占据	司令礁	菲律宾占据
毕生礁	越南占据	仁爱礁	菲律宾试图争取控制权
柏礁	越南占据	黄岩岛	中国实际控制,菲律宾宣称有主权
西礁	越南占据	光星仔礁	马来西亚声称主权
无乜礁	越南占据	簸箕礁	马来西亚占据
日积礁	越南占据	榆亚暗沙	马来西亚占据
大现礁	越南占据	南海礁	马来西亚占据
东礁	越南占据	弹丸礁	马来西亚占据
六门礁	越南占据	南通礁	文莱宣称拥有主权
南华礁	越南占据	永暑礁	中国大陆控制
舶兰礁	越南占据	赤爪礁	中国大陆控制
奈罗岛	越南占据	渚碧礁	中国大陆控制
鬼喊礁	越南占据	华阳礁	中国大陆控制
琼礁	越南占据	南薰礁	中国大陆控制
蓬勃堡礁	越南占据	东门礁	中国大陆控制
广雅滩	越南占据	美济礁	中国大陆控制
万安滩	越南占据	太平岛	中国台湾控制
西卫滩	越南占据	西沙群岛	中国实际控制,越南有领海要求
李淮滩	越南占据	中沙群岛	中国实际控制,菲律宾有领海要求
人骏滩	越南占据	金盾暗沙	越南占据
奥南暗沙	越南占据		

3. 防卫能力指标

岛礁防卫能力包含岛礁的自身防御力量和应急作战防卫力量两方面。其中,岛礁自身防御力量可简单地用岛上驻军人数/武器装备衡量;而应急防卫力量则可用岛礁附近海域的巡航力度和岛礁离大陆的距离来衡量。

d_{12}——驻军数量/武器装备指数

定义及量化:岛礁驻军人员或武器装备状况,若为其他国家驻军时,则取为负值。分级赋值见表6.33。

d_{13}——巡航能力/频次指数

定义及量化:我军对目标岛礁周边海域的巡航频次。分级赋值见表6.33。

d_{14}——军事支援能力指数

定义及量化:可简单通过岛礁与本国大陆距离的远近来衡量。分级赋值见表6.33。

表6.33 岛礁防卫能力各指标量化基准与量化值

驻军数量(人)	>60	30~60	10~30	5~10	≤5
巡航频次(次/月)	>10	7~10	4~7	1~4	≤1
距大陆距离(km)	<100	100~300	300~600	600~1000	>1000
赋值	0.9	0.7	0.5	0.3	0.1

6.4.3.2　海域争端风险指标

全球气候变化与海域争端的关系大致表现在如下方面：一是气候变化造成世界上普遍的能源压力，加大了海洋资源开发需求，进而使相关国家对敏感海域的主权要求更加强烈；二是气候变化改变了某些国家的种植制度和生产结构，使世界范围内进出口贸易大增，各国对海上交通更加依赖，引发相关国家对航线密集海域的控制企图；三是气候变化造成海岸线退缩，以及作为领海基点的岛礁和本身拥有领海辖区的岛屿的丧失（淹没或自然形态变异），进而引发相关海域的主权争端。

1. 危险性指标

d_{15}——海岸线变更危险性指数

定义：由于大陆和岛屿海岸线的变更，致使海域面临争端的程度。

量化：在表 6.28 中，除 d、e 类岛礁之外的其余类型岛礁的主权争端风险，都会引起相应海域的争端风险。按照岛礁争端风险等级，可对相应海域的争端危险性进行赋值，见表 6.34。其中 a、b 类岛礁对应海域的确定方法为：首先根据数字高程数据以及各岸段预估的未来海平面上升幅度，制作未来海岸可能的淹没图，并以淹没后的岸线为起点，向外扩展 200 海里；再以 a、b 类岛礁构成的领海基线为起点向外扩展 200 海里，之间的海域即为 a、b 类岛礁对应的争端海域。c、f、g、h、i、j 类岛礁对应的争端海域是以岛礁为中心向外扩展 200 海里的海域，若有重叠，则将因不同岛礁争端风险造成的各危险性值进行叠加，进而得到该海域的争端危险性指数。

表 6.34　海域争端危险性指数的量化标准

岛礁争端风险等级	对应海域争端危险性赋值		
	a、b 类	c、f、g、h、i、j 类	
		24 海里范围内	200 海里范围内
1	0.1	0.1	0.05
2	0.3	0.3	0.15
3	0.5	0.5	0.25
4	0.7	0.7	0.35
5	0.9	0.9	0.45

d_{16}——领海主权宣称争端指数

定义：由于大陆和岛屿海岸线的变更，致使领海主权产生争端的风险程度。

量化：可参考表 6.35 的评判标准进行指标赋值。

表 6.35　领海主权宣称争端指数分级表

大陆和岛屿海岸线在海域划分中的地位	d_{16}赋值
位于领海基点	0.9
位于领海边缘	0.7
位于其他海区	0.1

2. 脆弱性指标

(1)暴露性指标

d_{17}——海区战略地位/军事地位指数

定义及量化:按照图 6.9 所示的海域划分规定,我国所属海域分为领海及毗连区、专属经济区、专属经济区以外的大陆架。虽然我国已经在西沙群岛划定了领海基线,但越南还是擅自将其专属经济区扩展到包括西沙、中沙和南沙在内的我国所属海域。因此,基于大陆领海基线,不同类型海区对应的战略地位/军事地位指数如表 6.36 所示。

表 6.36 不同海域类型的指标量化标准

海域类型	专属经济区以外的大陆架	专属经济区	领海及毗连区
d_{17}赋值	0.9	0.7	0.1

d_{18}——油气与渔业资源分布状况指数

定义:由于海洋资源开发需求而使资源蕴藏丰富的海域面临争端的程度。

量化:可用油气或渔业资源蕴藏量来表示。

d_{19}——海域的船舶航线密度指数

定义:用海域的船舶航线密度来表示各国对海上交通的依存程度。

量化:可用国际船舶航线的密度来表示。

(2)敏感性指标

d_{20}——海区的实际控制情况指数

定义:当前目标海区的实际控制与争端状况。

量化:可以通过设定 4 个评判标准,即争端国家数量、争端国之间关系、争端国之间军事实力对比以及争端国政治态度等指标来简单度量,分别用 a_1、a_2、a_3、a_4 表示。a_1 的取值见表 6.37;a_2、a_3、a_4 的取值见表 6.31。若涉及多个国家时,则以取值最大的那个国家为准。根据评判标准之间的关系,$d_{20}=a_1\times[(a_2+a_3+a_4)/3]$。

表 6.37 争端国家数量评判标准

争端国家数量	≥5	4	3	2	1	0
a_1 取值	0.9	0.8	0.7	0.6	0.5	0

3. 防卫能力指标

d_{21}——巡航能力指数

定义及量化:可用争端国在相应海域的驻军情况、周边军事基地以及巡航的频次和航程来度量。分级赋值如表 6.33 所示。

d_{22}——兵力投送与支援能力指数

定义及量化:用该海区距离争端国大陆及周边军事基地距离的远近来简单度量。分级赋值见表 6.33。

6.4.4 风险要素融合和综合评估模型

用指标融合方法,首先对各底层指标进行标准化处理,然后按式(6.7)～(6.9),建立如下

主权争端风险评估的数学模型：

$$SRI = A1 + A2 \tag{6.87}$$

其中，$A1$ 的数学模型为

$$A1 = B1^{W_{B1}} \cdot B2^{W_{B2}} \cdot (1 - B3)^{W_{B3}} \tag{6.88}$$

进一步展开：

$$B1 = \sum_{i=1}^{2} W_{d_i} \cdot d_i \tag{6.89}$$

$$B2 = \left(\sum_{i=3}^{5} W_{d_i} \cdot d_i\right)^{W_{C1}} \cdot \left(\sum_{i=6}^{11} W_{d_i} \cdot d_i\right)^{W_{C2}} \tag{6.90}$$

$$B3 = \sum_{i=12}^{14} W_{d_i} \cdot d_i \tag{6.91}$$

$A2$ 的数学模型为

$$A2 = B4^{W_{B4}} \cdot B5^{W_{B5}} \cdot (1 - B6)^{W_{B6}} \tag{6.92}$$

进一步展开：

$$B4 = \sum_{i=15}^{16} W_{d_i} \cdot d_i \tag{6.93}$$

$$B5 = \left(\sum_{i=17}^{19} W_{d_i} \cdot d_i\right)^{W_{C3}} \cdot (W_{d_{20}} \cdot d_{20})^{W_{C4}} \tag{6.94}$$

$$B6 = \sum_{i=21}^{22} W_{d_i} \cdot d_i \tag{6.95}$$

6.5　海洋资源风险指标体系与数学模型

海洋资源是海洋的主体，广义的海洋资源是指与海水水体、海底、海面有直接关联的物质和能量。一般可按海洋资源的属性、能否恢复、资源来源、有无生命等对海洋资源进行划分，如表 6.38 所示。其中，常用的是第一种划分方法，因其简单明了，且能体现海洋资源的属性、特征和分布状况，进而得到广泛的应用。本节所讨论的海洋资源风险特指海洋生物资源和海洋矿产资源风险，其中海洋生物资源主要指海洋渔业资源，海洋矿产资源则主要讨论石油和天然气。

表 6.38　海洋资源分类表

海洋资源	按资源的属性划分	海洋生物资源
		海底矿产资源
		海洋化学资源
		海洋动力资源
		海洋空间资源
	按能否恢复划分	可再生性资源
		非再生性资源
	按资源的来源划分	来自太阳辐射的资源
		来自地球本身的资源
		地球与其他天体的相互作用产生的资源
	按资源有无生命划分	生物资源
		非生物资源

6.5.1 气候变化影响与潜在风险

在生物资源方面,我国近海为北太平洋的西部边缘海,跨度从热带至温带,适合于多种海洋生物生存,目前已知的有2万多种。此外,我国拥有漫长曲折的海岸线、岛屿和广阔的浅海陆架,众多的河口、港湾为近岸海域提供了丰富的营养盐,黑潮及其分支延伸至各个海域,形成了诸多海洋锋和上升流,创造了很高的海洋初级生产力。优越的自然条件使得我国近海形成了诸多的优良渔场,为我国提供了丰富的海洋渔业资源,仅就南海来说,年产量和捕获量便可分别达到3000万吨和200～250万吨。

在油气资源方面,根据《国际法》和《联合国海洋法公约》规定,中国应拥有300万平方千米的管辖海域,这些海域蕴藏着丰富的海洋资源。据联合国以及我国科学家估计,东海大陆架可能是世界上最丰富的油田之一,其中钓鱼岛附近海域的石油储量约30～70亿吨,可能成为"第二个中东"。而南海更是有"第二个波斯湾"之称,石油储量达到275～400亿吨,天然气储量超过10万亿立方米;"可燃冰"储量约占油气资源的50%,油气资源可开发价值超过20万亿元人民币。仅在曾母盆地、沙巴盆地、万安盆地的石油总储量就接近200亿吨,是世界上尚待开发的大型油藏之一。

然而,在全球气候变暖的背景下,海洋资源也面临着多重危机和风险。对于海洋生物资源,首先,气候变暖造成的海域升温现象,可致使珊瑚白化甚至死亡,直接构成了对珊瑚礁的严重威胁。据美国西海岸海洋研究所的统计显示,在过去20年间,世界上个别海区的海水温度上升了6℃,导致存活了250万年的珊瑚礁有26%～30%死亡。目前,珊瑚白化速率正在增加,预计未来30年,亚洲将失去大约30%的珊瑚礁。数千种鱼类和其他海洋生物将会因为珊瑚礁的死亡而失去繁衍环境,处于灭绝的境地(沈建华 等,2004;於俐 等,2005;邵帼瑛 等,2006)。

此外,海平面上升,以及海水温度、酸度和溶解氧含量的变化,也将影响海洋生物的新陈代谢过程,致使鱼群的洄游路线以及渔汛时间发生改变,从而影响到渔场的位置变动和渔业资源产量(孙智辉 等,2010)。据模式预测,气候变暖将造成中国渤海、黄海、东海和南海四大海区主要经济鱼种的产量和渔获量不同程度降低(刘允芬,2000)。

对于油气资源,气候变化将加剧人类的能源需求,在现有陆地资源开发利用难度加大的情况下,各国纷纷将目光投向了海洋,一方面加大对现有海洋油气田开采力度,另一方面寻找新的资源依托。受能源需求和经济利益驱使,国际社会衍生了一系列围绕资源争夺展开的政治、战略矛盾。

在我国周边海域,由于许多岛屿归属尚不确定、领海主权多方声称,专属经济区和大陆架划定难以达成协议,致使海洋资源问题也一直存在争端。20世纪70年代之前,越南、菲律宾、马来西亚等国在南海的资源开发仅限于渔业捕捞,自从发现南海拥有巨量油气资源之后,周边国家争夺海洋领土主权和海洋权益的欲望受到极大的刺激,南海资源开发成了各方瞩目的焦点。越南视油气资源为"最重要的资源",确定了"集中各种力量逐步使油气产业成为21世纪初国家发展战略中的尖端技术行业"的指导思想,制定了石油工业发展战略,其开发重点是南沙和北部湾油气资源。菲律宾和马来西亚在油气资源开发上则采取"少说多做"的策略,开发进度不断加快。未来持续的气候变化极有可能使现有的资源问题变得更加尖锐,资源争夺风险加剧。

在北极厚重的冰川冻土之下，蕴藏着9%的世界煤炭资源、约占世界未开采量1/4的石油和天然气以及大量的金刚石、金、铀等矿藏和水产资源。北极圈内未完全探明、可用现有技术开发的石油储量估计达900亿桶。随着全球气候变暖，北极地区的冰面以每10年9%左右的速度消失，北冰洋水域面积扩大，通航时间大大增长，预计到2030年和2050年，通过北冰洋新航线的航运将分别占到世界航运的2%和5%，这为北极资源开发提供了便捷的输运条件。由于目前对北极的国际法律地位还存在争议，围绕北极地区的主权利益、资源开发的国际竞争也非常激烈。如俄罗斯在北极海底的海床上插上国旗，宣称对包括北极在内的半个北冰洋拥有所有权；加拿大投资数十亿美元建造巡逻船以维护其在北极的利益；美国将在阿拉斯加州北部海岸修建基地，加强对北极地区的监控；此外，挪威、丹麦、芬兰、西班牙和瑞典等国也纷纷宣称拥有开采北极资源的权利。这些分歧、冲突如不能及时消弭或缓解，则很可能造成地缘政治的异化，引发地区局势甚至全球动荡。

可见，全球气候变化对海洋生物资源的影响主要表现为渔业资源的变迁，对海洋矿产资源的影响主要表现为油气资源争夺(包括北极资源争夺)。由此给出如下“海洋资源风险”定义：由于全球气候变化致使海洋渔业产量、渔业资源分布发生变化以及使海洋油气资源面临争夺和冲突的程度和可能性。图6.9给出了海洋资源风险辨识的事件树，并据此建立海洋资源风险评估指标体系。

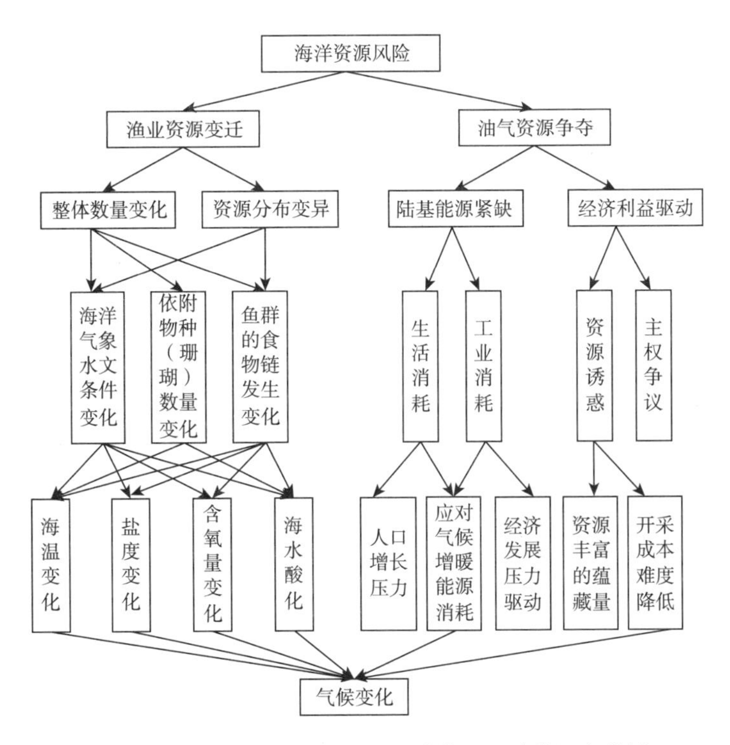

图6.9　全球气候变化背景下海洋资源风险辨识事件树

6.5.2 风险评价指标体系

综上气候变化风险要素分析，构建如下的海洋资源风险评价指标体系(表 6.39)。

表 6.39 气候变化海洋资源风险评价指标体系

目标层(A)	准则层(B)	权重	一级指标层(C)	权重	二级指标层(D)		权重
渔业资源变迁风险 A1	危险性 B1	W_{B1}			海流影响	d_{01}	$W_{d_{01}}$
					海水 pH 值影响	d_{02}	$W_{d_{02}}$
					溶氧量影响	d_{03}	$W_{d_{03}}$
	脆弱性 B2	W_{B2}	暴露性 C1	W_{C1}	渔业资源量	d_{04}	$W_{d_{04}}$
			敏感性 C2	W_{C2}	海温影响	d_{05}	$W_{d_{05}}$
					盐度影响	d_{06}	$W_{d_{06}}$
	防范能力 B3	W_{B3}			气候变化风险意识与响应对策	d_{07}	$W_{d_{07}}$
					渔场迁徙预估与新生渔场搜寻	d_{08}	$W_{d_{08}}$
油气资源开采风险 A2	危险性 B4	W_{B4}			油气资源归属争端(渊源与现状)	d_{09}	$W_{d_{09}}$
					争端国之间的国家关系	d_{10}	$W_{d_{10}}$
					争端国的国家政局不稳定度	d_{11}	$W_{d_{11}}$
					外部势力介入(军事、政治、经济结盟)	d_{12}	$W_{d_{12}}$
	脆弱性 B5	W_{B5}	暴露性 C3	W_{C3}	资源蕴藏量(资源探明储量)	d_{13}	$W_{d_{13}}$
					我国油气资源需求度	d_{14}	$W_{d_{14}}$
					油气资源的地理位置	d_{15}	$W_{d_{15}}$
					开采难度(技术实力、经济成本、政治环境)	d_{16}	$W_{d_{16}}$
			敏感性 C4	W_{C4}	我国油气资源储采比	d_{17}	$W_{d_{17}}$
					我国油气资源对外依存度	d_{18}	$W_{d_{18}}$
					其他可替代能源占比	d_{19}	$W_{d_{19}}$
	防卫能力 B6	W_{B6}			外交磋商与政治对话机制(渊源与现状)	d_{20}	$W_{d_{20}}$
					巡航能力(频次)	d_{21}	$W_{d_{21}}$
					军事威慑(军事实力—分级)	d_{22}	$W_{d_{22}}$
					军力投送能力(地理位置距大陆机场、军港距离)	d_{23}	$W_{d_{23}}$

6.5.3 渔业资源变迁风险指标

6.5.3.1 危险性指标

如果没有海流的存在，鱼类的分布完全取决于温度和光照，形成带状分布，并与纬圈重合。实际上，暖水性的鱼类可以随着暖水流在高纬度海区生存，冷水性鱼类也可以随寒流到达低纬海区。海流的分布状况对海洋鱼类移动、集群和分散的影响很大，是形成渔场的重要海洋要素之一。因此，海流的变化对渔场的形成或变迁，有重要的影响(刘殿伯，2002；唐逸民，1999；OTI'ERSEN，2001)。

此外，海水中的 pH 值直接影响鱼类的生理状况。鱼类有广酸碱性鱼类，也有狭酸碱性鱼

类，不同鱼类有不同的 pH 值的最适宜范围。若 pH 值超出其适应范围，则影响鱼体的新陈代谢。在 pH 值小于 7 的酸性条件下，多数鱼类的摄食会减少，且会降低饵料的吸收率，从而抑制鱼的发育生长。同时，pH 值愈小、酸性愈强，鱼的耗氧量则愈低、呼吸频率加大，从而影响鱼的呼吸效率，即血红素结合氧的能力。当 pH 值超出鱼类的极限适应范围时，鱼鳃和鱼体皮肤黏膜将受损害，甚至危及生命。由此，可通过构建海流、pH 值和溶氧量等因子的影响指标来评价气候变化对鱼类生存环境的影响(胡杰，1995；方海 等，2008)。

d_{01}——海流影响指数

两种不同海流交汇处，往往形成流隔渔场。流隔区域内，由于海水湍流混合作用，对海洋植物的营养起着良好的作用。海洋光照营养区的营养盐丰富，使浮游生物大量繁殖。同时，不同海流带来的饵料生物，在界面处集结成丰富的生物区，使得经济鱼类在这一海区聚集。沿岸上升流将营养盐丰富的底层水带到表层，饵料生物大量繁殖，提高了海洋渔业生产力。涌升水体和同一深度的水体比较，具有低温高盐、低氧含量、富营养盐、浮游生物聚集等特征(刘殿伯，2002；唐逸民，1999)。

定义：气候变化背景下，海流变化对渔业资源潜在的风险与不利影响评价。

量化：海流对鱼类影响大致可分为四级，对应的影响评分标准如表 6.40 所示。

表 6.40　海流对鱼类影响的分级评分表

属性描述	影响指数赋值
无海流/水流交汇，无上升流或者涌升水体，不利于渔场的形成	0.8
无海流/水流交汇，有上升流或者涌升水体，利于提高渔业生产力	0.6
有两种及以上海流/水流交汇，有上升流，较为适合鱼群的聚集和生长	0.4
有两种及以上海流/水流交汇，上升流强烈，涌升水利于鱼群聚集生长	0.2

d_{02}——海水 pH 值影响指数

影响 pH 值的物理因素包括海水的温度、压力、盐度等。海水的 pH 值随温度升高会略有降低；在一定的温度下，pH 值随盐度增加将略有上升。压力增大，海水 pH 值降低，将影响海水 pH 值的生物因素，包括海洋植物的光合作用、海洋生物的呼吸作用、有机物的分解作用等。生物活动对海水 pH 值的影响比物理因素的影响要大，海水 pH 值的水平空间分布一般是近岸低、外海高。在浅海区，pH 值的垂直分布主要受生物活动、冲淡水、垂直混合等影响(唐逸民，1999)。海水养殖一般将 pH 值控制在 7.5～8.5 之间为宜(邓希海，2008)。

定义：海水 pH 值变化对主要鱼类生长和生存的不利影响与威胁程度。

量化：pH 值对鱼类影响大致可分为四级，对应的评分标准如表 6.41 所示。

表 6.41　pH 值对鱼类影响程度分级评分表

pH 值范围	属性描述	影响指数赋值
小于 5 或大于 9	水体呈酸性(小于 5)或碱性(大于 9)，对鱼类有直接损害，甚至造成死亡	0.8
5～6.5	pH 值影响水中化学物质含量，间接影响鱼类	0.6
6.5～7.5，8.5～9	弱酸或弱碱环境，较为适合鱼类	0.4
7.5～8.5	弱碱环境，最适合鱼类	0.2

d_{03}——溶解氧影响指数

海水中溶解氧一般为0～8.5 mL/L，影响溶氧量分布的主要因素包括温度和盐度、生物、海水混合以及大洋环流（唐逸民，1999）。

（1）温度和盐度：氧的溶解度与盐度和温度成反比。溶解氧随温度的变化要比随盐度的变化大得多。大洋中盐度变化不大，溶解氧主要取决于水温变化。因此，秋季、冬季水温变冷时，海水要从空气中吸取氧；反之，春季和夏季则海水向空气中释放氧。从低纬度向高纬度流动的暖流溶解氧较低，在流动过程中，由于水温逐渐下降，海水将不断从空气中吸收氧；从高纬度流向低纬度的寒流，情况正相反。

（2）生物：表层海水生长着大量海藻，由于光合作用而释放氧。在黑暗中，植物需要吸收氧、释放二氧化碳。

（3）海水混合：空气中的氧以及由海中植物的光合作用产生的氧，都溶解在表层海水中。因此，表层海水的溶解氧比较高，通过对流和湍流混合作用，将表层的氧带到下层，使得下层海水的溶解氧增加。

（4）大洋环流：海水中的溶解氧表层较高，随深度的增加而减少。在缺氧的海区鱼卵的发育受到抑制，因此当某些海区缺氧时，鱼类就会转移（王者茂 等，1984）。

定义：气候变化背景下海水含氧量变化对渔业资源的不利影响与威胁评价。

量化：可简单采用含氧量减少量来度量（表6.42）；若含氧量增加，则此项为0。

表6.42　含氧量对物化与生理属性描述与评分表

含氧量(mL/L)	物化与生理属性描述	影响指数赋值
≤1	含氧量匮乏、不适应鱼类生存	0.8
1～3	含氧量较低、鱼类生存环境差	0.6
3～4	含氧量较丰富、比较适宜鱼类生存	0.4
≥4	含氧量高、非常适宜鱼类正常生活	0.2

6.5.3.2　脆弱性指标

1. 暴露性

d_{04}——渔业资源量指数

定义及量化：渔业资源量是评估渔场价值的重要指标，也是渔业生产的物质基础（胡杰，1995），可以用渔获量作为渔业资源量的衡量指标。

2. 敏感性

d_{05}——海温影响指数

定义：气候变化背景下，渔业资源受海水温度变化的敏感程度与影响大小。

量化：可用渔业产量因海温变化所导致的产量波动的大小表示。波动幅度越大，说明渔业产量越易受海温变化的影响。根据IPCC报告中提供的现实气候情景和未来气候情景的海温预估，利用生态模式对我国渔业生产中主要经济鱼类的N年生长进行动态模拟（刘允芬，2000）。海温影响指数定义如下：

$$d_{05}=\begin{cases}\dfrac{Y_1-Y_N}{Y_1} & Y_1>Y_N\\ 0 & Y_1\leqslant Y_N\end{cases} \tag{6.96}$$

式中,Y_N 为第 N 年的渔业产量;Y_1 为起算年的渔业产量。

d_{06}——盐度影响指数

定义:气候变化背景下,海洋渔业资源受盐度变化的敏感程度与影响大小。

量化:可用渔业产量因盐度变化所导致的产量波动的大小表示。波动幅度越大,说明越易受盐度变化的影响,计算公式类同上式。

6.5.3.3 防范能力

d_{07}——气候变化风险意识与响应对策指数

定义及量化:渔业生产及主管部门对气候变化严峻性与风险意识的认识以及相应的对策措施风险。可基于四类表现(优、良、中、差)来评价,并对这四类表现水平进行赋值,如表 6.43 所示。

表 6.43 气候变化风险意识与响应对策指标评分表

气候变化风险意识与响应对策	内涵描述与阐述	d_{07} 指标
差	无风险意识和危机感,无响应与对策措施	0.8
中	风险意识一般,响应与对策制定情况一般	0.6
良	有一定风险和危机意识,有响应和对策预案	0.4
优	有风险意识和危机感,响应积极、对策合理	0.2

d_{08}——渔场迁徙预估与新生渔场搜寻

定义及量化:渔业生产及主管部门对渔场迁徙预估与新生渔场搜寻的对策响应与风险。可基于四类表现(响应迟钝、响应积极、前景较好、前景良好)来度量和评估,并对该四类表现水平进行赋值,如表 6.44 所示。

表 6.44 渔场迁徙预估与新生渔场搜寻评分表

响应情况	状态描述	d_{08} 指标
响应迟钝	没有开展对应策略和措施研究	0.8
响应积极	积极开展渔场迁徙的对策研究	0.6
前景较好	有一定的预期潜在渔场	0.4
前景良好	有可靠的预期替代渔场	0.2

6.5.4 油气资源争夺风险指标

油气资源争夺风险研究范围不仅包括我国周边海域,还应关注北极等其他地区。如北极资源问题不仅是一两个国家之间的矛盾,而是涉及多个国家政治、经济利益的复杂国际纠纷。油气资源争夺的危险性取决于争议现状以及争议国的资源需求程度,脆弱性取决于资源蕴藏量、资源所处的地理位置、开采难易度,防卫能力包括对周边海域的掌控能力(如巡航频次)以及地理优势(如资源距本国大陆的距离)等。

6.5.4.1 危险性指标

d_{09}——油气资源归属争端指数

定义:对油气资源海区主权和资源归属的争端程度。

量化:根据主权和资源归属争端当事国的多少和争夺程度,可简单划分为五个不同等级,对应等级评分标准如表6.45所示。

表6.45 争端指数分级评分表

关系类型	多国激烈争夺	多国宣称归属	两国强烈争夺	两国宣称归属	归属明确、无争端
d_{09}评分等级	0.9	0.7	0.5	0.3	0.0

d_{10}——争端国之间的国家关系指数

定义:油气资源争端国家之间的外交与国际关系风险状况。

量化:根据争端国之间的政治互信、经济依存等国家关系状况,可简单地划分为五个等级,对应等级的评分标准如表6.46所示。

表6.46 国家关系指数分级评分表

关系类型	敌对关系	竞争关系	一般关系	战略合作伙伴	同盟关系
d_{10}评分等级	0.9	0.7	0.5	0.3	0.0

d_{11}——争端国的国家政局不稳定度指数

定义及量化:油气资源争端国的国内政局状况。可简单地划分为稳定、比较稳定、局部不稳定、很不稳定四个等级,各等级定义和评分标准如表6.47所示。

表6.47 资源争端国国家政局稳定度评分标准表

稳定度	定义	评分
稳定	国家政治基础稳固、政治民主、法律完善、政策连续性强,政权的更替不会影响到经济、金融、贸易、对外关系等	0.1
比较稳定	国家中有些小的不稳定因素,但总体上对政局不会有影响	0.3
局部不稳定	国内局势动荡、政治斗争激烈、政权交替频繁,部分地区甚至处于战乱状态	0.7
很不稳定	全国或大部分地区处于混乱和战乱状态	0.9

d_{12}——外部势力介入指数

定义及量化:油气资源争端国与美国等外部势力的政治、军事关系,依次可分为盟国关系、战略合作伙伴、一般关系、竞争关系和敌对关系等五个等级,对应的评分标准如表6.48所示。

表6.48 外部势力介入程度分级评分表

关系类型	敌对关系	竞争关系	一般关系	战略合作伙伴	盟国关系
评分等级	0.1	0.3	0.5	0.7	0.9

注:该表与油气资源争端表的评分等级是相反的,该表中关系密切则数值大

6.5.4.2 脆弱性指标

1. 暴露性指标

d_{13}——资源蕴藏量指数

定义及量化:评估区域(通常以油田或沉积盆地为单位)已探明油气储量所引起的资源暴露性大小。油气储量的等级划分参照国际标准(徐树宝,2002),如表6.49所示,并对不同储量

等级的暴露性进行赋值(表 6.50)。

表 6.49 油气储量的等级划分表(徐树宝,2002)

油气田类型	石油可采储量($\times 10^8$ t)	油气田面积(km^2)	平均探井井距(km)			取心井(口)
	天然气地质储量($\times 10^8$ m^3)	油气层厚度(m)	简单油气田	复杂油气田	十分复杂油气田	
巨型	大于 3.0	大于 100	10~12	10~50	10~50	5~8
	大于 5000	10~15				
大型	1.0~3.0	大于 100	4	2.9	1.8	3~5
	1000~5000	10~15	(3.5~4.5)	(2.7~3.2)	(1.5~3.0)	
中型	0.3~1.0	25~100	3	2.1	1.2	1~2
	/	8~12	(2.7~3.3)	(1.8~2.5)	(0.8~1.5)	
小型	0.1~0.3	10~50	2.2	1.5	1	1~2
	/	5~10	(1.5~2.5)	(1.2~1.7)	(0.8~1.3)	
微型	小于 0.1	3.0~2.5	1.5	1.5	1	1~2
	/	3~8	(1.2~1.7)	(1.2~1.7)	(0.5~1.5)	

表 6.50 不同储量等级的暴露性等级划分表

油田等级	巨型	大型	中型	小型	微型
d_{13}赋值	0.9	0.7	0.5	0.3	0.1

d_{14}——我国油气资源需求度指数

定义:我国经济发展中对油气资源的需求程度,需求度越高,则暴露性越大。

量化:以油气消费在我国一次能源结构中的比例来表示,其分类赋值见表 6.51(余良晖等,2006;管卫华 等,2006)。

表 6.51 油气资源需求度等级划分表

油气消费比例(%)	>60	50~60	40~50	30~40	<30
d_{14}赋值	0.9	0.7	0.5	0.3	0.1

d_{15}——油气资源的地理位置指数

定义及量化:由资源所处位置的开采权争议大小所造成的资源暴露性,开采权属争议性越大,则暴露性越大。其分级赋值如表 6.52 所示。

表 6.52 资源地理位置暴露性评分表

资源所处地理位置	位于极大主权争议区	位于较大争议区	位于公共海域(如北极)	位于大陆专属经济区	位于大陆领海及毗连区以内
资源所处区域的争议特征	涉多个国家核心利益	涉两个国家核心利益	涉及多个国家一般利益	涉及两个国家一般利益	不涉及海域争议
d_{15}赋值	0.9	0.7	0.5	0.3	0

d_{16}——开采难度指数

定义：用于度量油气资源开采难易程度引起的资源暴露性大小。一般来说，开采难度越小（大），则其暴露性越大（小）。而开采难易程度主要受地理条件、水文气象条件、开发技术等因素制约。

量化：参考周晓俊（2001）、姜宁（2010）和王化增（2010）的研究工作，结合海上油气资源特点选取油田储藏深度（*depth*）、储量渗透率（*filter*）、天气条件恶劣度（*weather*）、与大陆距离（*distance*）以及石油开采技术评级（*technique*）五个指标。基于上述参考文献确定相对重要性，并通过层次分析法得到各自权重，如表 6.53 所示。其中：CI 为一致性指标，RI 为平均随机一致性指标，CR 为一致性比例。

表 6.53　开采难易程度各指标权重计算

开采难易程度	储层深度	渗透率	天气条件	到大陆距离	技术现状
储层深度	1	2	3	2	2
渗透率	1/2	1	2	2	1
天气条件	1/3	1/2	1	1	1/2
到大陆距离	1/2	1/2	1	1	1
技术现状	1/2	1	2	1	1
单层权重	0.3495	0.2126	0.1126	0.1403	0.1851

注：CI＝0.0178，RI＝1.12，CR＝0.0159。

即有：

$$d_{16} = 1 - (0.35 \times E_{depth} + 0.21 \times E_{filter} + 0.11 \times E_{weather} + 0.14 \times E_{distance} + 0.19 \times E_{technique}) \tag{6.97}$$

式中，

$$E_{depth} = \begin{cases} 0, & depth \leqslant K_1 \\ \dfrac{depth - K_1}{K_2 - K_1}, & K_1 < depth < K_2 \\ 1, & depth \geqslant K_2 \end{cases}$$

$$E_{filter} = \begin{cases} 0, & filter \geqslant K_3 \\ \dfrac{K_3 - filter}{K_3 - K_4}, & K_4 < filter < K_3 \\ 1, & filter \leqslant K_4 \end{cases}$$

$$E_{weather} = \begin{cases} 0, & weather \leqslant K_5 \\ \dfrac{weather - K_5}{K_6 - K_5}, & K_5 < weather < K_6 \\ 1, & weather \geqslant K_6 \end{cases}$$

$$E_{distance} = \begin{cases} 0, & distance \leqslant K_7 \\ \dfrac{distance - K_7}{K_8 - K_7}, & K_7 < distance < K_8 \\ 1, & distance \geqslant K_8 \end{cases}$$

式中，$K_1, K_2, K_3, K_4, K_5, K_6, K_7, K_8$ 分别是储层深度、渗透率、天气条件以及距大陆距离指标的临界参数，可根据专家意见或通过样本数据用数学方法确定。

对于开发技术的现状情况的评价，在综合有关海底油气开采技术的基础上，设定如下等级评语集（表 6.54）。

表 6.54　开发技术评级

开发技术评级	一级	二级	三极	四级	五级
等级描述	具有国际先进的深水勘探技术、钻井平台以及漏油控制技术和海上油气输送技术	具有国际先进的深水勘探技术，较为先进的作业平台及漏油控制技术	具有较为先进的深水勘探技术，较为现代的开采设备，有一定的风险控制技术和油气输送技术	深水勘探技术比较落后，缺乏先进的深水作业装备，漏油控制及油气输送技术落后	深水勘探技术十分落后，没有先进的深水作业装备，漏油控制及油气输送技术严重落后
赋值	0.1	0.3	0.5	0.7	0.9

海洋环境的水文气象条件对海上油气开发的影响，参考朱金龙(1997)的工作（表 6.55），选取了热带气旋、大风、浪、流、雾等次级指标。根据文献中对其影响因子的分析，用层次分析法进行权值确定（表 6.56）。

表 6.55　海洋环境条件对石油开发的影响（朱金龙，1997）

阶段	主要作业	主要生产设施或装备	影响作业的环境条件要素
勘探期	·地球物理勘探（又称海上地震或地震侧线） ·井场调查（又称二程地质调查） ·钻探井 ·钻评价井 ·海上人员和物资运输 ·海上辅助作业（启抛锚、消防、救助等） ·其他技术服务	·物探船（包括导航、定位、人工地震及记录设备等） ·工程地质调查船（包括导航、定位、钻井取芯、土工取样分析、化验、旁扫、浅层等仪器设备） ·目升式钻井船或半潜式钻井船：包括整套海上钻井设备、导航、定位、井控、升沉补偿、隔水套管、泥浆、固井、测井、射孔、试井等各种设备及浮标、锚系等 ·多用途工作船（供应、作业） ·直升飞机（运输）	·风（季风、6 级以上大风、强热带风暴、强冷空气、强对流天气及土台风等的风速、风向）、气温、气压、湿度、能见度 ——影响航行和各种海上作业，风太大，各种作业无法进行，人员必须撤离，有时则船毁人亡 ·浪（含浪高、周期、浪向、波谱等） ——影响航行和各种作业，浪太大，有些作业无法进行（如抛锚就位、靠船、出油、水下作业等），必须躲避 ·流（含流速、流向等） ——影响海上地震作业，地形地貌调查或其他作业（如靠船等），影响水下作业 ·内波 ——影响测线，影响水下作业等 ·海底浅层（如古河道、浅层气等） ——影响捕桩就位，半潜式钻井船钻井等 ·腐蚀（腐蚀介质、腐蚀环境、腐蚀速度等） ——影响船体或平台结构强度，损伤金属构件、管线和油气生产设施等 ·海生物（种类、分布、厚度等） ——影响航速，增加平台结构动荷载，减少可变负荷 ·排放物（如工业废水、泥浆、废油气、生活污水及油气泄漏等） ——污染环境

续表

阶段	主要作业	主要生产设施或装备	影响作业的环境条件要素
开采期	·采油平台场址调查 ·海底管线(电缆)路由调查 ·钻生产井、调整井 ·海洋工程设计 ·海洋工程结构建造 ·海洋工程结构拖运和海上安装 ·海上油、气产(含采油油气集输、处理、储存和外运等) ·海上油气井维修 ·海上结构维修 ·海上人员及物资运输 ·海上各种辅助作业及技术服务	·工程地质调查船 ·钻井船(自升式或半潜式) ·多用工作船(供应、作业) ·起重船 ·打桩船 ·铺管船 ·浮式生产装置(单点系泊、辅油轮等) ·综合采油平台(中心平台) ·生产平台(井口平台) ·海底管线 ·单点系泊 ·水下生产系统 ·水下机器人 ·水下电缆 ·直升飞机 ·穿梭油轮	除上述以外, ·海工设计需要整套的海洋环境条件,没有准确的可靠的环境资料,海工设计没法进行。环境条件数据不准,可能造成取值偏高,加大投资;取值过小,又造成不安全。取值不准还会影响生产作业(如水深不准、影响靠船) ·环境条件如气温、风等会影响海工结构建造质量 ·风、浪、流、潮汐、内波、海底状况等均会影响工程结构建造和安装进度、质量和费用。 ·浮式生产系统会受到各种水文、气象条件的影响。有时甚至断缆停产,台风期间,要停产、撤离;固定生产装置,在台风来到时要停产或撤离 ·风、浪、流太大,会影响靠却、卸油或其他作业(如潜水等) ·风、浪因素会影响直升飞机飞行和船舶航行或作业(如起抛锚、装卸货等) ·腐蚀会经常不断地损伤构件或零部件,海生物会加大结构荷载 ·排放不当会导致环境污染

表 6.56　气象水文影响因子的权重赋值

气候条件恶劣度	热带气旋	大风	大浪	平均流速	低能见度
热带气旋	1	2	2	3	3
大风	1/2	1	2	2	2
大浪	1/2	1/2	1	2	2
平均流速	1/3	1/2	1/2	1	1
低能见度	1/3	1/2	1/2	1	1
单层权重	0.3667	0.2363	0.1791	0.1089	0.1089

注:CI=0.0179,RI=1.12,CR=0.0160。

即有:

$$weather = 0.3667 \times cyclone + 0.2363 \times wind + 0.1791 \times wave + 0.1089 \times flow + 0.1089 \times visibility$$

式中,*cyclone*、*wind*、*wave*、*flow* 和 *visibility* 分别是[0,1]标准化后的热带气旋频次、6 级以上大风(风速>10.8 m/s)频次、5 级以上大浪(浪高>2.5 m)频次、平均流速和低能见度(能见度<4 km)频次。标准化方法与前面相同,但其判别参数仍需进一步通过文献或根据样本数据来确定。

2. 敏感性指标

d_{17}——我国油气资源储采比指数

定义:按目前的剩余可采储量与年开采量计算,预计剩余可采年数,再根据剩余可采年数,计算油气资源储采比的敏感性值。

量化：油气资源储采比可简单地表示为 $d_{17}=w_{oil}\times SR_{oil}+w_{gas}\times SR_{gas}$ (6.98)

式中，SR_{oil} 和 SR_{gas} 分别为石油和天然气存储比的敏感性值，w_{oil} 和 w_{gas} 分别为其权重。权重的计算是根据石油和天然气在能源消费中所占的相对比重决定的。根据2009年的数据，得到 $w_{oil}=0.84$，$w_{gas}=0.16$，SR_{oil} 和 SR_{gas} 的计算式如下：

$$SR_{oil}=\begin{cases}1 & R_{oil}\leqslant K_1\\ \dfrac{K_2-R_{oil}}{K_2-K_1} & K_1<R_{oil}<K_2\\ 0 & R_{oil}\geqslant K_2\end{cases},\quad SR_{gas}=\begin{cases}1 & R_{gas}\leqslant K_3\\ \dfrac{K_4-R_{gas}}{K_4-K_3} & K_3<R_{gas}<K_4\\ 0 & R_{gas}\geqslant K_4\end{cases} \tag{6.99}$$

式中，K_1、K_2 是石油储采比敏感性判别值，K_3、K_4 是天然气储采比敏感性判别值，根据相关论述，K_1 和 K_3 一般取10年，K_2 和 K_4 一般取200年；$Roil$ 和 $Rgas$ 分别是石油和天然气的储采比，储采比可定义为年末剩余储量与当年产量之比（李娟 等，2011）。因此，石油和天然气存储比敏感性值为：

$$R_{oil}=Reserve(\mathrm{oil})/Exploit(\mathrm{oil});R_{gas}=Reserve(\mathrm{gas})/Exploit(\mathrm{gas}) \tag{6.100}$$

式中，$Reserve$ 和 $Exploit$ 分别代表石油/天然气目前的剩余可采储量与年开采量。

d_{18}——我国油气资源对外依存度指数

定义：原油对外依存度（$Depend$）是指一个国家原油净进口量占本国石油消费量的比例，体现了一国石油消费对国外石油的依赖程度。考虑到石油在能源消费中占的比重较大，并且进口远比天然气多，故本书中油气资源对外依存度实际上指原油的对外依存度。对外依存度越高，则敏感性越高。

量化：我国油气资源对外依存度指标可简单表示为

$$d_{18}=\begin{cases}0 & Depend\leqslant K_1\\ \dfrac{K_2-Depend}{K_2-K_1} & K_1<Depend<K_2\\ 1 & Depend\geqslant K_2\end{cases} \tag{6.101}$$

$$Depend=(Qt-Qe)/Qc \tag{6.102}$$

式中，Qt 为油气进口量；Qe 为油气出口量；Qc 为油气消费量（$Qe\geqslant Qt$ 时，取 $Depend=0$，表示油气资源对外依存度为零）；K_1，K_2 分别是指标临界参数。一般情况下，当一个国家的石油对外依存度小于5%，可认为其石油进口风险很小；而大于60%时，则进口风险极高。于是我们取 $K_1=0.05$，$K_2=0.60$。

d_{19}——其他可替代能源占比指数（$Substitute$）

定义：核能、水电等其他新能源在能源的消费结构中所占的比例，所占比例越大，则对油气的敏感性越低。

量化：先计算出可替代能源比例，再采用阶梯函数法计算其对应的敏感性。

$$Substitute = Substitute(nucl) + Substitute(elec) + Substitute(new) \tag{6.103}$$

$$d_{19} = \begin{cases}0 & Substitude \geqslant K_1\\ \dfrac{K_1 - Substitude}{K_1 - K_2} & K_2 < Substitude < K_1\\ 1 & Substitude \leqslant K_2\end{cases} \tag{6.104}$$

式中，$Substitute(nucl)$、$Substitute(elec)$、$Substitute(new)$ 分别为核能、水电和其他新能源在能

源消费中所占比例；K_1、K_2 分别是临界判别参数。一般认为当替代能源所占比例达 80%以上时，能源结构为合理；当替代能源少于 10%时，则能源结构为极不合理，此时油气消费风险较大。于是分别可取 $K_1=0.8$，$K_2=0.1$。

6.5.4.3 防卫能力指标

d_{20}——外交磋商与政治对话机制指数

定义：通过外交磋商与政治对话机制等途径对解决资源争端所起到的积极作用，属于防卫能力的一种形式。一般来说，外交磋商级别越高，政治对话机制越成熟，则防范风险的能力越强（许利平 等，2012；宁锦歌，2009）。

量化：选取争端国之间的外交磋商级别、阶段、频率（分别用 a_1、a_2、a_3 表示）等三个指标来进行评判，量化基准见表 6.57。于是，$d_{20}=(a_1+a_2+a_3)/3$。

表 6.57　外交磋商与政治对话机制评分

磋商级别	元首级	领导人级	部门级	工作层级
磋商阶段	执行	缔约	谈判	对话
对话渠道	有多种对话渠道和成熟对话机制	有多种对话渠道，并保持一年一次以上的战略对话	对话渠道单一，对话机制不成熟	缺乏有效对话渠道
d_{20}赋值	0.8	0.6	0.4	0.2

d_{21}——巡航能力指数

定义：我国对所辖海域的巡航执法能力指标，指标越大，则巡防执法能力越强。

量化：根据简氏防务对中国海监的评价（Trefor，2012）以及中国海洋行政执法公报（2010），考虑如下两套方案。

方案一：选取执法船只数量、总吨位、装备直升机数量、武装船只数量、现代化程度以及年巡航执法次数等六个指标，通过与周边九个国家的相关指标进行对比排名，按排名 1～10 分别赋值为 1.0～0.1，最后对六个指标进行加权综合，即得到综合巡航能力的评价值。

方案二：以实际维权执法频次为基础，选取派出海监船航次、海监飞机出动架次、获取影像资料分钟数以及监管发现涉外船舶（飞机）数量等四个指标，根据历年数据建立判别标准并进行评价，最后对这四个指标加权综合，从而得到巡航能力评价值（表 6.58）。

表 6.58　巡航执法能力评分表

等级	一级	二级	三级	四级	五级
派出海监船航次	>250	200～250	150～200	100～150	<100
海监飞机出动架次	>700	450～600	300～450	150～300	<150
获取影像资料分钟数	>7000	5500～7000	4000～5500	3000～4000	<3000
监管涉外船舶/飞机数量	>1000	700～1000	400～700	100～400	<100
d_{21}赋值	1	0.8	0.6	0.4	0.2

d_{22}——军事威慑指数

定义：我国的军事实力对争端国军事实力的优势所产生的一种威慑作用，属防卫能力的一种。军事实力优势越明显，军事威慑力就越大，从而对资源争夺风险的防范能力就越强。

量化:可用实力排名之差进行简单的量化度量。

$$d_{22} = \begin{cases} 1 & D_{class} \geqslant L_7 \\ \dfrac{D_{class} - L_8}{L_7 - L_8} & L_8 < D_{class} < L_7 \\ 0 & D_{class} \leqslant L_8 \end{cases} \tag{6.105}$$

式中,D_{class} 为我国军事实力排名与争端国军事实力排名之差;L_7、L_8 分别为威慑力极大和极小的临界值,一般可分别取 10 和 −5。

各国军事实力的排名可参考世界军力排名网(环球军力网,2012)公布的排名次序。该排名在评估各国军事实力时主要参考 45 项参数,以美国国防部的官方报告、中央情报局的情报以及公开军事出版物和统计报告的数据为基础,主要依据 5 组基本参数,即军队人数、陆军、空军和海军武器装备数量、军费规模。根据中国及周边各国的排名情况可得到中国对争端国的军事实力优势。

d_{23}——军力投送能力指数

定义:描述兵力远程部署与后勤保障能力大小。主要与兵力远程投送能力和油气田与军事基地的距离有关。兵力远程投送能力越强、航道距离越近,则防范能力越强。

量化:根据数据的可获取性,可用油气田与军事基地距离以及海、空军作战半径等因素来简要进行量化。

方案一:同时考虑作战距离和海、空军作战半径。

$$d_{23} = \begin{cases} 0 & R_{ability} \leqslant L_9 \\ \dfrac{R_{ability} - L_9}{L_{10} - L_9} & L_9 < R_{ability} < L_{10} \\ 1 & R_{ability} \geqslant L_{10} \end{cases} \tag{6.106}$$

式中,$R_{ability} = Radius/Distance$;$Radius$、$Distance$ 分别为作战半径和目标距离;L_9、L_{10} 分别为兵力远程部署和保障能力的临界值,一般可取 0.1 和 1。

方案二:分别考虑作战距离和海、空军兵力远程投送装备数量,再进行综合评价。

海军的远程投送能力主要包括综合补给舰数量、大型驱逐舰数量、两栖船坞登陆舰数量以及航母数量等,空军的远程投送能力主要包括大型运输机数量、远程轰炸机数量和空降部队数量。以美军的相应装备投送能力作为基准,取将上述 7 种装备数量分别与美军的比值作为单项指标值,在此基础上进行综合加权。

6.5.5 风险要素融合和综合评估模型

基于上述建立的风险评价指标体系,首先对各底层指标进行标准化处理,然后综合采用线性加权、乘幂加权等指标融合方法,建立如下海洋资源风险评估数学模型。

$$RRI = A1 + A2 \tag{6.107}$$

其中,A1 的数学模型为 $A1 = B1^{W_{B1}} \cdot B2^{W_{B2}} \cdot (1 - B3)^{W_{B3}}$ (6.108)

进一步展开:$B1 = \sum_{i=1}^{3} W_{d_i} \cdot d_i$ (6.109)

$$B2 = (W_{d_4} \cdot d_4)^{W_{C1}} \cdot \left(\sum_{i=5}^{6} W_{d_i} \cdot d_i\right)^{W_{C2}} \tag{6.110}$$

$$B3 = {d_7}^{W_{d_7}} \cdot {d_8}^{W_{d_8}} \tag{6.111}$$

$A2$ 的数学模型为 $A2 = B4^{W_{B4}} \cdot B5^{W_{B5}} \cdot (1 - B6)^{W_{B6}}$ (6.112)

进一步展开：$B4 = \sum_{i=9}^{12} W_{d_i} \cdot d_i$ (6.113)

$$B5 = \left(\sum_{i=13}^{16} W_{d_i} \cdot d_i\right)^{W_{C3}} \cdot \left(\sum_{i=17}^{19} W_{d_i} \cdot d_i\right)^{W_{C4}} \tag{6.114}$$

$$B6 = \sum_{i=20}^{23} W_{d_i} \cdot d_i \tag{6.115}$$

第7章　海洋战略风险评估与实验区划

上一章，针对海洋战略风险体系中的4个次级风险，分别构建了具体的评估指标体系和数学模型。本章将根据实际资料获取程度，选择部分指标，利用ArcGIS地理信息系统平台进行风险评估与实验区划，以对指标体系的客观性、合理性和评估模型的有效性进行检验。

7.1　风险分级

风险分级是指依据一定的方法(或标准)把风险评估值所组成的数据集划分成不同的子集，借以凸显数据指标间的个体差异性。由于风险指数往往并不是绝对损失量，因此必须对其进行分级，表示成风险度等级来表明风险的严重程度，便于更好地进行风险区划，突出显示评估区域内风险大小分布特征。

风险分级应遵循一定的原则：一是要遵循客观规律，保持数据的分布特征；二是要讲究科学性原则，力求改善分级间隔的规则性、统计之中的同质性以及不同等级间的差异性；三是要讲究实用性，对于一个由风险指标所组成的数据集，其数值的分级应该根据风险评估区域的具体情形或应用需要而进行；四是要讲究美观性原则，在制作风险专题图时不但要重点体现评估指标值的空间分布特征，也要尽量使得区划图色彩平衡、特征明显、易于理解。

常规的风险分级可以采用以下方法。

1. 数列分级

数列分级是以某种数列中的一些点作为分级界线，常见的有等差分级法、等比分级法以及人为定级法。

等差分级法是按固定的间隔来对数据进行分级，即：间距 $d=(X_{max}-X_{min})/n$。式中，X_{max}、X_{min}和n分别为数据集中的最大、最小值以及要求分出的级别数。该方法适用于原始数据呈线性分布的情况，但在数值分布差异过大的情形下无法有效地反映数据离散情形，影响区划效果。

等比分级法的级差成等比数列增加或递减，一般适用于数值按指数增长的数据，凡数据变化在曲线图上具有抛物线分布特征的可以采用此法，它对反映数据相差非常大的制图现象有较好的效果。假设一统计数列为1～10000，其各统计数值之间的变化大致是符合按指数增长的数列，如将其分为4级，则为：1～10，11～100，101～1000，1001～10000。

人为定级法主要是基于一些专家经验、自然常理以及国际准则来进行等级划分。例如，对于风险指标中灾害发生频率的等级划分，部分学者采用等间距划分方法，将其划分为5个等级；而IPCC-4报告中，将不确定性划分为10个等级，即：几乎确定，>99%；极有可能，>95%；很可能，>90%；可能，>66%；多半可能，>50%；或许可能，33%～66%；不可能，<33%；很不

可能，<10%；极不可能，<5%；几乎不可能，<1%。

2. 分位数分级

分位数分级是一种等值分级法。它将数据从小到大排列，然后按各级内数据个数相等的规则来确定分级界线，用此方法的分级界线只取决于指标的序数而不是数值。分段数根据风险等级划分的具体要求可以选择 3~7 分位。

分位数分级可以使每一级别的统计量数目相等，所以这种方法尤其适用于反映差异显著的数据。

3. 标准差分级

原理：标准差是反映各数据间离散程度的一个指标，它的表达公式为 $\sigma=\sqrt{\dfrac{\sum(X_i-\overline{X})^2}{n-1}}$。

按标准差进行分级，需要先计算算术平均值 $\overline{X}$ 和标准差 σ，然后根据数据波动情况划分等级，以算术平均值 $\overline{X}$ 作为中间级别的一个分界点，其余分界点为 $\overline{X}\pm\sigma,\overline{X}\pm2\sigma,\overline{X}\pm3\sigma,\cdots,\overline{X}\pm n\sigma$；或采用 $\overline{X}\pm\frac{1}{2}\sigma,\overline{X}\pm\sigma,\cdots,\overline{X}\pm\frac{n}{2}\sigma$ 形式。式中，n 为分级个数。

显然，这种分级方法适用于呈正态分布的风险度指标数值。一般情况下数据较多数目的统计区域被纳入中间等级，少数远离算术平均值的统计区域划归为两头等级。

4. 自然断点法

原理：任何统计数列都存在一些自然转折点、特征点，可利用频率（或积累频率）直方图、坡度曲线图以及离差图等进行断点选择，实现组内方差最小和组间方差最大。

该方法是在分级数确定的情况下，通过聚类分析将相似性最大的数据分在同一级，差异性最大的数据分在不同级。显然，这类方法考虑了数据的自然分组，可以较好地保持数据的统计特征，但分级界限往往是任意数，不符合常规制图需要。

5. 聚类分级法

聚类的方法很多，常见的有均值聚类、分层聚类以及模糊聚类等方法。在一维聚类中，最常用的是 K 均值聚类，它是一种经典的空间聚类算法。首先，要给聚类数目 K 创建一个初始划分，用每个聚类中所有对象的平均值作为该聚类（簇）的中心，然后根据误差平方和最小的准则将空间对象与这些聚类中心和初始类逐一作比较，判断对象的归属。

这种分级法充分考虑了数据的分布特性，但实现起来相对比较烦琐。

可见，每种方法都有各自的优点和不足，在应用时要根据具体情况进行选择。

7.2 沿海经济发展风险评估与实验区划

按照 5.2 节建立的沿海经济发展风险评估指标体系，结合实际可用资料情况，以气候变化背景下我国沿海地区面临的热带气旋和海平面上升灾害风险为例，首先进行单灾种评估，然后进行多灾种的叠加融合。由于目前缺乏台湾的相关数据信息，故评估单元选取除台湾之外的沿海 11 个省级（含直辖市）行政区划单元，为分析、显示方便，将特别行政区香港和澳门纳入广东一并考虑。

7.2.1 热带气旋灾害风险评估

1. 资料说明

热带气旋记录选用中国气象局上海台风研究所整编的 1949—2009 年“CMA-STI 热带气旋最佳路径数据集”。首先去除其中未达到热带低压强度(风速小于 10.8 m/s)的记录和变性气旋的记录,然后在 ArcGIS 平台上提取各省的热带气旋记录。根据热带气旋风场模型,一个热带气旋过程主要影响周边 200～300 km 的范围,这里选择 200 km 作为影响范围,对各省分别做多边形缓冲区分析。那么,落在各省及其缓冲区内的热带气旋每 6 h 的记录数据,便是 61 年间所有对该省造成影响的热带气旋记录数据。

另外,各省热带气旋历史灾损资料从《热带气旋年鉴》中提取。各省人口、经济资料来自中国统计年鉴数据库(http://tongji.cnki.net/kns55/index.aspx)。

2. 指标权重确定

(1)建立层次结构模型

根据 6.2.2 节建立的指标体系,暂不考虑预报警报能力 d_{17},则热带气旋灾害风险评估的层次结构模型如图 7.1 所示。

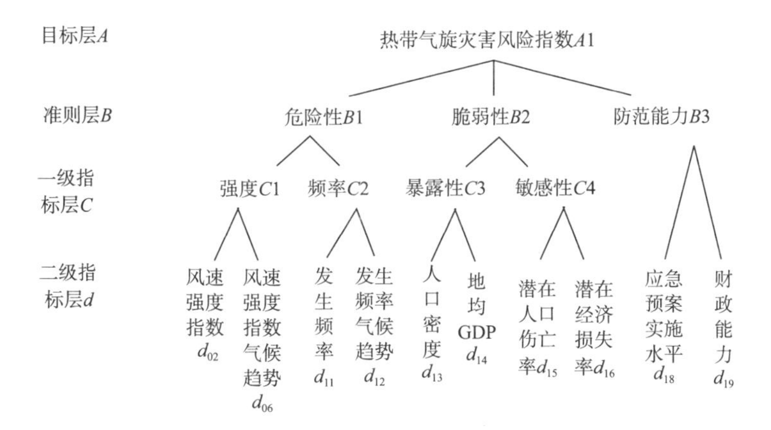

图 7.1 热带气旋灾害风险层次结构模型

(2)构造判断矩阵与层次排序以及一致性检验

结合 Delphi 法广泛征求专家意见,对每一层指标的重要性进行两两比较,得到一系列判断矩阵。判断矩阵中的数值采用 1～9 及其倒数的比例标度方法确定。比例标度的具体含义见表 7.1。

表 7.1 比例标度含义

标度	含义
1	两个指标具有同等重要性
3	两个指标中,一个比另一个稍微重要
5	两个指标中,一个比另一个明显重要
7	两个指标中,一个比另一个强烈重要
9	两个指标中,一个比另一个极端重要
2、4、6、8	上述两个相邻判断的中值

计算各判断矩阵的最大特征值λ_{max}及其对应的特征向量W,归一化之后的特征向量即为对应的权向量。

引入一致性指标$CI=|\lambda_{max}-n|/(n-1)$对判断矩阵的一致性进行检验,$n$为矩阵的阶数。为了度量不同阶矩阵是否具有满意的一致性,再引入判断矩阵的平均随机一致性指标RI(表7.2)。计算$CR=CI/RI$,若$CR<0.1$,则认为判断矩阵具有满意的一致性;否则,需要对判断矩阵进行调整。

表 7.2 平均随机一致性指标 *RI*

n	1	2	3	4	5	6	7	8	9
RI	0	0	0.58	0.90	1.12	1.24	1.32	1.41	1.45

$A1-B$层判断矩阵及其对应的权向量、一致性检验计算结果如表7.3所示。

表 7.3 *A*1—*B* 层判断矩阵

$A1$	$B1$	$B2$	$B3$	W_{Bi}	一致性检验
$B1$	1	3	5	0.6483	$\lambda_{max}=3.0037$
$B2$	1/3	1	2	0.2297	$CI=0.00185$, $RI=0.58$
$B3$	1/5	1/2	1	0.1220	$CR=0.0032<0.1$

同样,构造$B1-C$、$B2-C$、$B3-C$、$C1-d$、$C2-d$、$C3-d$、$C4-d$层的判断矩阵并经过一致性检验,最终得到的各个权向量见表7.4。

表 7.4 各层判断矩阵权向量

$B1$	W_{Ci}	$B2$	W_{Ci}	$B3$	W_{di}	$C1$	W_{di}	$C2$	W_{di}	$C3$	W_{di}	$C4$	W_{di}
$C1$	0.50	$C3$	0.75	d_{18}	0.67	D_{09}	0.89	d_{11}	0.89	d_{13}	0.33	d_{15}	0.33
$C2$	0.50	$C4$	0.25	d_{19}	0.33	d_{10}	0.11	d_{12}	0.11	d_{14}	0.67	d_{16}	0.67

3. 风险评估与区划

将d_{09}、d_{10}、d_{11}、d_{12}的量化值标准化之后,代入公式(6.28),即得到各省级评估单元的热带气旋危险性$B1$的值,最大为1,最小为0.054。为比较不同评估单元热带气旋致灾危险程度,利用ArcGIS空间分析模块,按照自然断裂法,将热带气旋危险性分为五级,等级划分基准如表7.5所示。由此绘制出我国沿海地区热带气旋危险性区划图(图7.2)。

表 7.5 我国沿海地区热带气旋危险性等级划分

$B1$值	0.054～0.070	0.070～0.215	0.215～0.331	0.331～0.683	0.683～1
危险性等级	1	2	3	4	5
描述	危险性极低	危险性较低	危险性中等	危险性较高	危险性极高

由图7.2可见,气候变化背景下,热带气旋危险性等级最高省份是广东和海南,这两个省份所遭受的热带气旋灾害不仅强度最强,频率也最高;危险性等级较高的省份是福建、广西和浙江,其中浙江虽然受热带气旋影响的频次不是很多,但由于遭受的热带气旋强度大,故危险

性也比较高；危险性最小的是天津和河北，由于地理纬度偏北，又有辽东半岛和山东半岛围护，故热带气旋一般影响较少。从图中还可看出，各省热带气旋频率差异比强度差异要大得多。

同理，基于公式(6.29)可计算得到各省脆弱性 $B2$ 值，最大为 0.693，最小为 0.029。按照自然断裂法分为五级，等级划分基准见表 7.6；沿海地区对热带气旋灾害的脆弱性区划如图 7.3 所示。

表 7.6　我国沿海地区热带气旋脆弱性等级划分

$B2$ 值	0.029～0.040	0.040～0.061	0.061～0.106	0.106～0.182	0.182～0.693
脆弱性等级	1	2	3	4	5
描述	脆弱性极低	脆弱性较低	脆弱性中等	脆弱性较高	脆弱性极高

由图 7.3 可见，对热带气旋灾害最为脆弱的是上海市，主要是由于上海市人口和经济极为密集，故对热带气旋灾害的暴露性极大，一旦有同等强度的热带气旋来袭，会比人口相对稀少和经济欠发达的地区更易遭受损失；脆弱性较高的是江苏、浙江和广东，其中浙江、广东的热带气旋灾损敏感性更高一些；值得注意的是，海南的灾损敏感性是所有省份中最高的，但是由于海南人口、经济暴露性较低，所以总体的脆弱性并不高，福建的情况类似；脆弱性较低的是河北、广西、辽宁和天津。

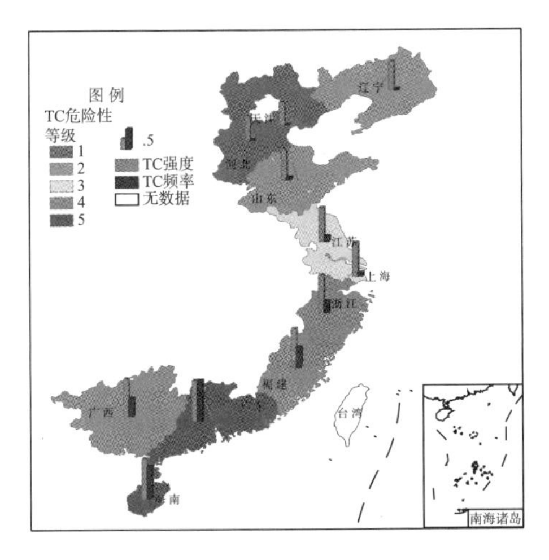

图 7.2　我国沿海地区热带气旋危险性等级区划(见彩图)

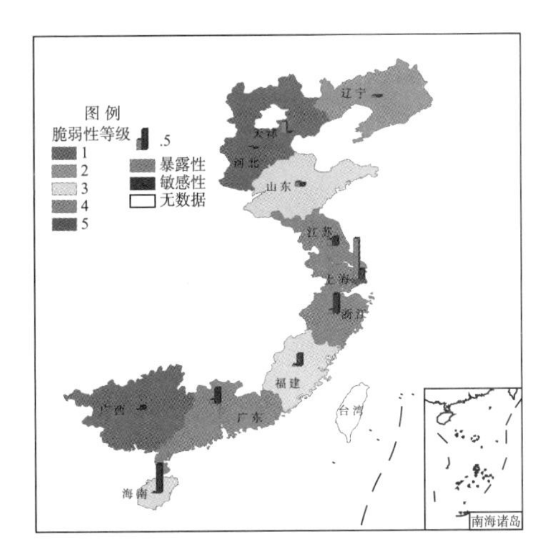

图 7.3　我国沿海地区热带气旋脆弱性等级区划(见彩图)

风险防范能力 $B3$ 反映区域预防、应对灾害的财政支付能力和灾害事件发生时的应急响应与救援能力。某一地区防范能力越强，则发生同等强度灾害事件可能造成的损失就越小、风险也越小。基于公式(6.30)可计算得到我国沿海省份热带气旋灾害防范能力评估区划(图 7.4)。由图可见，防范能力相对最强的是福建，其次是上海、辽宁和广东，防范能力最弱的是河北。

将危险性、脆弱性、防范能力评估结果代入公式(6.27)，可得到我国沿海地区热带气旋灾害的风险指数评估值 $A1$，最大为 0.618，最小为 0.076。按照自然断裂法分为五级，风险等级划分基准见表 7.7；我国沿海地区热带气旋灾害风险区划如图 7.5 所示。

表 7.7 我国沿海地区热带气旋灾害风险等级划分

A1 值	0.076～0.135	0.135～0.215	0.215～0.409	0.409～0.507	0.502～0.618
风险等级	1	2	3	4	5
描述	风险极低	风险较低	风险中等	风险较高	风险极高

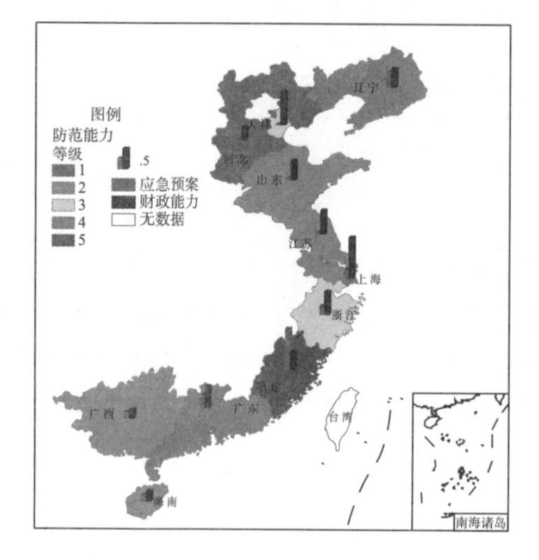

图 7.4 我国沿海地区热带气旋防范能力等级区划(见彩图)

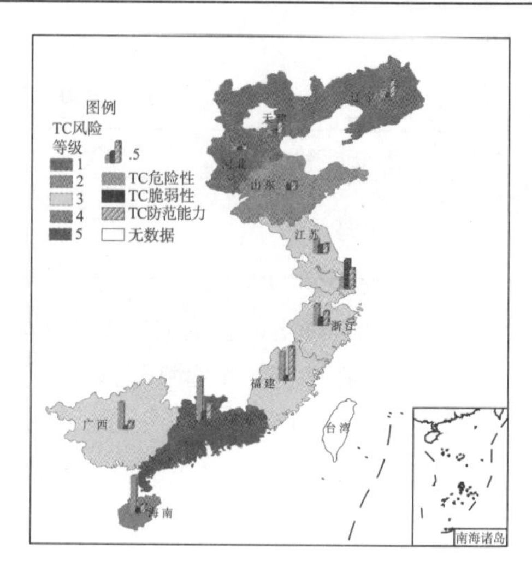

图 7.5 我国沿海地区热带气旋灾害风险等级区划(见彩图)

由风险区划图 7.5 中可见，在全球气候变化背景下，我国沿海各省份中，广东热带气旋灾害的风险度最高；其次是海南、浙江、福建、广西、上海、江苏等，具有中等水平的风险；天津、河北、辽宁等省(市)的热带气旋灾害的风险等级最低。

为了比较说明危险性、脆弱性、防范能力各要素对综合风险贡献程度及热带气旋灾害风险形成的原因，图 7.6 给出了沿海各省(市)的热带气旋灾害风险形成要素贡献率对比分析结果。

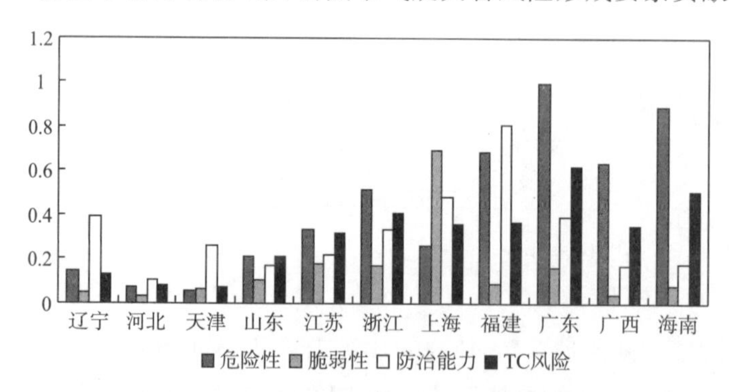

图 7.6 沿海地区热带气旋灾害风险形成要素贡献率对比图

由图 7.6 可见，广东、海南、广西的热带气旋灾害风险主要受其危险性要素的制约，上海的热带气旋灾害风险主要受脆弱性要素的制约，福建、辽宁、天津则受防范能力要素的影响较大。

比较风险评估结果与危险性、脆弱性、防范能力评估结果的差异可见，热带气旋危险性高的省份，风险等级都在中等水平之上。其中广西由于人口和经济密度很小，对灾害的脆弱性很低，因此即使热带气旋危险性较高，但是总体的风险水平并不高。由此可见，承险体的脆弱性是风险存在的必要条件。福建热带气旋危险性也比较高，但由于其防范能力很强，进而对该省热带气旋灾害风险程度有一定平抑作用。另外，上海市虽然人口和经济脆弱性极高，但是由于热带气旋危险性不大，因此风险并不高。风险因子的危险性尽管是构成风险必不可少的条件，但也需要与脆弱性、防范能力等因素综合起来考虑。综上所述，本书建立的包含了危险性、脆弱性、防范能力三要素的风险概念模型是科学、合理的，分别从风险因子危险性、承险体脆弱性和防范能力三个方面及其综合效应来对热带气旋灾害风险进行风险评估，具有可靠性、可行性和实际应用意义。

7.2.2 海平面上升风险评估

1. 资料说明

沿海各省海平面上升预估值采用国家海洋局 2009 年《中国海平面公报》中公布的数据(表 7.8)。海岸侵蚀、海水入侵数据来自 2008、2009 年《中国海洋灾害公报》和《中国海洋环境质量公报》。各省历史最高潮位从历年《中国海洋灾害公报》和各省《海洋环境质量公报》中提取，常见潮位统一设定为 3 m。各省海岸线长度来自 2010 年《中国海洋发展报告》(国家海洋局海洋发展战略研究所课题组，2010)。人口、经济资料来自中国统计年鉴数据库(http://tongji.cnki.net/kns55/index.aspx)。地面高程数据采用美国太空总署(NASA)和国防部国家测绘局(NIMA)联合测量绘制的精度为 90×90 m 的 SRTM3 数据(ftp://e0mss21u.ecs.nasa.gov/srtm/)。由于该数据是分幅存放的，因此，必须将 SRTM3 数据进行拼接和裁切才能得到研究区域所需数据。这里首先选取与我国沿海各省(市)相对应的数据文件，依次加载到 GIS 平台中并进行投影转换；在此基础上进行栅格数据的拼接和裁切操作，得到各省地面数字高程数据。

表 7.8 我国沿海各省(市、区)海平面上升及灾害情况

省份	2009 年海平面升幅(相对于常年)(mm)	未来 30 年海平面最大升幅(相对于常年)(mm)	2009 年海水入侵最大距离(km)	年海岸侵蚀最大宽度(m/a)	海岸侵蚀总长度(km)	最高潮位(m)
辽宁	48	169	24.20	5	142	5.00
河北	43	161	53.46	5	280	5.69
天津	48	193	/	2	34	5.93
山东	70	207	30.10	25	1211	6.74
江苏	84	212	10.99	37.8	225	6.39
上海	55	203	0	67	75	5.99
浙江	56	196	11.60	0.3	54	10.30
福建	65	175	2.98	2	90	10.95
广东	91	240	10	2	602	7.39
广西	74	184	2	/	168	8.67
海南	107	230	2	9	827	4.50

2. 指标结构与权重

在前面 6.2.2 节建立的海平面上升风险指标体系中，暂未考虑防范能力 $B6$；另外，鉴于 21 世纪相当长时间内我国沿海地区地面仍将处于沉降状态(侯艳声 等，2000)，因此海平面上升概率几乎可以肯定，故海平面上升可能性指数 d_{20} 值全部取 1。则我国沿海地区海平面上升风险评估的层次结构模型如图 7.7 所示。

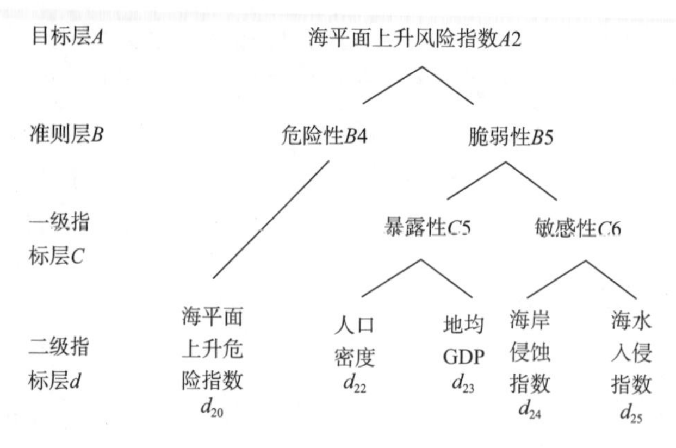

图 7.7 海平面上升风险层次结构模型

通过构造两两比较判断矩阵并经一致性检验，得到各指标权重分配(表 7.9)。

表 7.9 海平面上升风险评估指标权重分配

指标	权重	指标	权重	指标	权重	指标	权重
*B*4	0.67	*C*5	0.25	d_{22}	0.33	d_{24}	0.75
*B*5	0.33	*C*6	0.75	d_{23}	0.67	d_{25}	0.25

3. 风险评估与区划

(1)危险性评估结果分析

根据各省(区)未来 30 年海平面升幅、常见潮位以及历史最高潮位预估，利用公式(6.16)对各省(区、市)地面数字高程地图进行重分类(汤国安 等，2006)，得到各省(区、市)海平面上升危险指数 d_{20}的地理分布图(图 7.8)。

由图 7.8 可见，与区域海平面升幅、潮位、海拔高程相关的海平面上升危险指数的高值区主要集中于大的江河入海口及其冲积三角洲，如辽河入海口、滦河入海口、黄河三角洲、废黄河口、长江三角洲、钱塘江入海口以及珠江三角洲。其中又以废黄河三角洲、长江三角洲和珠江三角洲最为严重。

为比较不同省级单元海平面上升危险性的大小，需要将精度为 90 m×90 m 的海平面上升危险指数值 d_{20}作相应转换。定义如下海平面上升威胁度函数和海平面上升影响范围函数：

$$TD_i = \frac{1}{N_i}\sum_{j=1}^{5} a_j \cdot n_{ij}, IR_i = \frac{N_i}{SN_i} \qquad (7.1)$$

式中，TD_i 和 IR_i 分别表示省级单元 i 受海平面上升威胁的程度和范围大小；a_j 代表海平面上升危险指数 d_{20}的值，考虑前五种情况，即 $a_1=0.9$，$a_2=0.8$，$a_3=0.7$，$a_4=0.6$，$a_5=0.5$；n_{ij} 表示省级单元 i 内 a_j 对应的栅格数；N_i 表示省级单元 i 内 $d_{20}\geqslant 0.5$ 的栅格数；SN_i 表示省级单元 i 内的栅格总数。

TD_i 和 IR_i 计算结果如图 7.9 所示。

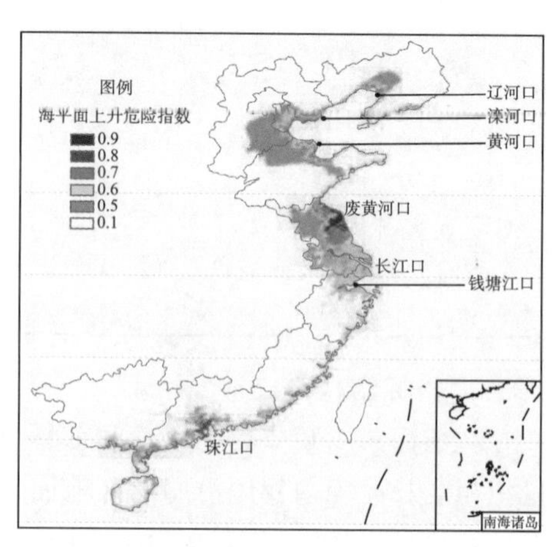

图 7.8 我国沿海地区海平面上升危险指数地理分布图(见彩图)

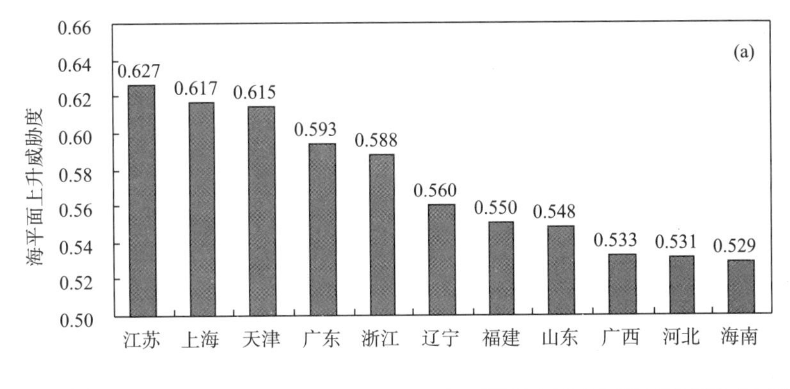

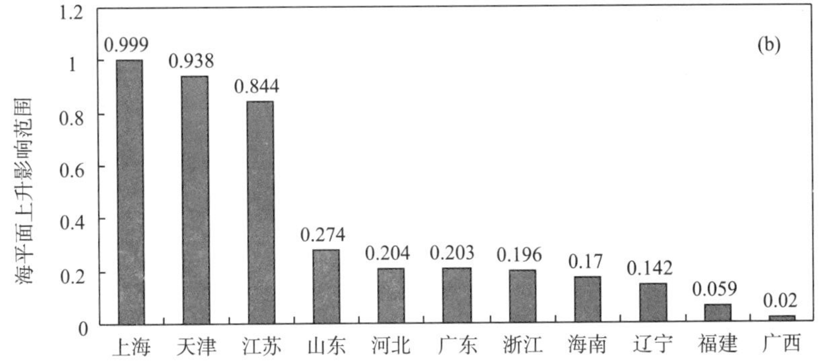

图 7.9 我国沿海各省海平面上升威胁度(a)及影响范围(b)评估值

则各省级单元 i 的海平面上升危险性可以表示为

$$B4(i) = TD_i \times IR_i \tag{7.2}$$

基于公式(6.32)可计算得到各省海平面上升危险性 $B4$ 值，最小为 0.011，最大为 0.617，按照自然断裂法分为五级，等级划分标准见表 7.10，利用 GIS 绘制出危险性区划图(图 7.10)。

表 7.10 我国沿海地区海平面上升危险性等级划分

$B4$ 值	0.010～0.032	0.032～0.090	0.090～0.120	0.120～0.150	0.150～0.617
危险性等级	1	2	3	4	5
描述	危险性极低	危险性较低	危险性中等	危险性较高	危险性极高

由图 7.10 可见，我国沿海各省(区、市)海平面上升危险性等级最高的是天津、上海和江苏，这三个省级单元海平面上升威胁度极高，且影响范围几乎覆盖整个区域，因此，未来海平面上升将使这三个区域面临极严重的威胁；海平面上升危险性较高的是山东；广东和浙江虽然海平面上升威胁度也比较高，但由于影响范围小，故危险性不高；危险性最小的是福建和广西。

(2)脆弱性评估结果分析

按照各指标量化方法对 d_{22}、d_{23}、d_{24}、d_{25} 进行量化，经过标准化处理之后代入公式(6.33)，即得到各省级评估单元海平面上升脆弱性 $B5$ 的值，最大为 1，最小为 0.013。按照自然断裂法分为五级，等级划分基准见表 7.11，脆弱性区划见图 7.11。

表 7.11　我国沿海地区海平面上升脆弱性等级划分

$B5$ 值	0.013～0.020	0.020～0.075	0.075～0.118	0.118～0.291	0.291～1
脆弱性等级	1	2	3	4	5
描述	脆弱性极低	脆弱性较低	脆弱性中等	脆弱性较高	脆弱性极高

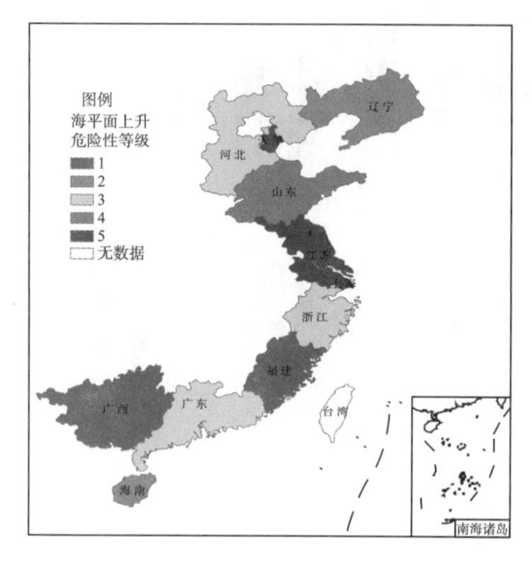

图 7.10　我国沿海地区海平面上升危险性等级区划(见彩图)

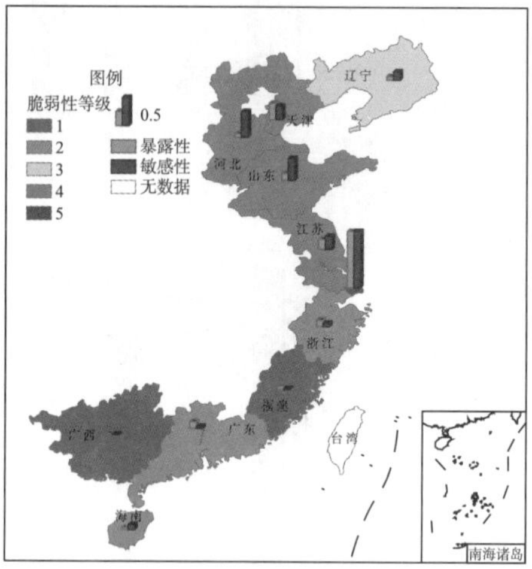

图 7.11　我国沿海地区海平面上升脆弱性等级区划(见彩图)

由图 7.11 可见，上海地区对海平面上升最为脆弱，其次是山东、河北、天津和江苏。以上省(市)海岸侵蚀和海水入侵十分严重，包含了目前我国后退最为严重的海岸段，如河北的滦河口、山东的黄河口、江苏的废黄河口以及上海的长江口等。如果未来海平面继续上涨，这些地区将比其他地区更易遭受海平面上升带来的一系列灾害。脆弱性最低的是福建和广西。

(3)风险评估结果分析

将危险性和脆弱性评估结果代入公式(6.31)，得到我国沿海地区的海平面上升风险指数评估值 $A2$，最大为 0.723，最小为 0.012。按照自然断裂法分为五级，等级划分基准见表 7.12，风险区划如图 7.12 所示。

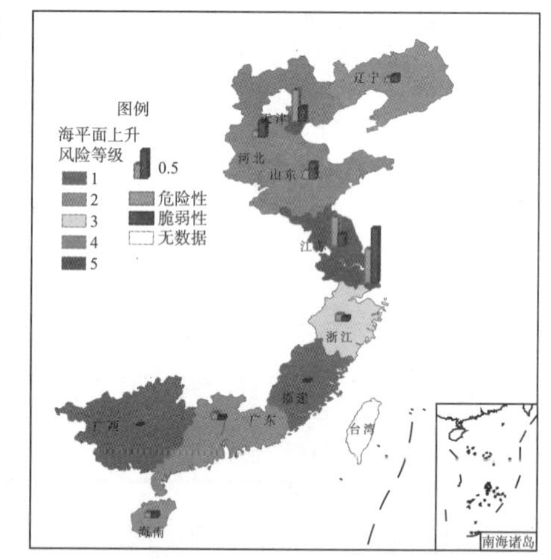

图 7.12　我国沿海地区海平面上升风险等级区划(见彩图)

表 7.12　我国沿海地区海平面上升风险等级划分

$A2$ 值	0.012～0.028	0.028～0.091	0.091～0.097	0.097～0.187	0.187～0.723
风险等级	1	2	3	4	5
描述	风险极低	风险较低	风险中等	风险较高	风险极高

由图7.12可见，海平面上升风险最大的是上海、天津和江苏，其次是山东和河北，广西和福建受海平面上升影响最小。

为了比较说明危险性和脆弱性对综合风险贡献程度及不同省份海平面上升风险致险原因，图7.13给出了沿海各省海平面上升风险形成要素的贡献率对比分析结果。

由图7.13可见，上海地区海平面上升的危险性和脆弱性在沿海各省当中都是最高的，二者共同作用使得上海市海平面上升风险值达到最高；而天津和江苏海平面上升风险主要受危险性的制约；山东、河北则受脆弱性的制约。

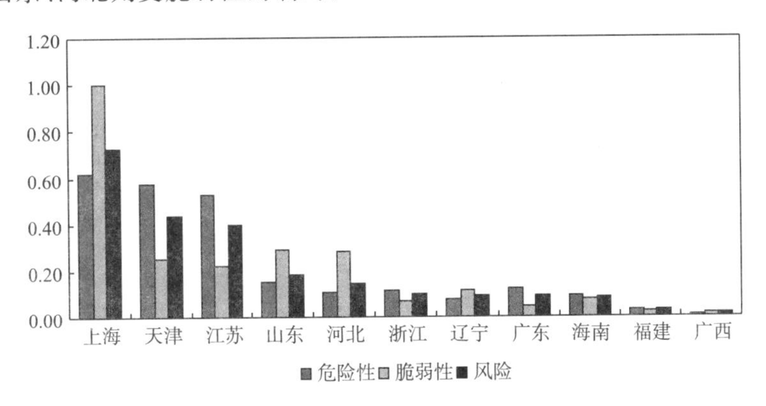

图7.13　我国沿海各省(区、市)海平面上升风险形成要素贡献率对比图

7.2.3　多险源的综合风险区划

热带气旋和海平面上升作为气候变化的直接后果，是未来我国沿海地区面临的主要海洋灾害。如前所述，海洋灾害频发将造成经济发展的成本上升、收益减少、速度变缓，给沿海经济的可持续发展带来风险。参考灾害风险指数系统(DRI)中对多种灾害风险进行加权求和的综合方法(葛全胜 等，2008)，将以上热带气旋灾害风险和海平面上升风险的评估结果进行叠加(权重各取为0.5)，得到气候变化背景下沿海经济发展综合风险 *CRI* 的评估结果，最小为0.167，最大为0.790。按自然断裂法分为五级，等级划分标准见表7.13，分级区划结果见图7.14。

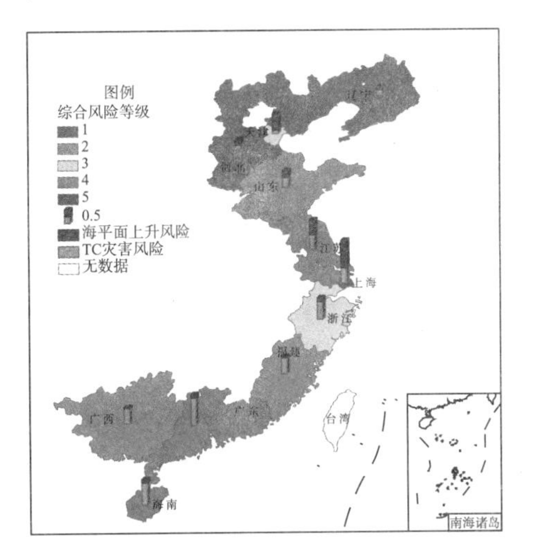

图7.14　气候变化背景下我国沿海经济发展风险等级区划(见彩图)

表7.13　沿海经济发展风险等级划分

CRI 值	0.167～0.172	0.172～0.316	0.316～0.398	0.398～0.562	0.562～0.790
风险等级	1	2	3	4	5
描述	风险极低	风险较低	风险中等	风险较高	风险极高

由图7.14可见，未来全球气候变化对上海地区影响最大，造成的经济发展风险最高；其次

是广东、江苏和海南;风险等级相对最低的是河北和辽宁。海平面上升和热带气旋灾害对各省(区、市)经济发展综合风险的贡献率有较大差异,上海及以北的各省份受海平面上升影响较大,而上海以南各省份受热带气旋灾害的影响则明显大于海平面上升带来的风险。因此,北方沿海省份应重点加强海岸防护力度,增加对防护堤围建设的投资;同时应合理调配水资源,减少地下水开采,控制建筑物高度与密度,以减轻海水入侵和地面沉降程度,将海平面上升带来的灾害降到最低,确保经济健康持续发展。南方各省应重点做好热带气旋多发季节的灾害预报预警工作,建设台风应急避难所,制定应急预案,提高建筑物及基础设施防风标准。

7.3 沿岸军事基地风险评估与实验区划

7.3.1 单基地风险评估

基于前面构建的标准化指标体系,可对基地综合风险进行实验评估。评估工作旨在弄清孕险环境、致险因子和基地脆弱性状况等风险要素,从而更好地进行风险防范和风险管理。根据前述建模思想和技术途径的综合风险评估,其基本步骤可分为计算权重和融合估算两个环节。

1. 权重计算

依照层次分析法的思路,构造判断矩阵:

$$C = (c_{ij})_{m\times m} \tag{7.3}$$

式中,m 为此类指标集中指标个数,如对于 $A1$ 类危险性指标集,$m=4$,对于 $A2$ 类防范能力指标集,$m=2$;c_{ij} 为指标 i 与指标 j 的重要性对比。

计算 C 矩阵的特征值和特征向量,取最大特征值 $\lambda_{\max}$ 进行一致性检验。

引入一致性指标 $CI=|\lambda_{\max}-m|/(m-1)$ 对判断矩阵的一致性进行检验,m 为矩阵的阶数。为了度量不同阶矩阵是否具有满意的一致性,再引入判断矩阵的平均随机一致性指标 RI(表 7.14)。计算 $CR=CI/RI$,若 $CR<0.1$,则认为判断矩阵具有满意的一致性;否则,需要对判断矩阵 C 进行调整。

表 7.14 平均随机一致性指标 *RI*

m	1	2	3	4	5	6	7	8	9
RI	0	0	0.58	0.90	1.12	1.24	1.32	1.41	1.45

若 $\lambda_{\max}$ 满足平均随机一致性,则其对应的特征向量 $X=(x_1,x_2,\cdots,x_m)^T$ 就是各指标的权重。

2. 融合估算

按照本书的建模思路对风险决定要素中的逻辑关系进行了详细区分,因此,构建综合估算模型表达式也应该区别对待。

以准则层 B 为父指标、指标层 C 为子指标和以目标层 A 为父指标、次目标层 A_i 为子指标的函数表达式采用累积加权关系式。其中,单一准则 B_i 为:

$$B_i = \sum_{i=1}^{n} w_{c_i} \cdot c_i \tag{7.4}$$

式中，n 为该属性下一级指标的个数。

综合风险定义为

$$R = w_{A_1} \cdot A_1 + w_{A_2} \cdot A_2 + w_{A_3} \cdot A_3 \tag{7.5}$$

目标层A与准则层B之间的函数表达式采用乘积加权关系。在逻辑关系上，一般认为，风险正比于致险因子的危险性，致险因子越危险，则风险越大；正比于承灾体的脆弱性，承灾体越脆弱，则风险越大；反比于风险防范能力，防范能力越小，风险越大。据此逻辑，可构建如下评价函数表达式：

$$A_i = B_1 \cdot B_2 \cdot (1 - B_3) \tag{7.6}$$

上述表达式中，权重采用6.1.5节介绍的方法确定。

7.3.2　多基地风险区划

风险区划是依据风险大小对评价对象进行区域划分。除根据各基地风险评价值进行风险区域划分以外，还可依据风险指标值，通过聚类的方法划分出风险属性相近的对象。实验区划采用两种聚类算法，一种是基于模糊等价矩阵聚类的算法，另一种是模糊 C 均值聚类算法。

1. 模糊等价矩阵聚类

（1）建立评价矩阵

假设有守备基地 $U=\{x_1, x_2, \cdots, x_n\}$ 为被分类对象，每个对象有 M 个风险分类评价指标值：$x_i = \{x_{i1}, x_{i2}, \cdots, x_{im}\}$，$m=M$，$i=1,2,\cdots,n$。建立风险评价矩阵 X：$X=(x_{ij})_{n\times 31}$，式中，$x_{ij}\in[0,1]$。

（2）建立模糊相似关系矩阵

模糊相似关系矩阵（$R=(r_{ij})_{n\times n}$）反映的是待分类对象两两之间的相似性。计算相似性的方法有很多种，如相关系数法、算术平均最小法、集合平均最小法和绝对值指数法、减数法等。前3种方法可以反映出对象两两之间变化趋势的类同性，后两种方法能够体现出对象两两之间的绝对差异大小。根据本书所研究问题的特点，采用绝对值指数法计算模糊相似矩阵。其基本表达式为

$$r_{ij} = e^{-\sum_{k=1}^{m} | x_{ik} - x_{jk} |} \tag{7.7}$$

（3）计算模糊等价矩阵

模糊等价矩阵为具有自反性、对称性和传递性的矩阵。采用连续平方法计算模糊相似矩阵 R 的等价矩阵 $\hat{R}$：

$$R \rightarrow R^2 \rightarrow (R^2)^2 \rightarrow \cdots \rightarrow R^{2^k} = \hat{R} \tag{7.8}$$

式中，k 为计算步数，一般取$[\log_2 n]+1$步即可。

（4）动态聚类

对等价矩阵 $\hat{R}$，根据需要，选取适当的阈值 $\lambda\in[0,1]$，按 λ 截关系进行动态聚类。

2. 模糊 C 均值聚类

模糊 C 均值聚类算法的思想：假定样本集中的全体样本可以分为 $C(2\leqslant C\leqslant N)$ 类，以 C 类样本数据为依据选定 C 个初始聚类中心；然后，根据最小距离原理将每个样本分配到某一类中；之后，不断迭代各类新的聚类中心，并依据新的聚类中心调整聚类情况，直到迭代收敛或聚

类中心不再改变。基本步骤如下。

(1)初始化。

将待分类对象U的所有指标值$X=(x_{ij})_{n\times m}$按聚类需要自行划分为C类,记为初始聚类$X_1,X_2,\cdots,X_C$。

(2)选择聚类中心。

选择C个初始聚类中心,记为$m_1(k),m_2(k),\cdots,m_C(k)$,$k$为计数器,此时,$k=1$。聚类中心可以选为各初始样本的算术平均值。

(3)清空$X_i(i=1,2,\cdots,C)$,计算各样本$x_j=(x_{j1},x_{j2},\cdots,x_{jm})$与各聚类中心$m_i(k)$之间的欧氏距离:

$$d(x_j,m_i(k))=\|x_j-m_i(k)\|^2 \quad i=1,2,\cdots,C;j=1,2,\cdots,n \tag{7.9}$$

按最小距离原则将样本x_j进行分类,即:若$d(x_j,m_i(k))=\min_{t=1}^{C} d(x_j,m_t(k))$,则$x_j\in X_i,X_i=X_i\cup x_j$。

(4)采用算术平均法重新计算聚类中心:

$$m_i(k+1)=\frac{1}{N_i}\sum_{x_l\in X_i}x_l \quad i=1,2,\cdots,C;l=1,2,\cdots,N_i \tag{7.10}$$

式中,N_i为当前类X_i中的样本数目。

(5)若存在$i\in\{1,2,\cdots,C\}$,有$m_i(k+1)\neq m_i(k)$,则$k=k+1$,转入第(3)步;否则,聚类结束。

(6)得到的分类集$X_1,X_2,\cdots,X_C$即为将评价对象区分为C类的区划方法。

以上介绍的是聚类算法的基本原理,目前许多工具软件都提供了聚类函数算法,用户可以很方便地引用和计算。

7.3.3 风险实验评估与区划

按照前述评价和分级方法,选取我国东部沿海省份20个代表性气象水文站点,结合部分可查数据,进行了风险评估和实验区划。所选20个实验站点为:河北秦皇岛、辽宁营口、辽宁大连、天津塘沽、山东烟台、山东威海、山东青岛、江苏南通、上海宝山、浙江杭州、浙江定海、福建福州、福建厦门、广东汕头、广东深圳、广东湛江、广西防城港、海南三亚、海南海口、海南西沙和海南珊瑚岛站。

鉴于资料限制,针对前述相应评价指标体系,仅就其中部分指标进行评估计算。其中的危险性指标仅选取了其中的热带气旋危险性、大风危险性、暴雨危险性、湿热指数和风寒指数;脆弱性指标只选取了地形地貌脆弱性、作战训练环境脆弱性、人员数量和人员素质等;防范能力指标选取了应急保障能力指数和医疗卫生条件指数。

在所选取的这些指标中,大风危险性和暴雨危险性指数是根据国家气象局提供的1951—2011年的61年站点气象观测数据中相关要素取年平均后,再通过公式(6.54)和(6.55)分别计算得出的;热带气旋危险性指数是根据上海气象局发布的1949—2011年"CMA-STI热带气旋最佳路径数据集"资料,然后在ArcGIS的平台上,以200 km为缓冲区计算热带气旋对各省的影响;风暴潮危险性指数是根据国家海洋局发布的2000—2011年风暴潮灾害数据,对其按自然断裂法进行5个等级划分,最终给出危险性指标值;湿热指数和风寒指数通过对平均气温、风速和相对湿度计算得到。此外,用人口数和大专以上学历人口比例作为港口人员装备安全风险的暴露性和敏感性指标,进一步计算得到脆弱性指标;用医院数量和城市面积计算得出各省的医疗条件指数，作为防范能力的考量指标。地形脆弱性、防范能力等数据均通过网络资源获取。

1. 基于层次分析方法的单基地风险实验评估

以山东青岛站为例，通过统计数据，得出其年均强降雨日数为 6.77193 天，代入评价公式，得出青岛站的强降雨危险评价指数为 0.58；年均大风日数为 58.21 天，代入评价公式，得出青岛站的大风危险评价指数为 0.94。依同样的方式，计算得出青岛站第一层次风险评价指标数据，如表 7.15 所示。

表 7.15 青岛站第一层次风险指标评价

危险性					脆弱性				防范能力	
大风	暴雨	热带气旋	湿热	风寒	地形地貌	作训环境	人员数量	人员素质	应急保障	医疗条件
0.94	0.58	0.83	0.90	0.97	0.30	0.41	0.67	0.72	0.62	0.79

按表 6.15 的指标体系层次结构融合，可进一步计算得到青岛站的基地生存条件、作战训练环境和人员装备安全等 3 类第二层次的风险指标评估结果，如表 7.16 所示。

表 7.16 青岛站第二层次风险指标评价

基地生存条件			作战训练环境				人员装备安全				
危险性	脆弱性	防范能力	危险性		脆弱性	防范能力	危险性		脆弱性		防范能力
热带气旋	地形地貌	应急保障	大风	暴雨		应急保障	湿热	风寒	人员数量	人员素质	医疗条件
0.83	0.30	0.62	0.94	0.58	0.41	0.62	0.90	0.97	0.67	0.72	0.79

按照 6.1.4 节的相关公式，通过对属性变量取平均的方法来获取属性评价值，对青岛站风险进行综合评价，得到的风险指标评价结果如表 7.17 所示。

表 7.17 青岛站综合风险评价

	基地生存条件指数	作战训练环境指数	人员装备安全指数	综合风险
评价结果	0.09	0.12	0.14	0.12

2. 基于层次分析方法的多基地风险实验区划

将各站点按照单基地同样的风险评估方法计算，最后将各省代表性站点取平均，得到沿海各省份的军事基地风险评估，如表 7.18 所示。

表 7.18 沿海部分省市军事基地的气候环境风险指标综合评价

	基地生存条件风险			作战训练环境风险			人员装备安全风险			综合风险	建议分级
	危险性	脆弱性	防范能力	危险性	脆弱性	防范能力	危险性	脆弱性	防范能力		
河北	0.05	0.25	0.60	0.30	0.74	0.55	0.92	0.36	0.02	0.14	Ⅱ
辽宁	0.17	0.48	0.71	0.72	0.57	0.58	0.92	0.55	0.11	0.22	Ⅰ
天津	0.26	0.65	0.60	0.74	0.32	0.76	0.92	0.95	0.31	0.24	Ⅰ
山东	0.33	0.40	0.75	0.69	0.34	0.65	0.65	0.40	0.09	0.12	Ⅱ
江苏	0.57	0.75	0.30	0.68	0.31	0.44	0.31	0.80	0.09	0.21	Ⅰ
上海	0.47	0.73	0.74	0.60	0.55	0.48	0.96	0.57	0.80	0.12	Ⅱ

续表

	基地生存条件风险			作战训练环境风险			人员装备安全风险			综合风险	建议分级
	危险性	脆弱性	防范能力	危险性	脆弱性	防范能力	危险性	脆弱性	防范能力		
浙江	0.72	0.40	0.87	0.75	0.54	0.60	0.33	0.50	0.09	0.12	Ⅱ
福建	0.94	0.68	0.85	0.80	0.67	0.69	0.07	0.57	0.54	0.09	Ⅲ
广东	0.83	0.55	0.82	0.73	0.35	0.54	0.68	0.38	0.26	0.13	Ⅱ
广西	0.41	0.25	0.40	0.63	0.44	0.38	0.001	0.09	0.05	0.08	Ⅲ
海南	0.57	0.76	0.72	0.68	0.58	0.54	0.59	0.26	0.16	0.14	Ⅱ

为了直观表现沿海军事基地的气候变化风险分布，可将风险划分为3级(表7.19)，并作风险区划图(图7.15)。由表7.18和图7.15可知，基于该风险分级标准，综合风险较大区域位于天津、辽宁和江苏三省(市)，风险较小区域位于福建和广西，其他省份风险大小介于这两类之间。进一步地对气候变化风险评价数据进行详细分析，可更清晰地认清该风险分布结果的原因。

按照风险指标体系，沿岸与岛礁守备基地风险可分为基地生存条件风险、作战训练环境风险和人员装备安全风险三类。图7.15所示为对这三类风险要素的综合，基地生存条件、作战训练环境和人员装备安全等风险要素区划如图7.16所示。

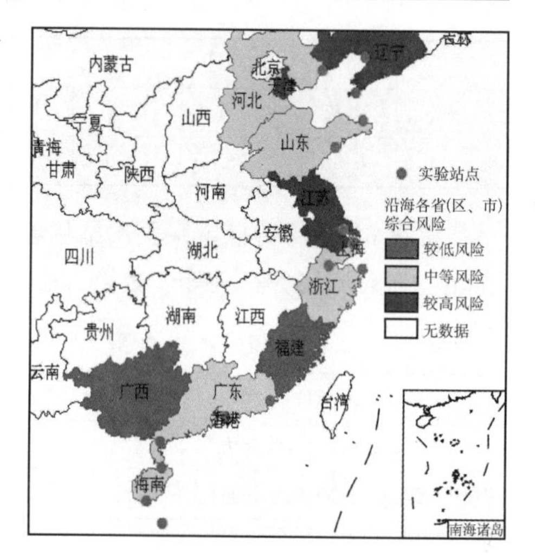

图7.15　沿海军事基地气候变化综合风险实验区划(见彩图)

表7.19　沿海军事基地气候变化的综合风险等级划分

风险值	0～0.1	0.1～0.2	0.2～1
风险等级	1	2	3
描述	较低风险	中等风险	较高风险

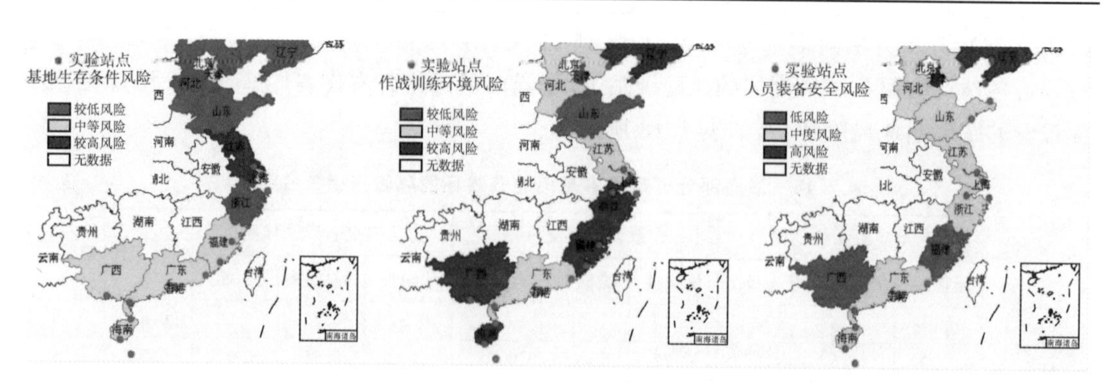

图7.16　沿岸军事基地风险特征指标区划(见彩图)

为详细了解和直观表现气候变化的风险影响，将表7.18的特征指标评估结果分别绘制成相应的风险要素区划图(图7.17、图7.18和图7.19)，以对风险的各项特征指标分布作进一步

的分析。

3. 基地生存条件风险区划

基地生存条件危险性分布区划如图 7.17(左)所示。仅就基地生存条件的危险性而言，福建危险性最高；广东、浙江、海南、上海和江苏等省市危险性也较高；相比而言，广西、山东、天津和辽宁等省(区、市)的危险性较低，河北危险性最低。该危险性的分布特征主要与热带气旋强度、风暴潮灾害程度等密切相关，袭击我国的热带气旋大多从我国的东南沿海登陆，因而造成福建、广东、浙江等省遭受该类自然灾害较多，故其危险性较高。

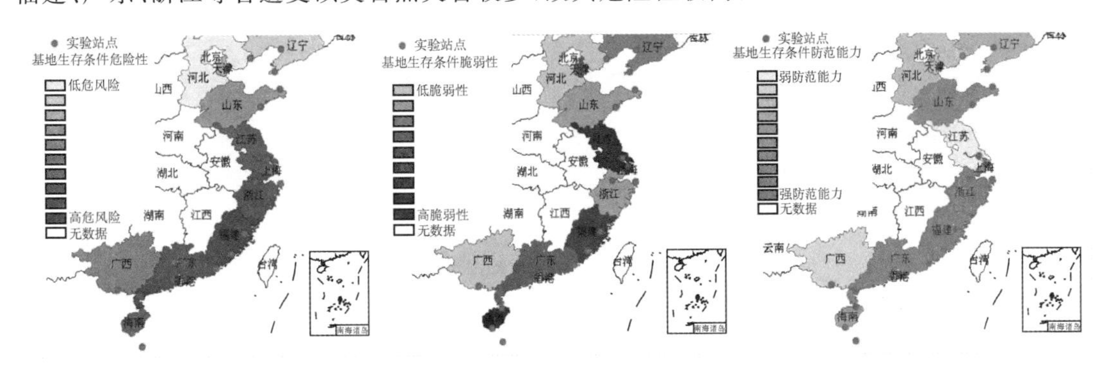

图 7.17 基地生存条件风险各项指标分布(见彩图)

基地生存条件脆弱性分布区划如图 7.17(中)所示。针对基地生存条件脆弱性而言，江苏与海南脆弱性最高，福建、广东、天津、辽宁次之，而山东、浙江、广西、河北脆弱性较低。本书脆弱性的评价结果主要由评价测站地形、地貌和地域属性决定，例如，海南地域面积较小，四面环海，江苏沿海以滩涂低洼地形为主，故二者脆弱性相对较高；而河北、广西等省(区)海岸线较短，又因地理位置特殊，受灾害事件的影响相对较弱，故其脆弱性也较低。

基地生存条件风险防范能力分布区划如图 7.17(右)所示。其中，海南、广东、福建、浙江、上海、山东等省(市)的风险防范能力较强。防范能力与其经济的发展、地方政策法规的执行程度密切相关。如上海市，高度发达的经济使其具有较强的保障基础，而其对医疗设施、基地基础建设的高度重视使其对风险有较强的防范能力。广西受经济发展水平的制约，风险的防范能力相对较弱。

综合上述军事基地生存条件的危险性、脆弱性、防范能力等三方面的评价指标，可综合得到沿海地区军事基地生存条件的综合风险等级分布。由图 7.16(左)可见，由于江苏沿海地区具有较高的危险性和脆弱性，加之滩涂地形的风险防范能力较弱，故军事基地的生存条件属高风险；广西、海南、广东、福建、上海、天津等沿海地区的军事基地生存环境属中等风险。在这些省(市、区)中，上海市虽危险性和脆弱性较高，但其风险防范能力较强，故其风险程度相对降低；广西沿海地区的危险性和脆弱性虽然较低，但其风险防范能力相对较低，故其风险相对较高；辽宁、河北、山东、浙江等省，由于其危险性、脆弱性不高，加之风险防范能力较强，故风险等级较低。

4. 作战训练环境风险

基地作战训练环境危险性、脆弱性和风险防范能力指标的实验评估结果分布区划如图 7.18 所示。

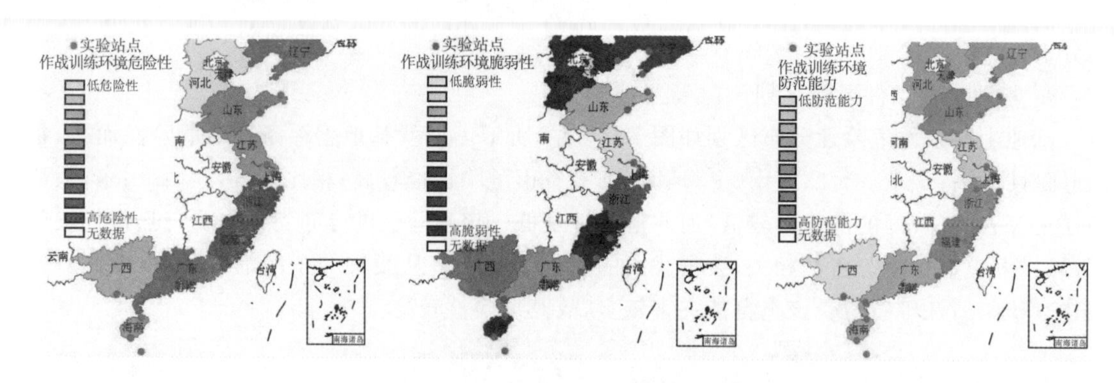

图 7.18　作战训练环境风险各项指标分布(见彩图)

作战训练环境危险性区划如图 7.18(左)所示。鉴于可查可用数据资料的限制,在进行基地作战环境危险性评价时,仅选取了大风和暴雨两个指标(表 7.15)。在被评估的沿海省份中,浙江、福建两省多受热带气旋侵袭,因而具有较高的危险性。相对而言,广西、河北等省(区)的地理分布特征使得其大风、暴雨天气较少,危险性也相对较低。

作战训练环境的脆弱性区划如图 7.18(中)所示。作战训练环境的脆弱性评价指标体系主要由作训科目、作训人员素质和武器装备类型构成。因此,作战训练环境脆弱性的评价本质上是对评估对象军事价值的体现。一般而言,军事价值越高、战略地位越重要,其作训计划和行动越易受环境影响和干扰,其脆弱性越高。因此,综合考虑周边国际关系和军事防卫部署,福建、海南和津、冀等地的脆弱性相对较高。

作战训练环境的风险防范能力区划如图 7.18(右)所示。作战训练的防范能力指标考量的是相应省份的经济发展实力、科技文化水平和基地基础条件。这些指标中,福建、山东、浙江等省份综合实力相对靠前,防范能力指标也相对较高。其他省份中,如江苏虽然也是经济发达省份,但鉴于其受自然地理环境条件限制,沿海缺少良港,基地规模和基础设施建设相对滞后,致使军事基地的风险防范能力较弱。

基于作战训练环境风险特征指数融合的综合风险分布图 7.16(中)可以看出,作战训练方面,我国东部沿海的辽宁、浙江、福建、广西、海南等省(区)的气候变化风险相对较大。其中,对于辽宁、广西等地区,经济发展水平等诸因素制约下的风险防范能力偏弱可能是导致该结果的原因之一;而对于浙江、福建等省,常年的大风、多雨和高温、高湿等自然环境是导致其作战训练风险较大的主要原因;海南较浅的战略纵深,造成其脆弱性偏大,由此导致该区域作战训练风险较大。在东部沿海的 11 个省(市)中,天津、山东等地区由于有较好的自然地理环境和防灾减灾能力,使其沿海军事基地作训能力在气候变化背景下潜在风险较小,比较适宜于作战训练。

5. 人员装备安全风险

军事基地人员装备安全危险性的实验评估结果与分布区划如图 7.19(左)所示。其中,天津、辽宁和河北等省(市)的危险性等级最高,属极高危险区。这与这些省份地处较高纬度,冬季寒潮、冷空气活动强烈、频繁,较低气温和较大风速导致风寒指数很高,进而使人员装备安全受风寒影响的危险性增大有关。山东、上海、广东的危险性次之,属高危险区。山东较辽宁和河北而言,地理位置稍偏南,风寒指数也相对较小。上海、广东等省(市)的纬度偏南,高温、高湿的气候特征使其湿热指数偏高,人员装备安全受高温、高湿环境影响较大,使其危险性较高。

浙江、海南属中等危险区，江苏沿海的危险性较低，福建、广西的危险性相对最低。江苏、浙江和福建所在纬度位于沿海九个省(市)中间位置，风寒指数和湿热指数的综合影响效应比较明显。而浙江在冬季的风寒指数较江苏偏高，其夏季的湿热指数也较福建偏高，在二者综合作用下，致使浙江的危险性高于江苏和福建。浙江的“中等”级别的危险性评价与其地理位置相符。广西地理位置略比海南偏北，防城港特殊的地理环境使这里的湿热指数比同纬度地区都小，导致其危险性并不高。

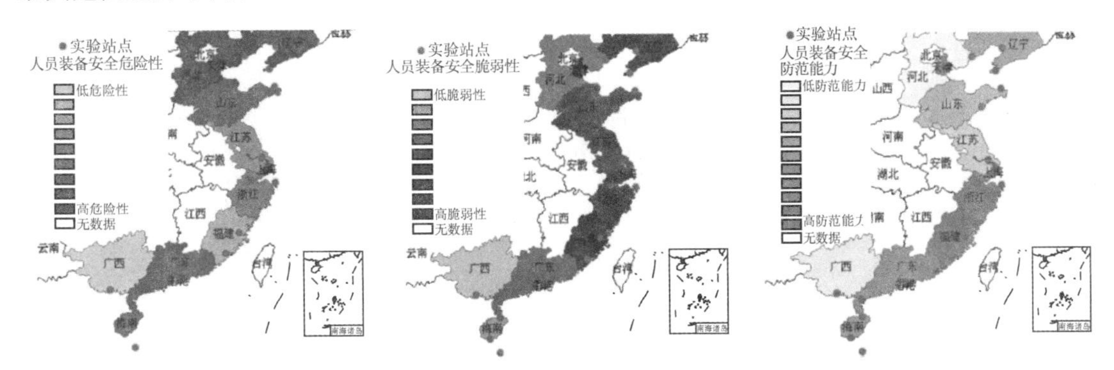

图 7.19　人员装备安全风险各项指标分布(见彩图)

军事基地人员装备脆弱性实验评估结果分布区划如图 7.19(中)所示。其中，上海、福建和天津的脆弱性等级为极高，辽宁属高脆弱性等级，浙江脆弱性较高，山东和江苏的脆弱性为中等，广东脆弱性较低，河北属低脆弱性等级，广西和海南的脆弱性为极低。上海、福建、天津等地的人员、装备的敏感性和暴露性较大，使其脆弱性居高。

军事基地人员装备的风险防范能力实验评估区划如图 7.19(右)所示。分析结果表明，上海防范能力为极强等级，福建次之，防范能力等级为强，广东、天津等的防范能力属较强等级，辽宁、海南的防范能力为中等，江苏、山东防范能力较弱，浙江、广西防范能力等级为弱，河北的防范能力为极弱等级。上海由于其区域经济极为发达，医疗设施完善，地区面积小、人口密度大，使其医疗条件比其他所有省份高。值得注意的是，江苏作为所有评价对象中经济发展较好的省份，其评价结果显示为弱的防范能力等级，这是由于江苏选取的评估站点仅有南通，其自然环境、经济发展和医疗条件方面与江苏平均状况有一定差异。但在港口省份中，南通对江苏仍有一定的代表性。

综上特征风险指标，融合得到军事基地生存条件、作战训练环境和人员装备安全等特征风险指标的综合风险评估实验区划(图 7.16 右)。其中，辽宁和天津作为北方省(市)，有较高的危险性、较大的脆弱性和较低的风险防范能力，进而具有较高的风险。相比而言，广西抵御自然灾害风险的地理位置较为优越。此外，福建、广东和江浙等省，虽然自然地理条件相对较差，但其防灾抗灾经验、基础设施条件和极端天气事件防范能力较强，因此人员装备安全风险也相对较低。

依据军事基地的影响因子权重和融合模型，对图 7.16 中的诸特征风险指标进一步融合，则可得到沿海军事基地综合风险评估实验区划(图 7.15)。

6. 基于聚类分析的多基地风险实验区划

基于聚类分析方法，开展沿海军事基地的风险实验区划，并进行聚类区划、结果分析和检测试验。评估实验中选取的基地模拟环境要素和特征指标如表 7.20 所示。

表 7.20　部分沿海基地模拟气候环境要素与特征指标实验风险评价

	基地生存条件			作战训练环境				人员装备安全				
	危险性	脆弱性	防范能力	危险性		脆弱性	防范能力	危险性		脆弱性		防范能力
	热带气旋	地形		大风	大雨			湿热指数	风寒指数	人员数量	人员素质	
秦皇岛	0	0.3	0.6	0.01	0.59	0.74	0.55	0.84	1	0.23	0.49	0.02
营　口	0	0.6	0.5	0.82	0.59	0.63	0.34	0.87	0.99	0.06	0.06	0.03
大　连	0.21	0.4	0.8	0.92	0.55	0.51	0.82	0.86	0.97	0.36	0.62	0.08
塘　沽	0.42	0.7	0.6	0.94	0.54	0.32	0.76	0.86	0.99	1	0.89	0.31
威　海	0.41	0.4	0.7	0.95	0.56	0.24	0.81	0.86	0.96	0.04	0.07	0.01
青　岛	0.83	0.3	0.8	0.94	0.58	0.41	0.62	0.9	0.97	0.34	0.36	0.08
南　通	0.83	0.9	0.3	0.66	0.71	0.31	0.44	0.3	0.33	0.56	0.23	0.09
宝　山	0.83	0.7	0.7	0.49	0.7	0.55	0.45	0.93	0.98	0.15	1	1
杭　州	0.83	0.2	0.9	0.69	0.77	0.73	0.77	0.24	0.26	0.47	0.69	0.09
定　海	0.87	0.2	0.8	0.79	0.74	0.34	0.42	0.24	0.26	0.03	0.12	0.002
福　州	0.96	0.2	0.8	0.76	0.78	0.66	0.78	0.06	0.11	0.27	0.28	0.09
厦　门	0.99	0.7	0.9	0.89	0.77	0.68	0.62	0.03	0.06	0.14	0.46	0.44
汕　头	1	0.5	0.8	0.74	0.82	0.27	0.79	0.02	0.02	0.13	0	0.09
深　圳	1	0.2	0.9	0.51	0.85	0.62	0.27	0.89	0.94	0.16	0.17	0.15
湛　江	0.51	0.2	0.8	0.66	0.82	0.15	0.78	0.97	0.98	0.27	0.02	0.01
防　城	0.51	0.1	0.4	0.48	0.78	0.44	0.8	0	0	0.07	0.11	0.05
海　口	0.51	0.7	0.9	0.77	0.82	0.61	0.81	1	0.99	0.06	0.34	0.15
三　亚	0.51	0.6	0.9	0.54	0.78	0.68	0.46	0.93	0.96	0.01	0.1	0.01
西　沙	0.62	0.4	0.5	0.7	0.78	0.29	0.83	0.96	0.95	0	0.22	0
珊瑚岛	0.51	0.9	0.3	0.38	0.69	0.72	0.39	0.99	0.96	0	0.06	0

采用模糊 C 均值聚类方法(FCM)得到基于表 7.20 的风险评估聚类区划结果(图 7.20)。聚类结果由图中柱状图表示，由于聚类的结果并未清楚揭示每一种聚类中心的风险大小。因此，仅将风险区分为三类，每根柱子里不同的颜色代表该站点对不同风险类别的隶属程度。图中可以看出，浙江杭州、定海，福建福州、厦门，广东汕头和广西防城等地区属三类风险；其他地区风险则介于一类和二类风险之间，具体隶属程度不明显。从分析结果可以看出，聚类区划的

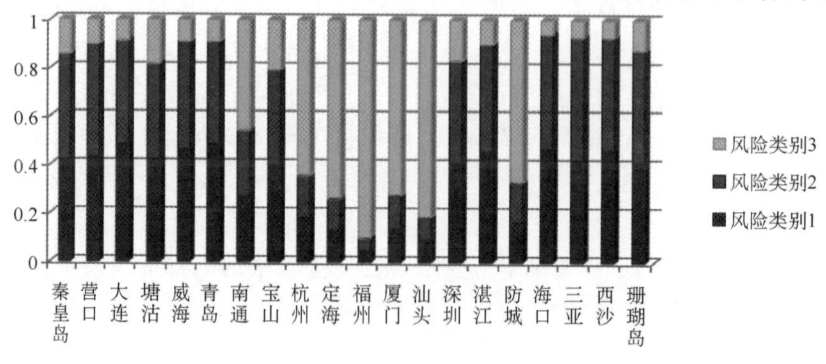

图 7.20　我国沿海地区军事基地风险实验评估等级分类

结果和前文基于层次分析的结果略有不同,层次分析方法评估出的风险区划结果是按照风险大小进行的区划;而通过聚类方法进行的风险区划则是单纯地对风险进行了分类,若要了解每一类风险的相对大小,还需对每一聚类中心作进一步的综合风险评价。这种差异可能与不同分类区划方法的思想和目标不同有关。但从风险管理的角度出发,仍有明确的应用意义。

本节对沿岸与岛礁守备基地的气候变化风险评价方法和风险区划等问题进行了探索,建立了风险评价指标体系和风险概念模型,并进行了相应的实验评估与区划。

由于上述评估方法尚处于探索阶段,评估数据资料也极不完备,这在一定意义上使评估结果一时还难以直接进行业务应用(故称为实验评估)。聚类分析区划和层次分析区划两种方法之间还存在一定差异,目前尚难以断定哪种方法更具优势。应该说,两种评估方法在实际应用中各具优势,可视具体问题特性和评估目标要求予以选用。在下一步工作中,拟针对具体问题,改进、完善建模技术和不同方法间的优势互补,以使评估模型更加客观、合理、可靠。

7.4 岛礁主权争端风险评估与实验区划

7.4.1 资料说明

岛礁主权争端风险评估中采用的海平面上升数据为《2009 年中国海平面公报》中预估的未来 30 年中国周边海区平均海平面升幅的上限值,即:渤海取 0.178 m,黄海取 0.186 m,东海取 0.298 m,南海取 0.187 m。常见潮位统一取 3 m。热带气旋记录选用“CMA-STI 热带气旋最佳路径数据集”,选取落在评估岛礁 200 km 缓冲区内的热带气旋每 6 h 的记录数据进行评估。其他资料则通过相关书籍文献和网站、数据库等途径获取。选取 47 个代表性岛礁进行主权争端实验风险评估,各岛礁相关信息资料见附录 4。

7.4.2 指标结构与权重

根据 6.4.2 节建立的指标体系,鉴于实际可获取的数据资料,暂不考虑争端国之间的军事实力对比、争端国政治态度以及巡航频次等因素,构建如下岛礁争端风险评估的层次结构体系(图 7.21)。

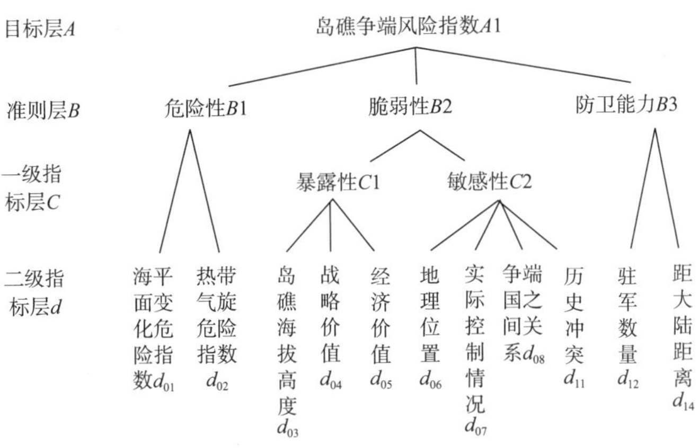

图 7.21 岛礁争端风险层次结构模型

通过构造两两比较判断矩阵并经一致性检验，得到的各指标权重分配如表 7.21 所示。

表 7.21　岛礁争端风险评估指标权重分配

指标	权重	指标	权重	指标	权重	指标	权重	指标	权重	指标	权重
$B1$	0.2174	$C1$	0.25	d_{01}	0.6667	d_{03}	0.4	d_{06}	0.5195	d_{12}	0.25
$B2$	0.4977	$C2$	0.75	d_{02}	0.3333	d_{04}	0.4	d_{07}	0.2597	d_{14}	0.75
$B3$	0.2849					d_{05}	0.2	d_{08}	0.0808		
								d_{11}	0.1400		

7.4.3　风险评估与实验区划

1. 海平面变化危险指数量化分析

如前文所述，海平面变化危险指数 d_{01} 表示在全球变暖背景下，海平面变化使岛礁面临淹没危险，进而对岛礁主权造成影响的程度。根据公式(6.85)和(6.86b)，可以计算出各岛礁 d_{01} 的值，最小为 0.1，最大为 1，平均为 0.654，标准差为 0.313。按照自然断裂法将其分为 5 级(表 7.22)，则选择的 47 个岛礁相应的海平面变化危险等级区划如图 7.22 所示。

表 7.22　岛礁海平面变化危险等级划分

d_{01}值	0～0.100	0.100～0.628	0.628～0.824	0.824～0.856	0.856～1
危险等级	1	2	3	4	5
描述	无危险	较低危险	一般危险	较高危险	极高危险

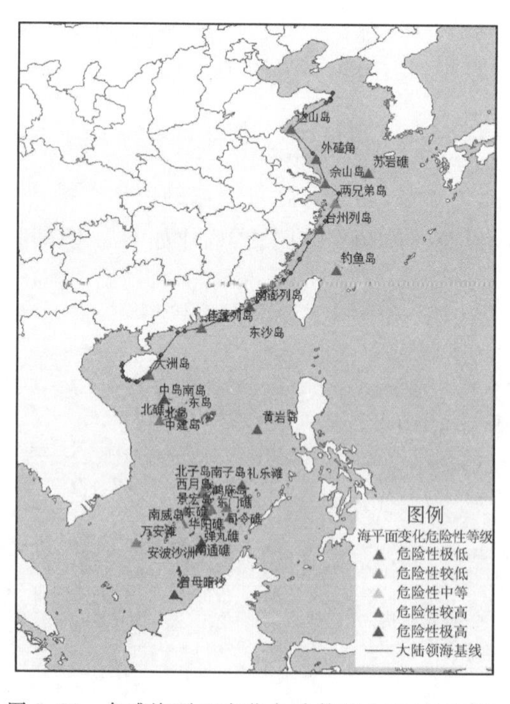

图 7.22　岛礁海平面变化危险等级分布(见彩图)

危险性实验评估结果表明：由于海拔高度较高、面积较大，海平面变化对于大陆沿岸岛屿、东海和南海北部岛屿的影响普遍较小，即危险性普遍较低；高危险区主要位于西沙和南沙群岛。其中，西沙群岛的北礁和南沙群岛的东门礁、永暑礁、渚碧礁、南熏礁、司令礁、曾母暗沙等的危险等级最高，即海平面变化可能改变这几个岛礁的自然状态（如海拔高度、生存环境等），进而对主权维护或争端属性产生较大影响。其中作为我国西沙基点岛礁之一的北礁和位于我国南沙群岛最南端的曾母暗沙，本身就位于海面以下，海平面上升将使其环境条件更加复杂，不利于岛礁维权和实际控制。

2. 热带气旋危险指数量化分析

热带气旋危险指数 d_{02} 表示在全球变化背景下，热带气旋灾害使岛礁生存、守卫环境恶化，进而对岛礁主权维护造成不利影响的程度。需注意的是，这里的热带气旋危险指数是与岛礁主权关联的危险性，不同于岛礁遭受热带气旋袭击的实际危险性。例如，对于被他国实际控制的 f、g、h 类岛礁，遭受热带气旋袭击的危险性越小，对他国的驻守越有利，而不利于我国对岛礁主权的收复和控制，故定义其热带气旋影响相对危险指数则偏高；而对于我国控制的岛礁，遭受热带气旋袭击的危险性则与岛礁驻守的危险性一致，即热带气旋袭击危险性愈小（大），则岛礁驻防危险性也愈小（大）。

根据 d_{02} 的量化方法，得出其量化值最小为 0，最大为 1，平均为 0.609，标准差为 0.280。按照自然断裂法进行分级（表 7.23），得到各岛礁热带气旋危险指数等级（图略）。其中，台州列岛以北的大陆沿岸岛屿危险指数均在 0.47 以下；而海南沿岸的大洲岛，以及西沙群岛、东沙岛、黄岩岛，危险指数均在 0.63 以上；南沙群岛中我国控制的岛礁（纬度均较低）热带气旋影响危险指数较小，而由他国实际控制的岛礁热带气旋影响的相对危险指数较大。

表 7.23　热带气旋危险性等级划分

d_{02} 值	0～0.289	0.289～0.468	0.468～0.626	0.626～0.8	0.8～1
风险等级	1	2	3	4	5
描述	危险性极低	危险性较低	危险性中等	危险性较高	危险性极高

3. 综合危险性评估结果分析

将 d_{01}、d_{02} 的值代入公式（6.89），即得到综合危险性 $B1$ 的值，最小为 0.129，最大为 0.904，平均为 0.639，标准差为 0.253。按照自然断裂法进行分级，分级标准见表 7.24，分级结果见图 7.23。

表 7.24　气候变化危险性等级划分

$B1$ 值	0.129～0.352	0.352～0.644	0.644～0.727	0.727～0.817	0.817～0.904
危险性等级	1	2	3	4	5
描述	危险性极低	危险性较低	危险性中等	危险性较高	危险性极高

由图 7.23 可见，在全球气候变化背景下，综合考虑海平面上升和热带气旋变异效应的较高危险性岛礁包括东沙岛、西沙群岛，以及南沙群岛中由他国实际控制的大多数岛礁；而南沙礼乐滩、万安滩、美济礁、信义礁、赤瓜礁，中沙黄岩岛以及大陆沿岸各岛屿的危险性较低。

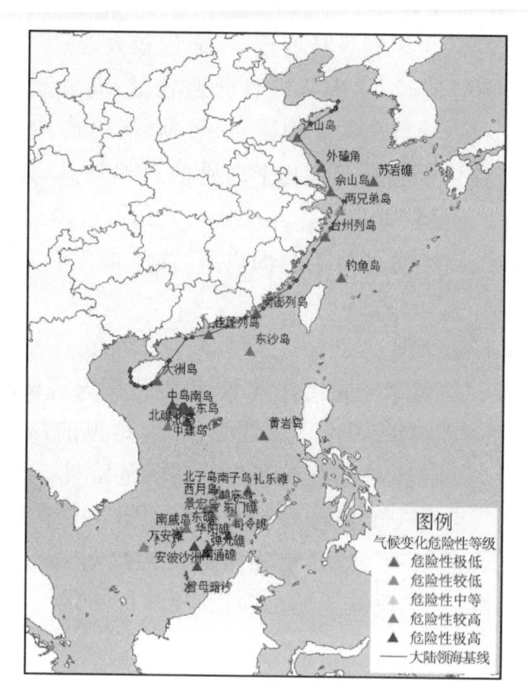

图 7.23　气候变化危险性等级分布(见彩图)

4. 脆弱性评估结果分析

岛礁主权争端的脆弱性由岛礁的战略价值、经济价值及其所处的地理位置、实际控制情况等综合因素决定。根据各指标评价模型,对 d_{03}、d_{04}、d_{05}、d_{06}、d_{07}、d_{08}、d_{11} 进行量化,代入公式(6.90)即得到脆弱性 $B2$ 的值,最小为 0.124,最大为 0.810,平均为 0.509,标准差为 0.198。按照自然断裂法将其分为五级,分级标准见表 7.25,分级结果见图 7.24。

表 7.25　岛礁主权争端脆弱性等级划分

$B2$ 值	0.124～0.139	0.139～0.474	0.474～0.589	0.589～0.681	0.681～0.810
脆弱性等级	1	2	3	4	5
描述	脆弱性极低	脆弱性较低	脆弱性中等	脆弱性较高	脆弱性极高

由图 7.24 可见,主权争端脆弱性较高的岛礁除钓鱼岛和黄岩岛以外,其余全部分布于南沙群岛。这是由于南沙群岛地处越南金兰湾和菲律宾苏比克湾两大军事基地之间,扼制西太平洋至印度洋海上交通要冲,是通往非洲和欧洲的咽喉要道,战略地位十分重要;且南沙群岛不仅是最大的天然热带渔场,更蕴藏有丰富的石油与天然气资源,这既是南海周边国家关注这一海域的主要原因,也是导致主权争端风险的重要诱因。

西沙群岛大多数岛礁具有中等脆弱性。大陆沿岸岛屿、东沙岛、西沙珊瑚岛,以及南沙渚碧礁、南熏礁、华阳礁等由我国实际控制的岛礁有较低的脆弱性。

5. 防卫能力评估结果分析

根据 d_{12}、d_{14} 的量化方法以及公式(6.91),得到岛礁防卫能力 $B3$ 的值,最小为 0,最大为 0.924,平均为 0.406,标准差为 0.306,分级标准见表 7.26。结果表明:大陆沿岸岛屿以及西沙群岛防卫能力普遍较强,而南沙群岛的防卫能力普遍较弱(图略)。

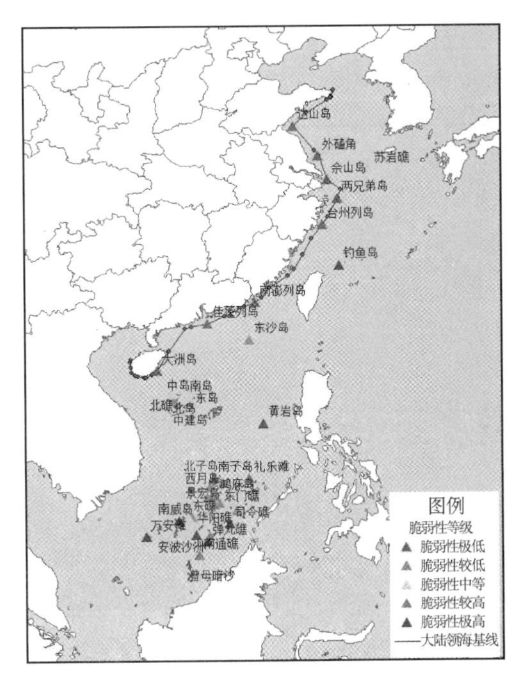

图 7.24 岛礁主权争端脆弱性分布(见彩图)

表 7.26 岛礁主权争端防卫能力等级划分

B3 值	0 ～0.00001	0.00001～0.234	0.234～0.38	0.38～0.66	0.66～0.924
风险等级	1	2	3	4	5
描述	防卫能力极低	防卫能力较低	防卫能力中等	防卫能力较高	防卫能力极高

6. 岛礁主权争端综合风险评估

将危险性、脆弱性、防卫能力评估结果代入公式(6.88),即可得到各岛礁主权争端综合风险指数 A1,最小为 0.116,最大为 0.828,平均为 0.544,标准差为 0.211。按照自然断裂法分为五级,分级标准见表 7.27,分级结果见图 7.25。

表 7.27 岛礁主权争端风险等级划分

A1 值	0.116～0.198	0.198～0.504	0.504～0.620	0.620～0.729	0.729～0.828
风险等级	1	2	3	4	5
描述	风险极低	风险较低	风险中等	风险较高	风险极高

实验评估结果表明:在全球气候变化背景下,岛礁争端的高风险区主要位于南沙群岛。其中由他国实际控制的岛礁大多具有极高的风险,东礁、南子岛和西月岛风险等级较高,中菲争议的礼乐滩风险等级为中等;在我国实际控制的岛礁中,除了曾母暗沙、赤瓜礁、太平岛具有较高风险外,其余岛礁风险等级为中等。

需要说明的是,这里的风险评估结果仅仅表示由于气候变化原因导致的岛礁主权争端趋势,而并非是绝对的主权争端形势;除了气候变化的影响之外,还有很多其他的复杂因素也会诱发主权争端事件发生。对于争端激烈的钓鱼岛以及近几年出现较大争议的苏岩礁和黄岩岛，评估结果显示的风险等级仅仅表示全球气候变化因素对这些岛礁主权争端的潜在影响，并非表示未来这些岛礁发生主权争端的实际可能性。

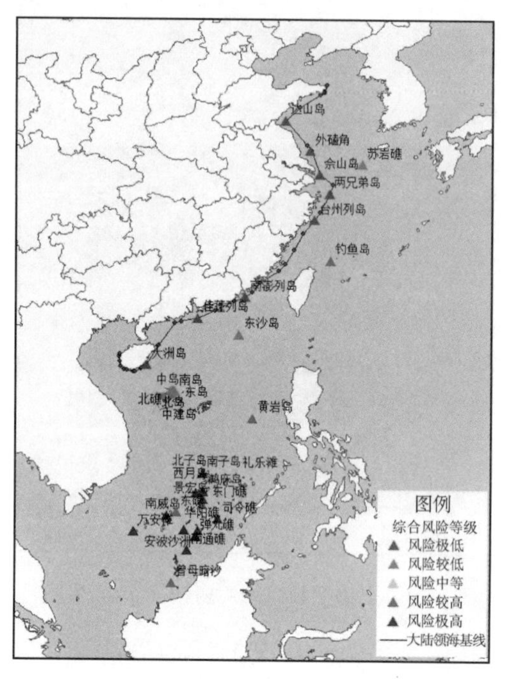

图 7.25　气候变化背景下岛礁主权争端风险分布(见彩图)

7.5　海洋资源争端风险评估与实验区划

当前，海洋资源争端的焦点主要集中在海底油气资源的勘探和开采之上，尤其在我国南海，周边各国都在不断加大对南海油气资源的掠夺性开采力度，局势更为紧张。本节基于前面建立的海洋资源风险指标体系和评估模型，对南海油气资源的争端风险进行实验评估与区划。

7.5.1　南海海域资源争端的历史与现状

石油、天然气是不可再生的优质能源，具有巨大的经济价值和战略意义。自从 20 世纪 70 年代海洋勘探发现南海有巨量的油气资源蕴藏后，南海周边国家纷纷展开了对南海油气资源的勘探、调查与开采。有的国家甚至将南海资源开发放在了国家经济发展战略的高度来对待。越南视油气资源为“最重要的资源”，并积极参与区域和国际合作，其开发战略重点是南沙和北部湾的油气资源。菲律宾和马来西亚在油气资源的开发上则采取“少说多做”的策略，开发进度不断加快。

目前，马来西亚、印度尼西亚、文莱、菲律宾、越南等国都竞相在南海海域大肆开发和掠夺油气资源。有资料统计，至 2000 年，上述五国已打出 1000 多口油气井，发现了 200 多个含油气构造，探明近 80 个油田、70 个气田，其中有 11 个油田和 15 个气田位于我国的传统海疆线内。据美国能源信息局统计，南海周边各国的具体勘探和开采情况见表 7.28。

表 7.28 南海周边各国的石油勘探和开采情况

	已探明的石油储量(十亿桶)	已探明天然气储量(万亿立方尺)	石油产量(桶/天)	天然气产量(十亿立方尺)
文莱	1.35	14.1	145,000	340
中国*	1.0	3.5	290,000	141
印度尼西亚*	0.2	29.7	46,000	0
马来西亚	3.9	79.8	645,000	1,300
菲律宾	0.2	2.7	<1,000	0
越南	0.6	6.0	180,000	30

注：* 指南海及其附近海域；数据截至 1998 年 1 月 1 日。

进一步分析可知，南海油气资源争端存在如下几个特点。

1. 南沙海域是南海油气资源争夺的热点海域

就目前的情况而言，在南海，围绕资源开发的争端主要涉及南沙群岛、西沙群岛和北部湾海区。其中，北部湾和西沙群岛海区的争端只存在于中越两国之间，北部湾划界问题已通过谈判达成协议；西沙群岛在我国控制之下，越南无法插足，斗争形势相对比较缓和。南沙群岛海域由于远离我国大陆，且主权争议最大，而其油气储量在整个南海中占有很大的比例，因此南海油气资源争夺主要是围绕南沙群岛海域展开的，其矛盾错综复杂(涉及六个国家)，争夺十分激烈。据专家初步探明，南沙海区有曾母、文莱—沙巴、北巴拉望、礼乐、万安西等几个较大的油气生成盆地，总面积约为 37.9×10^4 km^2，石油资源量高达约 235×10^8 t，天然气资源量约 8.3×10^{12} m^3。具体分布如表 7.29 所示。

表 7.29 南沙群岛海区油气资源勘探开发状况简表

盆地名称	油气资源量(10^8 t)	已探明可采储量		目前生产水平(年产量)	
		油(10^8 t)	气(10^{12} m^3)	油(10^4 t)	气(10^8 m^3)
曾母	177	0.754	2.251	193	74.4
文莱—沙巴	85	9.933	0.92	2370	103
万安	28	0.4	0.06	(30000 原油桶/日)	
西—北巴拉望	17.0	0.8	0.07		
合计	349.7	11.887	3.3	2607	177.4

2. 周边各国对南海油气资源的掠夺向我九段线内推进

在南海西部，越南的油气开发区已由 90 年代距其海岸线 120 海里的沿海区域向东延伸到 300 海里以上的南海纵深区域，已进入我国传统海疆线，其对外招标的区域几乎包括整个南沙海域，并在我传统海疆线内打井 35 口。其中，正在开采的大熊油田与紧挨其东侧的青龙油田侵入我国南沙群岛海域西南部界线内；而其正在开发的万安盆地中，属于我传统海疆线内的油、气储量分别占盆地已知储量的 37.4%和 64.8%～67.1%。

菲律宾沿海油气开采区已向西推进到我国传统海疆线以内。其 GSEC-63 号油气田计划，包括了马欢岛、费信岛和北子岛等区域。Malampaya 油田区也侵入我国南沙群岛海域。马来西亚油气开发范围已深入到我国曾母暗沙以北约 120 海里，在我国传统海域疆界线内开发了

2个油田、8个气田及1个油气田，另外9个气田即将开发（均位于我国传统海域疆界线内）。印度尼西亚的东纳吐纳的D-Alpha油气田也侵入了我国南海传统海疆线上万平方千米海域。文莱和马来西亚在文莱—沙巴盆地内共开发了11个油气田，其中有4个油田、1个气田及1个油气田在我国传统海域疆界线内，另外2个即将开发的气田也位于我国传统海域疆界线内。

3. 区域外大国被卷入南海油气资源争夺

自20世纪后半叶开始，为增加在南海开采油气与我国抗衡的力量，越南等国采取了与联合国际知名大公司共同开采的方法，不断加大对南海资源的开发力度。与越南联合勘探开采的有来自美国、英国、荷兰、比利时、法国、澳大利亚、加拿大、日本、科威特、俄罗斯、奥地利、挪威等30多个国家和地区的上百家石油公司。菲律宾自1990年起，先后与美国、英国、瑞典等国的家石油公司开展合作。马来西亚也与美国、荷兰、日本、意大利等国的多家石油公司建立了合作关系。为保证掠夺南海油气资源的顺利进行，越南、菲律宾、马来西亚、印尼都十分重视对外国勘探船只和联营船只的保卫，一有情况一般都要动用军事力量采取警戒措施。

7.5.2 风险评估与实验区划

1. 危险性评估

在南海海域与中国有资源和主权争端的国家主要包括越南、马来西亚、文莱、菲律宾，依照国际政治和外交关系分级评分表，可对上述国家与我国的政治外交关系稳定度进行评分，如表7.30所示。

表7.30 海洋资源争端危险性指标评分

指标＼国家	越南	马来西亚	文莱	菲律宾
油气资源争端程度	0.9	0.3	0.3	0.6
领海主权纠纷程度	0.9	0.3	0.1	0.7
争端国政治稳定度	0.8	0.7	0.7	0.6
外部势力介入程度	0.9	0.5	0.3	0.6

采用层次分析法得到各指标的权重，如表7.31所示。

表7.31 海洋资源争端危险性指标权重

危险性	油气资源争端	领海主权争端	争端国政治稳定度	外部势力介入
油气资源争端	1	1/2	4	3
领海主权争端	2	1	3	3
争端国内部稳定度	1/4	1/3	1	2
外部势力介入	1/3	1/3	1/2	1
单层权重	0.3295	0.4337	0.1345	0.1022

注：CI=0.0610，RI=0.9，CR=0.0678。

基于上述要素的危险性等级划分基准如表7.32所示，等级分布如图7.26所示。危险性最小区域聚集在我国东南沿海，包括北部湾盆地、琼东南盆地、珠江口盆地、台西南盆地、台湾海峡盆地和笔架南盆地；危险性最大海区为菲律宾附近的礼乐盆地和西北巴拉望盆地。

表 7.32 南海油气资源危险性等级划分

危险性值	0.023～0.040	0.040～0.120	0.120～0.380
等级	1	2	3
描述	危险性低	危险性中等	危险性高

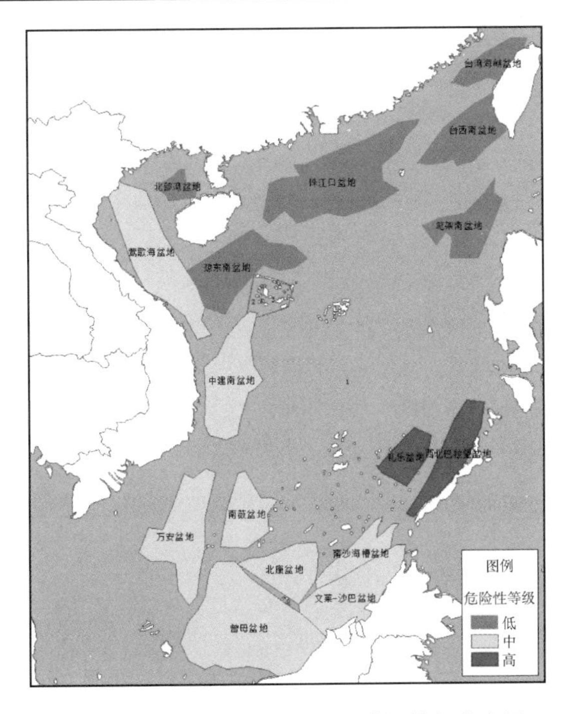

图 7.26 南海油气资源争端危险性等级分布图

2. 脆弱性分析

(1)资源蕴藏量

从地质构造来看，南海北部为被动大陆边缘，张性沉积盆地的烃源岩体积较小，而南部挤压环境下形成的沉积盆地的烃源岩体积大；北部地热流较南部小，因此地温梯度也较小，故南部边缘烃源岩的成熟度比北部高；由于南部边缘处于挤压构造环境中，在沉积盆地中形成了许多挤压构造，而北部边缘一直处于张性构造环境，形成的构造较少且较小；同时，南部边缘沉积盆地中，烃源岩生烃与构造形成在时间上搭配较好。因此，在南海南部油气资源比北部丰富，如图 7.27 所示。

(2)我国油气资源需求度

我国主要能源消费结构变化模拟及预测情况如表 7.33 所示。从表中可以看出，在 2010 年之前，我国的油气消费比例都在 30％以下，按照油气资源需求度划分表赋值为 0.1；2010 和 2015 年的油气消费比例有上升的趋势，但均在 30％～40％，赋值 0.3。因此，可取我国的油气资源需求度为 0.3。

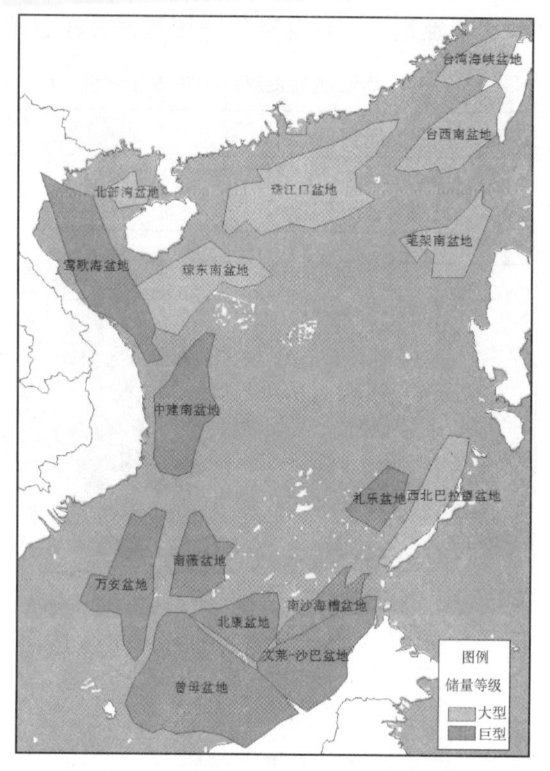

图 7.27　油气资源储藏量等级分布图

表 7.33　我国主要能源消费结构变化模拟及预测

年份		1990	1992	1994	1996	1998	2000	2002	2003	2005	2010	2015
煤炭消费	实际值	76.2	75.7	75.0	74.7	69.6	66.1	65.6	67.1			
比例(%)	预测值	76.2	75.6	74.9	71.0	72.9	71.6	70.1	69.2	67.4	61.8	54.5
石油消费	实际值	16.6	17.5	17.4	18.0	21.5	24.6	24.0	22.7			
比例(%)	预测值	16.6	17.0	17.5	18.1	18.9	19.8	20.8	21.4	22.6	26.4	31.5
天然气消费	实际值	2.1	1.9	1.9	1.8	2.2	2.5	2.6	2.8			
比例(%)	预测值	2.1	2.1	2.2	2.3	2.3	2.4	2.5	2.6	2.8	3.0	3.4
水电消费	实际值	5.1	4.9	5.7	5.5	6.7	6.8	7.8	7.4			
比例(%)	预测值	5.1	5.2	5.4	5.6	5.9	6.2	6.6	6.8	7.2	8.7	10.6

(3)资源地理位置暴露性

我国南海油气资源的地理位置暴露性等级划分如表 7.34 所示。若考虑资源所处位置的开采权争议大小所造成的资源暴露性,其等级分布如图 7.28 所示。暴露性最小的区域聚集在我国东南沿海,包括北部湾盆地、琼东南盆地、珠江口盆地、台西南盆地和台湾海峡盆地,这些盆地主要位于大陆领海及毗连区以内,不涉及争议。暴露性最大海区为曾母暗沙海盆,该海盆地处我国领土的最南端,距离远、争议大。

表 7.34　南海油气资源地理位置暴露性等级划分

资源暴露性值	0	0.3	0.5	0.7	0.9
等级	1	2	3	4	5
描述	暴露性极低	暴露性较低	暴露性中等	暴露性较高	暴露性极高

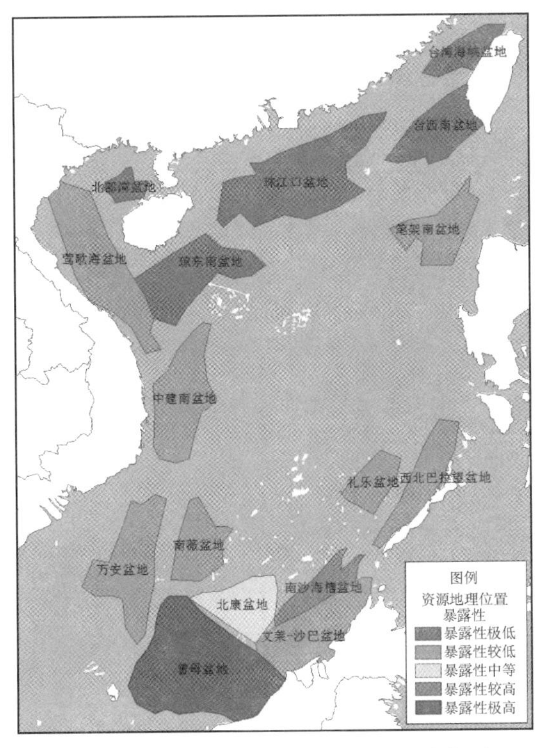

图 7.28 南海油气资源暴露性等级分布图

(4)开采难易度

开采难易度这里只考虑三个因素,分别为油田储层深度、气候恶劣度及与大陆的距离。经归一化处理后的储层深度等级分布如图 7.29 所示,其等级划分基准表如表 7.35 所示。南海属于深海,其海底地形的基本特点是向海盆中心地势呈阶梯状降低,因此深度的高值聚集在海盆周围,包括台西南盆地的南部、笔架南盆地、中建南盆地的中东部、南沙海槽盆地。

表 7.35 南海油气资源储层深度等级划分

储层深度值	0～0.13	0.14～0.37	0.38～0.58	0.59～0.82	0.83～1
等级	1	2	3	4	5
描述	储层深度极浅	储层深度较浅	储层深度中等	储层深度较深	储层深度极深

经归一化处理后的与大陆距离的等级如图 7.30 所示,其等级划分基准如表 7.36 所示。远距区主要聚集在南薇盆地、万安盆地、曾母盆地和北康盆地。

表 7.36 南海油气资源离大陆距离等级划分

大陆距离指数	0～0.13	0.14～0.37	0.38～0.58	0.59～0.82	0.83～1
等级	1	2	3	4	5
描述	与大陆距离很近	大陆距离较近	大陆距离中等	大陆距离较远	大陆距离很远

经归一化处理后的南海油气资源区气候条件恶劣度等级分布如图 7.31 所示,其等级划分基准如表 7.37 所示。气候条件恶劣区域主要出现在我国东南沿海,包括珠江口盆地、台湾海峡盆地、台西南盆地和笔架南盆地;气候条件恶劣度较低的区域主要集中在曾母盆地、北康盆地和文莱—沙巴盆地。

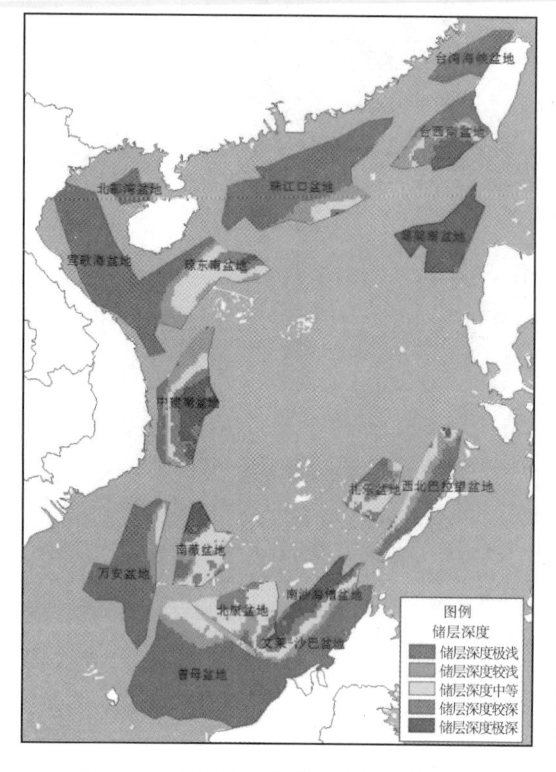

图 7.29　南海油气储层深度等级分布图

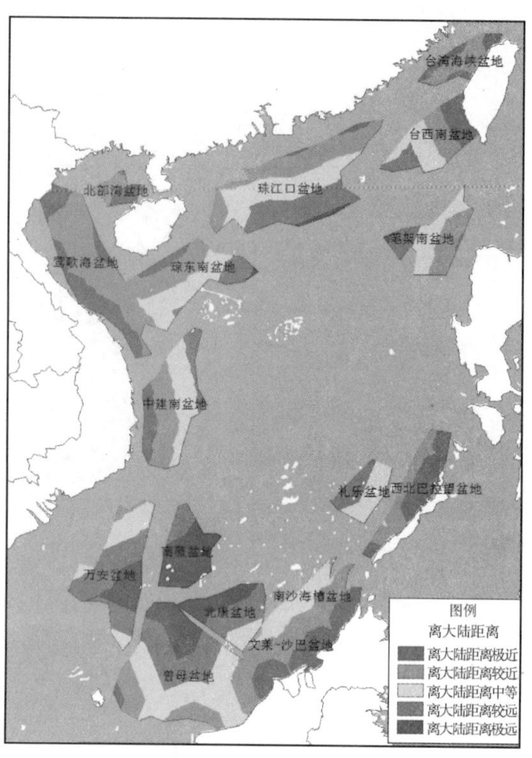

图 7.30　南海油气资源区离大陆距离等级图

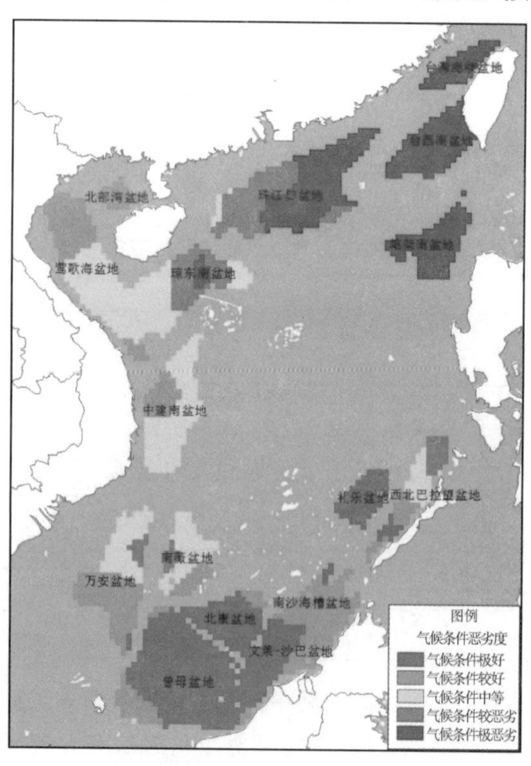

图 7.31　南海油气资源区气候条件恶劣度等级分布图

表 7.37　南海油气资源气候条件恶劣度等级划分

气候条件恶劣度值	0～0.13	0.14～0.37	0.38～0.58	0.59～0.82	0.83～1
等级	1	2	3	4	5
描述	气候条件好	气候条件较好	气候条件中等	气候条件较差	气候条件恶劣

对以上三个指标，采用层次分析法确定各自的权重，如表 7.38 所示。开采难易度等级划分基准如表 7.39 所示，其空间分异如图 7.32 所示。基本特点是自近岸向深海，开采难度逐渐增大。

表 7.38　开采难易度各指标权重表

开采难易程度	储层深度	气候条件	离大陆距离
储层深度	1	3	2
气候条件	1/3	1	1/2
离大陆距离	1/2	2	1
单层权重	0.5396	0.1634	0.2970

注：CI＝0.0046，RI＝0.58，CR＝0.0079。

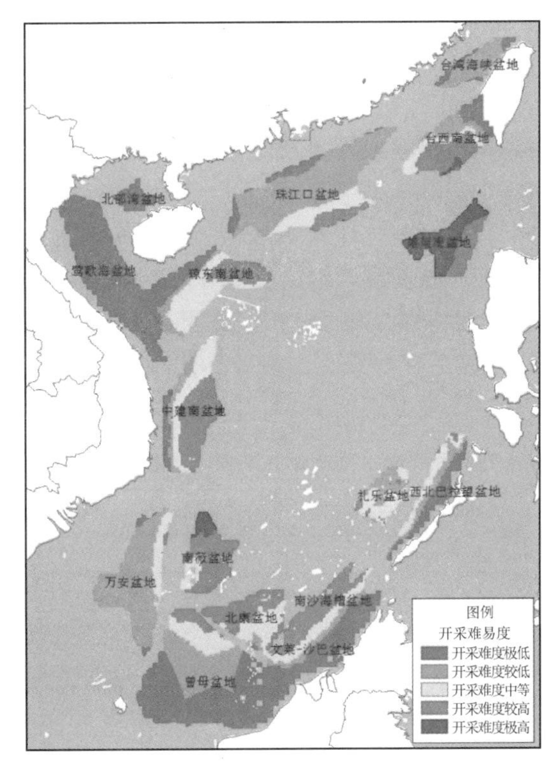

图 7.32　南海油气资源开采难易度空间分异图

表 7.39　南海油气开采难易度等级划分

开采难易度值	0.065～0.21	0.21～0.34	0.35～0.51	0.52～0.78	0.79～0.91
等级	1	2	3	4	5
描述	开采难度极低	开采难度较低	开采难度中等	开采难度较高	开采难度极高

(5)我国油气资源储采比

根据相关研究,目前我国油气资源储采比处于一个相对稳定的时期。因此,本书参照2010年的储采比来进行计算,即石油取19.9,天然气取45。根据2010年石油和天然气的消费比例(17.62%和4.03%)计算,两者的权重分别取为0.8139和0.1861。

根据我国油气资源储采比量化公式中的 SR_{oil} 和 SR_{gas} 分别为0.94、0.815(前面计算所得),将该值和二者的权重代入 d_{17},计算得到我国油气资源的储采比为0.916。

(6)我国油气资源对外依存度

近年来,我国油气资源的对外依存度状况如表7.40所示。依据本书对我国油气资源的对外依存度定义,以2010年作为参考数据,可计算得到我国油气资源的对外依存度敏感性指标为0.1。

表7.40 近年来中国石油对外依存度(单位:10^4 t)

年份	2001	2003	2005	2007	2009	2010
进口量	9118.2	13189.6	17163.2	16316.6	21888.5	23932.8
消费量	22838.3	27126.1	32535.4	35317.3	40837.5	43903.1
对外依存度	39.9%	48.6%	52.8%	46.2%	53.6%	54.5%

(7)其他可替代能源占比

我国的主要能源消费结构变化模拟及预测情况如表7.41所示。依据我国的油气资源对外依存度定义,按2010年的数据计算结果表明,其他可替代能源的敏感性比值为0.135。将上述各指标经标准化处理后代入脆弱性计算公式,即可得到南海油气资源的脆弱性值,其结果最大为1,最小为0.023。按照自然断裂法分为五级,等级划分基准见表7.42,脆弱性等级分布见图7.33。由图可见,脆弱性等级变化总体上呈现出南部高、北部低,其中南沙群岛附近海区为高脆弱性区聚集。此外,脆弱性等级在南海北部表现为自近海向深海逐渐增加;南部则反之。

表7.41 我国主要能源消费结构变化模拟及预测

年份		1990	1992	1994	1996	1998	2000	2002	2003	2005	2010	2015
煤炭消费比例(%)	实际值	76.2	75.7	75.0	74.7	69.6	66.1	65.6	67.1			
	预测值	76.2	75.6	74.9	71.0	72.9	71.6	70.1	69.2	67.4	61.8	54.5
石油消费比例(%)	实际值	16.6	17.5	17.4	18.0	21.5	24.6	24.0	22.7			
	预测值	16.6	17.0	17.5	18.1	18.9	19.8	20.8	21.4	22.6	26.4	31.5
天然气消费比例(%)	实际值	2.1	1.9	1.9	1.8	2.2	2.5	2.6	2.8			
	预测值	2.1	2.1	2.2	2.3	2.3	2.4	2.5	2.6	2.8	3.0	3.4
水电消费比例(%)	实际值	5.1	4.9	5.7	5.5	6.7	6.8	7.8	7.4			
	预测值	5.1	5.2	5.4	5.6	5.9	6.2	6.6	6.8	7.2	8.7	10.6

表7.42 南海油气资源脆弱性等级划分

脆弱性值	0.023～0.040	0.040～0.12	0.12～0.38	0.38～0.51	0.51～1
等级	1	2	3	4	5
描述	脆弱性极低	脆弱性较低	脆弱性中等	脆弱性较高	脆弱性极高

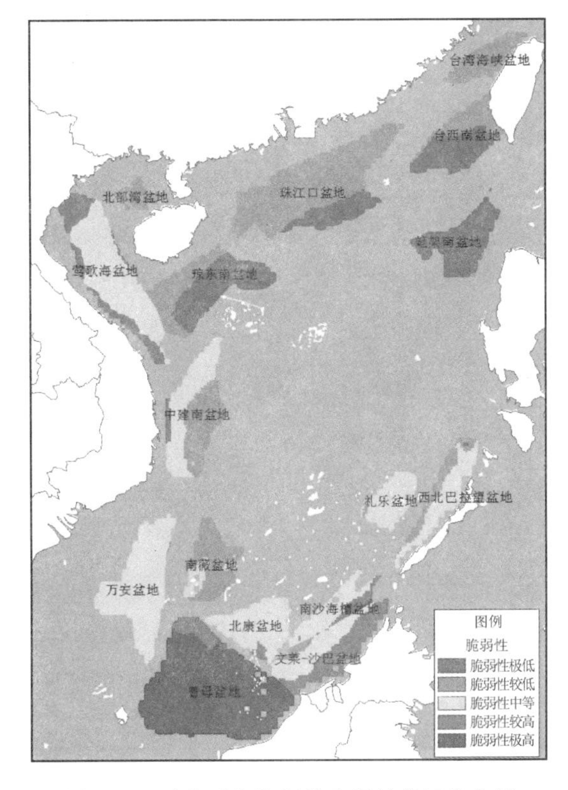

图 7.33 南海油气资源的脆弱性等级分布图

3. 综合风险评估

暂不考虑防卫能力，将危险性和脆弱性评估结果代入前面的风险融合计算公式，计算得到南海油气资源争端风险值，最大为 0.83，最小为 0.062。按照自然断裂法分为五级，等级划分基准见表 7.43，得到的南海油气资源综合风险分析区划如图 7.34 所示。

表 7.43 南海油气资源风险等级划分

风险值	0.062～0.18	0.18～0.31	0.31～0.47	0.47～0.56	0.56～0.83
等级	1	2	3	4	5
描述	风险极低	风险较低	风险中等	风险较高	风险极高

由风险区划图 7.34 可见，南海油气资源争夺风险表现出南北部趋势相反的特征。在南海南部，油气资源争夺风险表现为自大陆架向海盆中心逐渐降低。南海油气资源争夺的高风险区主要集中在南沙。南沙群岛位于我国南疆的最南端，在我国南海诸岛中位置最南，它西邻越南、东靠菲律宾、北续中沙西沙与海南岛相望、南接马来西亚和文莱。由于地质条件的特殊性，使得南沙群岛油气资源极为丰富。敏感的地理位置和丰富的油气资源，使得该区域的油气资源争夺风险很高，特别是曾母盆地。在南海北部，油气资源争夺风险表现为由大陆架向海盆中心逐渐升高。由于这些海区的争议较小，因此油气资源的争夺主要受开采难易程度的影响，开采难度越高，其资源争夺的风险越低。因此，越向深海盆地中心，油气资源的争夺风险相对越低。

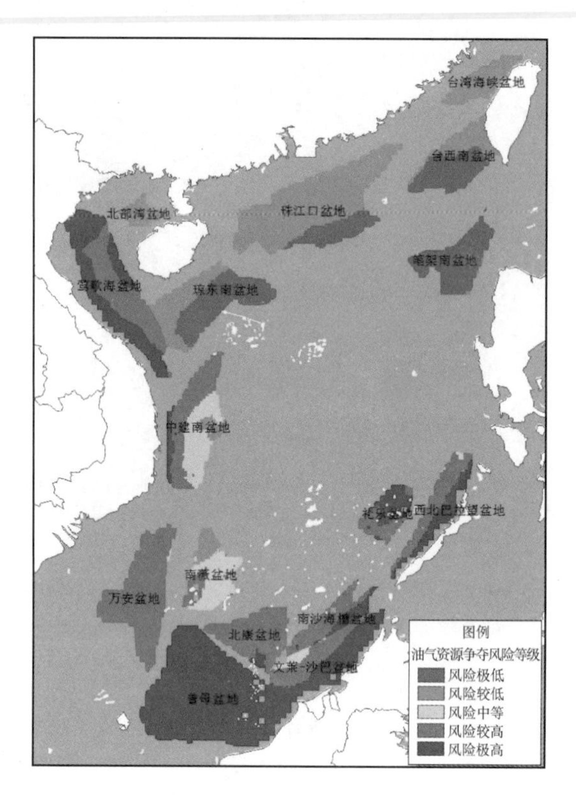

图 7.34　南海油气资源争夺风险等级图

附录1 《IPCC排放情景特别报告(SRES)》中的排放情景

A1情景族描述了这样一个未来世界：经济增长非常快，全球人口数量峰值出现在本世纪*中叶并随后下降，新的更高效的技术被迅速引进。主要特征是：地区间的趋同、能力建设以及不断扩大的文化和社会的相互影响，同时伴随着地域间人均收入差距的实质性缩小。A1情景族进一步划分为3组情景，分别描述了能源系统中技术变化的不同方向。以技术重点来区分，这3种A1情景组分别代表着化石燃料密集型（A1FI）、非化石燃料能源（A1T）以及各种能源之间的平衡（A1B）（平衡在这里定义为：在所有能源的供给和终端利用技术平行发展的假定下，不过分依赖于某种特定能源）。

A2情景族描述了一个很不均衡的世界。主要特征是：自给自足，保持当地特色。各地域间生产力方式的趋同异常缓慢，导致人口持续增长。经济发展主要面向区域，人均经济增长和技术变化是不连续的，低于其他情景的发展速度。

B1情景族描述了一个趋同的世界：全球人口数量与A1情景族相同，峰值也出现在本世纪中叶并随后下降。所不同的是，经济结构向服务和信息经济方向迅速调整，伴之以材料密集程度的下降，以及清洁和资源高效技术的引进。其重点放在经济、社会和环境可持续发展的全球解决方案，其中包括公平性的提高，但不采取额外的气候政策干预。

B2情景族描述了这样一个世界：强调经济、社会和环境可持续发展的局地解决方案。在这个世界中，全球人口数量以低于A2情景族的增长率持续增长，经济发展处于中等水平，与B1和A1情景族相比技术变化速度较为缓慢且更加多样化。尽管该情景也致力于环境保护和社会公平，但着重点放在局地和地域层面。

对于A1B、A1FI、A1T、A2、B1和B2这6组情景，各自选择了一种情景作为解释性情景，所有的情景均应被同等对待。

SRES情景不包括额外的气候政策干预，这意味着不包括明确假定执行《联合国气候变化框架公约》或《京都议定书》排放目标的各种情景。

---

* 此处指21世纪。

附录2　IPCC-4对气候变化不确定性描述的定量标准

信度描述	正确性概率	可能性描述	发生概率
很高可信度	九成正确	几乎确定	＞99％
高可信度	八成正确	极有可能	＞95％
中等可信度	五成正确	很可能	＞90％
低可信度	两成正确	可能	＞66％
很低可信度	少于一成正确	多半可能	＞50％
		或许可能	33％～66％
		不可能	＜33％
		很不可能	＜10％
		极不可能	＜5％
		几乎不可能	＜1％

附录3 热带气旋等级国家标准（GB/T 19201—2006）

热带气旋等级(TC)	底层中心附近最大平均风速(m/s)	底层中心附近最大风力(级)
热带低压(TD)	10.8～17.1	6～7
热带风暴(TS)	17.2～24.4	8～9
强热带风暴(STS)	24.5～32.6	10～11
台风(TY)	32.7～41.4	12～13
强台风(STY)	41.5～50.9	14～15
超强台风(SuperTY)	≥51.0	16或以上

附录4　中国周边岛礁概况

根据以下资料整编:广东省地名委员会,1987;中国海军百科全书编审委员会,1998;杨文鹤,2000;李金明,2002,2005,2011;夏小明,2012。其中,“/”表示缺少资料。

岛礁名称	所属群岛或省市海区	岛屿类型	海拔(m)	未来30年海平面升幅(m)	是否领海基点	交通地位	军事价值	资源价值	地理位置	控制情况	争端国与我国关系	历史冲突	驻军情况
达山岛	黄海	a	/	0.186	是	/	比较重要	有生物资源	位于中国领海内	中国实际控制	/	/	有解放军驻军
外磕角	江苏	a	/	0.298	是	/	比较重要	/	位于中国领海内	中国控制	/	/	/
苏岩礁	江苏	j	−4.6	0.298	否	/	/	周围渔场、油气资源丰富	专属经济区和大陆架	中韩争议	一般	较大冲突	无
佘山岛	上海	a	54	0.298	是	/	比较重要	/	位于中国领海内	中国实际控制	/	/	有居民,有解放军驻守
两兄弟岛	浙江	a	27.9	0.298	是	/	比较重要	附近为渔场	位于中国领海内	中国实际控制	/	/	/
台州列岛	浙江	a	228.6	0.298	是	/	比较重要	海洋生物资源丰富	位于中国领海内	中国实际控制	/	/	有居民,有解放军驻军
钓鱼岛	台湾	i	362	0.298	否	避风港	极为重要	生物资源丰富,渔场、石油	位于大陆架上	中日争议	极为紧张	严重冲突	无

续表

岛礁名称	所属群岛或省市海区	岛屿类型	海拔（m）	未来30年海平面升幅（m）	是否领海基点	交通地位	军事价值	资源价值	地理位置	控制情况	争端国与我国关系	历史冲突	驻军情况
佳蓬列岛	广东	a	301.2	0.187	是	我国重要航道	比较重要	水产丰富，主要渔场	位于中国领海内	中国实际控制	/	/	/
南澎列岛	广东	a	69	0.187	是	靠近国际航线	比较重要	海洋生物资源宝库	位于中国领海内	中国实际控制	/	/	解放军驻守
大洲岛	海南	a	289	0.187	是	/	比较重要	自然资源十分丰富	位于中国领海内	中国实际控制	/	/	/
永兴岛	西沙群岛	c	8.5	0.187	否	交通枢纽，中转站，海上补给基地；2座5000 t级码头	西南中沙群岛首府，军事、政治、经济中心，极为重要	生物资源丰富	位于西沙领海基点内、大陆专属经济区	中国实际控制，越南有主权要求	比较紧张	日本、法国曾占领，严重冲突	解放军驻守
中建岛	西沙群岛	a	3	0.187	是	海上、空中要道	西朝越南岘港，极为重要	天然热带渔场	位于西沙领海内、大陆专属经济区	中国实际控制，越南有主权要求	比较紧张	一般冲突	解放军驻守
珊瑚岛	西沙群岛	c	9.1	0.187	否	有码头	/	省级文物保护遗址，矿产水产丰富	位于西沙领海基点内、大陆专属经济区	中国实际控制，越南有主权要求	比较紧张	法国、越南曾占领，严重冲突	解放军驻守
浪花礁	西沙群岛	b	0	0.187	是	位于国际航道上	比较重要	有水产	位于西沙领海基点内、大陆专属经济区	中国实际控制，越南有主权要求	比较紧张	一般冲突	无
赵术岛	西沙群岛	a	4.4	0.187	是	/	比较重要	附近渔场	位于西沙领海基点内、大陆专属经济区	中国实际控制，越南有主权要求	比较紧张	一般冲突	无驻军，有渔民

续表

岛礁名称	所属群岛或省市海区	岛屿类型	海拔（m）	未来30年海平面升幅（m）	是否领海基点	交通地位	军事价值	资源价值	地理位置	控制情况	争端国与我国关系	历史冲突	驻军情况
北礁	西沙群岛	b	−4	0.187	是	附近有国际航道	比较重要	有文物	位于西沙领海基点内、大陆专属经济区	中国实际控制，越南有主权要求	比较紧张	一般冲突	无驻军
北岛	西沙群岛	a	4	0.187	是	/	比较重要	水产丰富，海龟主产地之一	位于西沙领海基点内、大陆专属经济区	中国实际控制，越南有主权要求	比较紧张	一般冲突	/
东岛	西沙群岛	a	5	0.187	是	/	军事禁区	生物资源丰富，自然保护区	位于西沙领海基点内、大陆专属经济区	中国实际控制，越南有主权要求	比较紧张	一般冲突	解放军驻守
中岛	西沙群岛	a	6	0.187	是	/	比较重要	有生物资源	位于西沙领海基点内、大陆专属经济区	中国实际控制，越南有主权要求	比较紧张	一般冲突	/
南岛	西沙群岛	a	5	0.187	是	/	比较重要	有生物资源	位于西沙领海基点内、大陆专属经济区	中国实际控制，越南有主权要求	比较紧张	一般冲突	/
太平岛	南沙群岛	c	6	0.187	/	位于南海西侧航道东边，地理位置重要；有码头；渔业支援基地，是渔民捕鱼、歇息地	堪称“南海心脏”，可长期驻军，极为重要	动植物资源丰富	大陆架上	中国台湾实际控制，菲律宾有企图	比较紧张	严重冲突	中国台湾驻军119人

续表

岛礁名称	所属群岛或省市海区	岛屿类型	海拔（m）	未来30年海平面升幅（m）	是否领海基点	交通地位	军事价值	资源价值	地理位置	控制情况	争端国与我国关系	历史冲突	驻军情况
东沙岛	东沙群岛	c	6	0.187	/	国际航海重要交通枢纽，有补给码头	比较重要	天然渔场	大陆专属经济区	中国台湾	/	剧烈冲突	中国台湾驻军约200人
黄岩岛	中沙群岛	i	3	0.187	/	避风港	距菲律宾首都仅350多平方千米，是菲海军武器试验场	/	大陆架上	中菲争议	比较紧张	严重冲突	无
永暑礁	南沙群岛	c	0	0.187	/	有4000 t级码头，位于国际重要航道	极为重要	海洋观测站	大陆架上	中国控制	/	一般冲突	解放军驻守
南通礁	南沙群岛	f	1.8	0.187	/	/	/	深海产油区	大陆架上	马来西亚实际控制，文莱有主权要求	比较友好	一般冲突	无驻军
美济礁	南沙群岛	c	1.8	0.187	/	位于我国重要航道上	极为重要	天然渔场，重要渔业基地	大陆架上	中国控制	/	一般冲突	解放军驻守
渚碧礁	南沙群岛	c	0	0.187	/	简单运输补给码头，直升机平台	极为重要	资源丰富	大陆架上	中国控制	/	/	解放军驻守
信义礁	南沙群岛	d	2.5	0.187	/	/	极为重要	盛产马蹄螺	大陆架上	中国控制	/	/	无驻军
华阳礁	南沙群岛	c	1.6	0.187	/	简单运输码头	极其重要，“南海国门第一哨”	/	大陆架上	中国控制	/	/	解放军驻守

续表

岛礁名称	所属群岛或省市海区	岛屿类型	海拔（m）	未来30年海平面升幅（m）	是否领海基点	交通地位	军事价值	资源价值	地理位置	控制情况	争端国与我国关系	历史冲突	驻军情况
曾母暗沙	南沙群岛	e	－17.5	0.187	/	最南端的领土，对维护南海通道和印度洋通道意义重大	对收复南沙意义重大	动植物资源丰富	大陆架上	中国控制	/	/	无
赤瓜礁	南沙群岛	c	1.3	0.187	/	运输补给码头	极为重要	气候恶劣，盛产赤瓜参	大陆架上	中国驻守	/	剧烈冲突	解放军驻守
南熏礁	南沙群岛	c	0	0.187	/	补给平台	东南面为越南在南沙预备指挥所	气候最为恶劣	大陆架上	中国驻守	/	/	解放军驻守
东门礁	南沙群岛	c	0	0.187	/	简易补给码头	海上要塞，极为重要	/	大陆架上	中国驻守	/	/	解放军驻守
礼乐滩	南沙群岛	j	－27.4	0.187	/	/	极为重要	海底石油远景区之一	大陆架上	中菲争议	比较紧张	严重冲突	无
西月岛	南沙群岛	f	3	0.187	/	/	极为重要	渔业捕捞基地，良好渔场	大陆架上	菲律宾控制	比较紧张	一般冲突	菲律宾有少量驻军
弹丸礁	南沙群岛	f	3	0.187	/	/	马来西亚南海指挥部，极为重要	潜水圣地，海鸟天堂	大陆架上	马来西亚控制	比较友好	较大冲突	马来西亚驻军70人
大现礁	南沙群岛	g	0	0.187	/	渔民捕鱼导航点	极为重要	/	大陆架上	越南控制	比较紧张	一般冲突	越南驻军50人左右
景宏岛	南沙群岛	f	3.6	0.187	/	/	极为重要	植被繁茂	大陆架上	越南控制，菲律宾有主权要求	比较紧张	一般冲突	越南军事基地约100人

续表

岛礁名称	所属群岛或省市海区	岛屿类型	海拔（m）	未来30年海平面升幅（m）	是否领海基点	交通地位	军事价值	资源价值	地理位置	控制情况	争端国与我国关系	历史冲突	驻军情况
司令礁	南沙群岛	h	0	0.187	/	/	极为重要	/	大陆架上	菲律宾占领，马来西亚有主权要求	比较紧张	一般冲突	/
安波沙洲	南沙群岛	f	2.4	0.187	/	/	越南在南沙中南部的重要据点，极为重要	有植被	大陆架上	越南控制	比较紧张	一般冲突	越南驻军30人
东礁	南沙群岛	f	0	0.187	/	/	越南在南沙的中心区域，极为重要	/	大陆架上	越南控制	比较紧张	一般冲突	越南驻军两个排以上
南威岛	南沙群岛	f	2.4	0.187	/	避风好，航道水深	越南在南沙群岛的一线指挥中心	鸟类甚多	大陆架上	越南控制	比较紧张	一般冲突	越南驻军一个营，约550人
鸿庥岛	南沙群岛	f	6	0.187	/	/	越南侵占南沙的通信指挥中心	动植物资源丰富	大陆架上	越南控制	比较紧张	较大冲突	越南驻军一个连，100人以上
北子岛	南沙群岛	f	12	0.187	/	/	极为重要	植被丰富，周围海域资源丰富	大陆架上	菲律宾控制，越南有主权要求	比较紧张	一般冲突	菲律宾驻军
南子岛	南沙群岛	f	3.9	0.187	/	中国海军进入南沙群岛海域的门户	越南在南沙北部的重要据点，极为重要	生物资源丰富	大陆架上	越南控制，菲律宾有主权要求	比较紧张	一般冲突	越南驻军200人以上
万安滩	南沙群岛	h	−37	0.187	/	/	极为重要	油气资源丰富	大陆架上	越南控制	比较紧张	较大冲突	越南驻军
光星仔礁	南沙群岛	f	12.5	0.187	/	/	极为重要	/	大陆架上	马来西亚控制	比较友好	一般冲突	马来西亚驻军30余人

参考文献

爱德华·卡梅隆. 2009. 气候变化前线上的小岛屿国家[R]. 资源与人居环境，**5**：54-56.

北极问题研究编写组. 2011. 北极问题研究[M]. 北京：海洋出版社.

蔡锋，苏贤泽. 2008. 全球气候变化背景下我国海岸侵蚀问题及防范对策[J]. 自然科学进展，**18**(10)：1093-1103.

蔡榕硕，陈际龙，黄荣辉. 2006. 我国近海和邻近海的海洋环境对最近全球气候变化响应[J]. 大气科学，**30**(5)：1019-1033.

曹楚，彭加毅，余锦华. 2006. 全球气候变暖背景下登陆我国台风特征分析[J]. 南京气象学院学报，**29**(4)：455-461.

曹文振. 2010. 全球化时代的中美海洋地缘政治与战略[J]. 太平洋学报，**18**(12)：45-51.

陈洪滨，范学花. 2011. 2010年极端天气和气候事件及其他相关事件的概要回顾[J]. 气候与环境研究，**16**(6)：789-804.

陈俊勇. 1994. 论全球变化中的海平面上升及其灾情风险评估[J]. 科技导报，(11)：46-49.

陈宜瑜，丁永建，于之祥. 2005. 中国气候与环境演变评估(II)：中国气候与环境变化的影响与适应对策[J]. 气候变化研究进展，**1**(2)：51-56.

陈正江，汤国安，任晓东. 2005. 地理信息系统设计与开发[M]. 北京：科学出版社.

崔红艳. 2003. 基于GIS的辽河三角洲潜在海平面上升风险评估[D]. 大连：辽宁师范大学.

崔静，王秀清，辛贤，等. 2011. 生长期气候变化对中国主要粮食作物单产的影响[J]. 中国农村经济，(9)：13-22.

崔晓文. 加拿大21世纪海洋发展战略[EB/OL]. [2004-11-30]. http://www.istis.sh.cn/list/list.aspx? id=1184.

邓松，刘雪峰，游大伟，等. 2006. 广东省1991—2005年5种主要海洋灾害概况[J]. 广东气象，(4)：19-29.

邓希海. 2008. 养殖水体中pH值的作用及调节[J]. 河北渔业，(2)：4-6

丁燕，史培军. 2002. 台风灾害的模糊风险评估模型[J]. 自然灾害学报，**11**(1)：34-43.

丁一汇，张锦，宋亚芳. 2002. 天气和气候极端事件的变化及其与全球变暖的联系——纪念2002年世界气象日"减低对天气和气候极端事件的脆弱性"[J]. 气象，**28**(3)：3-7.

丁一汇. 2008. 人类活动与全球气候变化及其对水资源的影响[J]. 中国水利，(2)：20-27.

樊琦，梁必骐. 2000. 热带气旋灾情的预测及评估[J]. 地理学报，55(增刊)：52-56.

方海，张衡，刘峰，等. 2008. 气候变化对世界主要渔业资源波动影响的研究进展[J]. 海洋渔业，**30**(4)：363-370.

冯琳，赵琳. 2011. 辽宁省中小型水库洪水预报预警技术[J]. 水土保持应用技术，(4)：15-17.

冯士筰，李凤岐，李少菁，等. 1999. 海洋科学导论[M]. 北京：高等教育出版社.

付敏. 2005. 东盟的大国平衡战略与中印的东盟外交[J]. 南亚研究季刊，(2)：99-106.

高健平，唐洪深. 2012. 国民海洋观[M]. 北京：海洋出版社.

高维新，蔡春林. 2009. 海洋法教程[M]. 北京：对外经济贸易大学.

葛全胜，邹铭，郑景云，等. 2008. 中国自然灾害风险综合评估初步研究[M]. 北京：科学出版社.

龚春梅,白娟,梁宗锁.2011.植物功能性状对全球气候变化的指示作用研究进展[J].西北植物学报,**31**(11):2355-2363.

管卫华,顾朝林,林振山,等.2006.中国能源消费结构的变动规律研究.自然资源学报,**21**(3):401-407.

广东省地名委员会.1987.南海诸岛地名资料整编[M].广州:广东省地图出版社.

郭渊.2009.对南海争端的国际海洋法分析[J].北方法学,**3**(2):133-138.

国家海洋局.2007年中国海平面公报[EB/OL].[2008-01-31]. http:// www. soa. gov. cn/ hyjww/hygb/zghpmgb/ 2008 /01/ 1200912279807713. htm.

国家海洋局.中国海洋灾害公报[EB/OL].[2013-01-31]. http://www. soa. gov. cn/soa/hygbml/A0110index_1. htm.

国家海洋局海洋发展战略研究所课题组.2010.中国海洋发展报告(2010)[M].北京:海洋出版社.

过寒超,秦琳琳.2011.宜昌市近59年来的气候变化趋势分析[J].三峡大学学报(自然科学版),**33**(5):26-30.

郝甜班.2010.试析21世纪初期中国海上安全战略[D].郑州:河南大学.

贺鉴,汪翱.2008.国际海洋法视野中的南海争端[J].学术界,(1):254-259.

侯艳声,郑铣鑫,应玉飞.2000.中国沿海地区可持续发展战略与地面沉降系统防治[J].中国地质灾害防治学报,**11**(2):30-33.

侯云,先林文.1994.农业气象灾害定量指标研究[J].河南农业科学,**12**(4):11-13.

胡杰.1995.渔场学[M].北京:中国农业出版社.

胡宪敏,苏洁,赵进平.2007.白令海—楚科奇海海冰范围变化特征[J].冰川冻土,**29**(1):53-60.

环球军力网[EB/OL].[2012-12-31]. http://www. globalfirepower. com/countries-listing. asp.

环球网.美高官访越南为东南亚国家争夺中国南海撑腰[EB/OL].[2013-01-31]. http:// mil. huanqiu. com/world/ 2009-08/ 552768. html.

黄崇福,庞西磊,杨军民.2010a.自然灾害风险分析的一个导言[C]//长春:中国视角的风险分析和危机反应——中国灾害防御协会风险分析专业委员会第四届年会论文集,102-108.

黄崇福,杨军民,庞西磊.2010b.风险分析的主要方法[C]//长春:中国视角的风险分析和危机反应——中国灾害防御协会风险分析专业委员会第四届年会论文集,51-58.

黄崇福.2001.自然灾害风险分析[M].北京:北京师范大学出版社.

黄勇,李崇银,王颖.2009.西北太平洋热带气旋频数变化特征及其与海表温度关系的进一步研究[J].热带气象学报,**25**(3):273-280.

黄勇,李崇银.2008.近百年西北太平洋热带气旋频数变化特征与ENSO的关系[J].海洋预报,**25**(1):80-87.

黄勇,李崇银.2010.温室气体浓度增加情景下西北太平洋热带气旋变化模拟分析[J].气候与环境研究,**15**(1):1-10.

吉莉,苟思,李光兵.2011.灾害性气象预警服务效应评估的研究[J].安徽农业科学,**39**(23):1420-14201.

季荣耀,罗章仁.2009.广东省海岸侵蚀特征及主因分析[C]//第十四届中国海洋/岸工程学术讨论会论文集.北京:海洋出版社.

季子修.1996.中国海岸侵蚀特点及侵蚀加剧原因分析[J].自然灾害学报,**5**(2):65.

江新风.2008.日本的国家海洋战略[J].外国军事学术,(5):39-42.

姜宁.2010.胜利油田成本动因分析与成本管理体系构建研究[J].胜利油田党校学报,**23**(4):111-114.

鞠海龙,葛红亮.2010.美国"重返"东南亚对南海安全形势的影响[J].世界经济与政治论坛,(1):87-97.

鞠海龙.2010.中国海权战略[M].北京:时事出版社.

孔令杰.2010.大国崛起视角下海洋法的形成与发展[J].武汉大学学报,(1):44-48.

乐肯堂.1998.我国风暴潮灾害风险评估方法的基本问题[J].海洋预报,**15**(3):39-44.

雷小途,徐明,任福民.2009.全球变暖对台风活动影响的研究进展[J].气象学报,**67**(5):679-688.

黎鑫.2010.南海—印度洋海域海洋环境风险分析体系与评估技术研究[D].南京:解放军理工大学.

李兵.2005.国际战略通道研究[D].北京:中共中央党校.

李登峰,许腾.2007.海军作战运筹分析及应用[M].北京:国防工业出版社.

李杰群,赵庆.2010.企业战略风险研究综述[J].生产力研究,(2):239-241.

李金明.2002.南海主权争端现状[J].南洋问题研究,**109**(1):53-65.

李金明.2005.海洋法公约与南海领土争议[J].南洋问题研究,(2):83-89.

李金明.2011.南海领土争议的由来与现状[J].世界知识,(12):26-29.

李金明.2012.南海断续线:中国的岛屿归属线[J].时事资料手册,(4):58-59.

李娟,田宝柱.2011.中国油藏开采速度的研究与对策[R]// Proceedings of the 2011 3rd international conference on information technology and scientific management . ICITSM , 1556-1559.

李克让.1993.中国干旱灾害的分类分级和危险度评价方法研究[M].北京:中国科学技术出版社.

李坤刚.2003.我国洪旱灾害风险管理[J].中国水利B刊,(6):47-48.

李乐.2004论政府间国际制度与国家的关系——以《联合国海洋法公约》与中国为例[J].太平洋学报,(2):83-90.

李立新,徐志良.2006.海洋战略是构筑中国海外能源长远安全的优选国策——缓解"马六甲困局"及其他[J].海洋开发与管理,**4**(3):3-8.

李倩,张韧,姚雪峰.2010.气候变化背景下我国周边海域热带气旋灾害评估与风险区划[J].热带气象学报,**29**(1):143-148.

李倩.2011.全球气候变化对国家海洋战略的影响评估与风险分析[D].南京:解放军理工大学.

李涛.2007.东西伯利亚海海冰面积时空变化特征及相关因素分析[D].青岛:国家海洋局第一海洋研究所.

李维涛,王静,陈丽棠.2003.海堤工程防风暴潮标准研究[J].水利规划与设计,(4):5-9.

李旭.2008.气候变化的响应研究概况[J].广州农业科学,(3):87-90.

李英,陈联寿,张胜军.2004.登陆我国热带气旋的统计特征[J].热带气象学报,(1):14-23.

李志青.2011.从"气候变化"到"应对气候变化"[J].环境经济,(93):24-28.

李中锡,申月红,梁杰,等.2009.用评分方法快速判定建筑潜在抗震性能[J].建筑抗震技术与管理,**27**(增刊):84-88.

李琢.2010.海洋灾害与海上突发事件的风险评估与应急救援[D].南京:解放军理工大学.

联合国环境规划署.2006.全球环境展望年鉴2006[M].北京:中国环境科学出版社:51-52.

联合国人类住区规划署.全球人类住区报告2011——城市与气候变化:政策方向[EB/OL].[2011-05-01].http:// www. unhabitat. org /pmss /listItemDetails. aspx? PublicationID = 3100. 2011-04.

廖永丰,王五一,张莉.2007.城市NO_x人体健康风险评估的GIS应用研究[J].地理科学进展,**26**(4):44-50.

刘勃然.2012.修复与强化:美韩同盟关系的新发展[J].内蒙古大学学报(社会科学版),(3):48-51.

刘长建,杜岩,张庆荣,等.2007.海洋对全球变暖的响应及南海观测证据[J].气候变化研究进展,**3**(3):8-13.

刘殿伯.2002.海洋渔业实用指南[M].徐州:中国矿业大学出版社.

刘俊.2009.关注全球气候变化[M].北京:军事科学出版社.

刘涛,邵东国.2005.水资源系统风险评估方法研究[J].武汉大学学报(工学版),**38**(6):66-71.

刘小艳,孙娴.2009.气象灾害风险评估研究进展[J].江西农业学报,**21**(8):123-125.

刘新立.2006.风险管理[M].北京:北京大学出版社.

刘燕,林良勋,黄忠,等.2009.基于新等级标准中国登陆热带气旋气候及变化特征[J].气象科技,**37**(3):294-300.

刘允芬.2000.气候变化对我国沿海渔业生产影响的评价[J].中国农业气象,**21**(4):1-5.

刘中民,张德民.2004.海洋领域的非传统安全威胁及其对当代国际关系的影响[J].中国海洋大学学报,(4):

60-64.
吕俊杰.2010.信息安全风险管理方法及应用[M].北京:知识产权出版社.
吕学都.2003.我国气候变化研究的主要进展.全球气候变化研究:进展与展望[M].北京:气象出版社.
罗光华,牛叔文.2012.气候变化、收入增长和能源消耗之间的关联分析[J].干旱区资源与环境,**26**(2):20-24.
罗培. 2007.GIS支持下的气象灾害风险评估模型——以重庆地区冰雹灾害为例[J].自然灾害学报,**16**(1):38-44.
罗培.2007.基于GIS的重庆市干旱灾害风险评估与区划[J].中国农业气象,**28**(1):100-104.
马丽萍,陈联寿,徐祥德.2006.全球热带气旋活动与全球气候变化相关特征[J].热带气象学报,**22**(2):147-154.
马修·帕特森.2005.周长银译.气候变化和全球风险社会政治学[J].马克思主义与现实,(6):39-44.
马寅生.2004.地质灾害风险评价的理论与方法[J].地质力学学报,**10**(1):7-18.
毛汉英.1980.北冰洋[M].天津:天津人民出版社.
梅勇,唐云辉,况星.2011.基于GIS技术的重庆市暴雨洪涝灾害风险区划研究[J],中国农学通报,**27**(32):287-293.
牟林,吴德星,周刚,等.2007.温室气体浓度增加情景下大西洋温盐环流的演变[J].地球科学(中国地质大学学报),**32**(1):141-146.
宁锦歌.2009.中美战略对话机制及其对新世纪中美关系的影响[D].石家庄:河北师范大学.
牛叔超,刘月辉,王延贵.1998.气象灾害风险评估方法的探讨[J].山东气象,**71**(1):14-17.
潘根兴,高民,胡国华,等.2011.气候变化对中国农业生产的影响[J].农业环境科学学报,**30**(9):1698-1706.
潘根兴,高民,胡国华,等.2011.应对气候变化对未来中国农业生产影响的问题和挑战[J].农业环境科学学报,**30**(9):1707-1712.
秦大河,丁一汇,苏纪兰.2005.中国气候与环境演变评估[I]:中国气候与环境变化及未来趋势[J].气候变化研究进展,**1**(1):4-8.
曲波.2012.南海周边有关国家在南沙群岛的策略及我国对策建议[J].中国法学,(6):58-67.
屈广清,曲波.2010.海洋法[M].北京:中国人民出版社.
人民网.外媒:印度与东盟通过加强海洋安全合作声明意在制约中国[EB/OL].[2012-12-21].http:// military. people. com.cn /n/2012/1221/c1011-19968548.html.
邵帼瑛,张敏.2006.东南太平洋智利竹筴鱼渔场分布及其与海表温关系的研究[J].上海水产大学学报,**15**(4):470-472.
邵津.2000.国际法[M].北京:北京大学出版社.
申晓辰.2009.印度海洋战略中的海上通道策略[J].外国军事学术,(5):36-60.
沈建华,韩士鑫,樊伟,等.1997.西北太平洋秋刀鱼资源及其渔场[J].海洋渔业,**26**(1):61-65.
施能,魏凤英,封国林,等.1997.气象场相关分析及合成中蒙特卡洛检验方法及应用[J].南京气象学院学报,**20**(3):355-359.
石家铸.2008.海权与中国[M].上海:上海三联书店.
世界银行.2010.2010年世界发展报告:发展与气候变化[M].胡光宇等译.北京:清华大学出版社.
斯蒂芬·沃尔特.2007.联盟的起源[M].周丕启译.北京:北京大学出版社.
四川省建设委员会.GB 50292—1999 民用建筑可靠性鉴定标准[S].
苏桂武,高庆华.2003.自然灾害风险的行为主体特性与时间尺度问题[J].自然灾害学报,**12**(1):9-16.
孙桂丽,陈亚宁,李卫红.2011.新疆极端水文事件年际变化及对气候变化的响应[J].地理科学,**31**(11):1389-1395.
孙家仁,许振成,刘煜,等.2011.气候变化对环境空气质量影响的研究进展[J].气候与环境研究,**16**(16):

805-814.

孙伟,刘少军,田光辉,等. 2009. GIS支持下的海南岛热带气旋灾害风险性评价[J]. 热带作物学报, **30**(8): 1215-1220.

孙湘平. 2006. 中国近海区域海洋[M]. 北京:海洋出版社.

孙星. 2007. 风险管理[M]. 北京:经济管理出版社.

孙智辉,王春乙. 2010. 气候变化对中国国农业的影响[J]. 科技导报, **28**(4):110-117.

覃志豪,徐斌,李茂松,等. 2005. 我国主要农业气象灾害机理与监测研究进展[J]. 自然灾害学报, **14**(2): 61-67.

谭宗琨. 1997. 广西农业气象灾害风险评价及灾害风险区划[J]. 广西气象, **18**(1):44-50.

汤国安,杨昕. 2006. ArcGIS地理信息系统空间分析实验教程[M]. 北京:科学出版社.

唐逸民. 1999. 海洋学(第二版)[M]. 北京:中国农业出版社.

涂永彤,丁铭. 2011. 论水文水资源中气候变化的影响[J]. 吉林农业, **10**:144-144.

王贵霞,李传荣,杨吉华,等. 2004. 山东沿海防护林体系现状及建设对策探讨[J]. 水土保持研究, **11**(2): 117-183.

王化增,迟国泰,程砚秋. 2010. 基于BP神经网络的油气储量价值等级划分[J]. 中国人口·资源与环境, **21**(6):41-46.

王建恒. 2011. 河北省雷电灾害分布特征及风险区划研究[D]. 南京:南京信息工程大学.

王历荣,陈湘舸. 2007. 中国和平发展的海洋战略构想[J]. 求索, (7):33-36.

王历荣. 2009. 国际海盗问题与中国海上通道安全[J]. 当代亚太, (6):128.

王清川,寿绍文,许敏,等. 2010. 廊坊市暴雨洪涝灾害风险评估与区划[J]. 干旱气象, **28**(4):475-482.

王绍武,葛全胜,王芳. 2010. 全球气候变暖争议中的核心问题[J]. 地球科学进展, **25**(6):656-665.

王伟光,郑国光. 2009. 应对气候变化报告(2009):通向哥本哈根[M]. 北京:社会科学文献出版社.

王文晶. 2008. 生物技术投资风险分析[J]. 时代经贸, **6**(21):193.

王逸舟. SARS与非传统安全[EB/OL]. [2004-02-11]. http://www.iwep.org.cn/zhengzhi.

王英俊,刘群燕,蒋国荣,等. 2008. 人类活动影响与三大洋海表水温的变化及数值模拟[J]. 海洋预报, **25**(4): 90-101.

王者茂,刘克秀. 1984. 20种海产经济鱼类在致死状况下——水中溶氧的含量[J]. 海洋渔业, (6):20-24.

韦兴平,石峰,樊景凤,等. 2011. 气候变化对海洋生物及生态系统的影响[J]. 海洋科学进展, **29**(2):241-252.

魏一鸣,金菊良,杨存建,等. 2002. 洪水灾害风险管理[M]. 北京:科学出版社.

文世勇,赵冬至,陈艳拢. 2007. 基于AHP法的赤潮灾害风险评估指标权重研究[J]. 灾害学, **22**(2):9 14.

吴崇伯. 2008. 印度与东盟军事与安全合作试析[J]. 南洋问题研究, (3):24-31.

吴敏. 2012. 浅谈我国海洋发展利用中的环境问题与对策[J]. 前进论坛, (8):54-55.

吴士存. 2005. 纵论南沙争端[M]. 海南:海南出版社.

吴士存. 2010. 南沙争端的起源与发展[M]. 北京:中国经济出版社.

吴兆礼. 2011. 来"五常"去"三国":印度外交空前活跃[J]. 世界知识, (2):25-27.

夏小明. 2012. 中国海岛(礁)名录[M]. 北京:海洋出版社.

谢莉,张振克. 2010. 近20年中国沿海风暴潮强度、时空分布与灾害损失[J]. 海洋通报, **29**(6):690-696.

新华网. 亚太经合组织[EB/OL]. [2013-01-31]. http://news.xinhuanet.com/ziliao/2002-10/11/content_598763.htm.

徐树宝. 2002. 俄罗斯油气储量和资源分类规范及其分类标准[J]. 石油科技论坛, (1):31-37.

徐雨晴,苗秋菊,沈永平. 2009. 2008年:气候持续变暖,极端事件频发[J]. 气候变化研究进展, **5**(1):56-60.

许浩. 2011. 应对气候变化的路径选——基于经济学与人权哲学的理论考察[J]. 云南师范大学学报(哲学社会

科学版），**43**(6)：54-62.
许可.要以百年眼光规划中国海洋战略[EB/OL]．[2011-11-05]．http://junshi.xilu.com/2011/0105/news_343_133577_3.html.
许利平，曾玉仙.2012.试析南海争端及其解决思路——基于国外学者观点的分析[J].太平洋学报.**20**(2)：92-98.
许小峰，顾建峰，李永平.2009.海洋气象灾害[M].北京：气象出版社.
许小峰，王守荣，任国玉.2006.气候变化应对战略研究[M].北京：气象出版社.
许艳.2007.科学循环提升应对海上自然灾害能力[J].中国海事，(5)：20.
杨秋明，李熠，钱玮.2011.南京地区夏季高温日数年际变化的主要模态及其与200hPa经向风的联系[J].气象，**37**(11)：1360-1364.
杨文鹤.2000.中国海岛[M].北京：海洋出版社.
杨晓光，李勇，代姝玮，等.2011.气候变化背景下中国农业气候资源变化IX.中国农业气候资源时空变化特征[J].应用生态学报，**22**(12)：3177-3188.
杨郁华.1983.国外国土整治经验介绍——美国田纳西河是怎样变害为利的[J].地理译报，(3)：1-5.
游松财.2002.全球气候变化对中国未来地表径流的影响[J].第四纪研究，**22**(2)：148-157.
于怀征.2009.山东省雷电活动特征研究及雷电灾害评价[D].兰州：兰州大学.
于文金，吕海燕，张朝林，等.2009.江苏盐城海岸带风暴潮灾害经济评估方法研究[J].生态环境，(7)：154-159.
于昕.2010.马六甲海峡法律环境初探[J].中国海洋大学学报(社会科学版)，(3)：44-48.
余良晖，孙婧，陈光升.2006.透视中国能源消费结构[J].中国国土资源经济，(7)：7-9.
於俐，曹明奎，李克让.2005.全球气候变化背景下生态系统的脆弱性评价[J].地理科学进展，(1)：61-69.
袁俊鹏，江静.2009.西北太平洋热带气旋路径及其与海温的关系[J].热带气象学报，**25**(增刊)：69-78.
詹宁斯·瓦茨.1995.奥本海国际法：第二分册[M].王铁崖译.北京：中国大百科全书出版社.
张波，曲建升.2011.城市对气候变化的影响、脆弱性与应对措施研究[J].开发研究，(5)：93-97.
张翠英，司奉泰，杨旭，等.2011.鲁西南木本植物物候期对气候变化的响应[J].中国农业气象，**32**(S1)：5-8.
张继权，冈田宪夫，多多纳裕一.2006.综合自然灾害风险管理——全面整合的模式与中国的战略选择[J].自然灾害学报，**15**(10)：29-37.
张继权，李宁.2007.主要气象灾害风险评价与管理的数量化方法及其应用[M].北京：北京师范大学出版社.
张继权，魏民.1994.加权综合评分法在区域玉米生产水平综合评价与等级分区中的应用[J].经济地理，**14**(5)：19-21.
张军等.2005.军事气象学[M].北京：气象出版社.
张利平，杜鸿，夏军，等.2011.气候变化下极端水文事件的研究进展[J].地理科学进展，**30**(11)：1370-1379.
张世平.2009.中国海权[M].北京：人民日报出版社.
张铁根.2009.南海问题现状与前瞻[J].亚非纵横，(5)：30-34.
张晓芝.2008.论现代国际法对主权的强化与弱化[J].西北大学学报，**38**(6)：130-137.
张月鸿，吴绍洪，戴尔阜，等.2009.气候变化的新型分类[J].地理研究，**27**(4)：763-774.
章国材.2009.气象灾害风险评估与区划方法[M].北京：气象出版社.
赵枫，等.南海问题的国际道义研究[M].北京：军事谊文出版社，2010.
赵建文.2003.联合国海洋法公约与中国在南海的既得权利[J].法学研究，(2)：147-160.
赵进平.2010.北极海冰缩减对海洋生物的影响[J].大自然，(4)：12-14.
郑莉.2011.欧盟等发达国家应对气候变化法律制度探析[J].生态经济，(11)：172-176.
政协委员尹卓提案建议制定国家海洋战略(2010)[EB/OL]．[2010-03-09]．http://news.qq.com/a/

20100309/ 000049. htm.

中国国家发展和改革委员会. 2007. 中国应对气候国家方案[R].

《中国海岛》编委会. 2000. 中国海岛[M]. 北京:海洋出版社.

中国海军百科全书编审委员会. 1998. 中国海军百科全书[M]. 北京:海潮出版社.

中国海洋行政执法公报 2010[EB/OL]. [2013-01-15].]http://www. soa. gov. cn/zwgk/hygb/zghyxzzfgb/201211/t20121105_5580. html.

中国气候变化信息网[EB/OL]. [2013-01-31]. file:///D:/My%20Documents/论文/中国气候变化信息网. mht.

中国知网. 中国统计年鉴数据库[EB/OL]. [2013-01-31]. http://tongji. cnki. net/kns55/index. aspx.

中华人民共和国建设部. GB 50144—2008 工业建筑可靠性鉴定标准[S].

钟万强. 2004. 雷电灾害风险评估的参数研究与模型设计[D]. 南京:南京气象学院.

周成虎,万庆,黄诗峰,等. 2000. 基于 GIS 的洪水灾害风险区划研究[J]. 地理学报, **55**(1):15-24.

周俊华,史培军,范一大,等. 2004. 西北太平洋热带气旋风险分析[J]. 自然灾害学报, **13**(3):146-151.

周亮亮. 2012. 深刻理解石油对外依存度背后的丰富信息[J]. 经济界, (3):81-85.

周天军,俞永强,刘喜迎,等. 2005. 全球变暖形势下的北太平洋副热带—热带浅层环流的数值模拟[J]. 自然科学进展, **15**(3):367-371.

周晓俊. 2001. 油气储量价值分级评价与风险分析[D]. 天津:天津大学.

周忠海. 2004. 论海洋法中的剩余权利[J]. 政法论坛, **22**(5):174-186.

朱金龙. 1997. 海洋环境条件对石油开发的影响[J]. 中国海洋平台, **12**(1):33-39.

朱妮特. 2010. 气候变化问题中的小岛国联盟研究——对三个印度洋小岛国的案例研究[D]. 广州:中山大学.

邹晶. 2011. 世界银行与气候变化——访世界银行气候变化特使安德鲁斯蒂尔先生[R]. 世界环境, (6):14-16.

Z. W. 昆兹威克斯,梁静静,柯学莎. 2011. 多因素影响下的气候变化与河流水质[J]. 水利水电快报, **32**(11):1-5.

左书华,李蓓. 2008. 近 20 年中国海洋灾害特征、危害及防治对策[J]. 气象与减灾研究, (4):28-33.

ADB(Asian Development Bank). 2007. Country strategy and programme update maldives (2007—2011) . 9.

Albon S D, Stien A , Irvine R J, *et al*. Halvorsen. 2002. The role of parasites in the dynamics of a reindeer population [J]. *P. Roy. Soc. Lond.* ,269:1625-1632.

Andrews K R. 1971. The concept of corporate strategy[M]. Homewood I L: Dow Jones-Irwin.

Arceo H O, Quibilan M C, Alino P M, *et al*, 2001, Coral bleaching in Philippine reefs: coincident evidences with mesoscale thermal anomalies[J]. *Bulletin of Marine Science*, **69**(2):579-593.

Atkinson A, Siegel V, Pakhomov E , *et al*. 2004. Long-term decline in krill stock and increase in salps within the Southern Ocean [J]. *Nature*, 432:100-103.

Aven T. 2007. A unified framework for risk and vulnerability analysis and management covering both safety and security[J]. *Reliability Engineering and System Safety*, **92**:745-754.

Bindoff N L, Willebrand J, *et al*. 2007. Observations: Oceanic Climate Change and Sea Level. In: *Climate Change 2007: The Physical Science Basis*. Contribution of Working Group I to the Fourth Assessment Report of the Intergovernmental Panel on Climate Change [Solomon, S. , D. Qin, M. Manning, Z. Chen, M. Marquis, K. B. Averyt, M. Tignor and H. L. Miller (eds.)]. Cambridge University Press, Cambridge, United Kingdom and New York, NY, USA.

Bruun P. 1962. Sea-level rise as a cause of shore erosion [J]. *Journal of theWaterways and Harbors Division*, **88**:117-130.

Carton J A, Giese B S, Grodsky S A. 2005. Sea level rise and the warming of the oceans in the Simple Ocean Data Assimilation (SODA) ocean reanalysis [J]. *Journal Geophysical Research* , **110**:C09006.

Chan J C L. 2006. Comment on "changes in tropical cyclone number, duration, and intensity in a warming environment"[J]. *Science* ,**311**:1713b.

Church J A,White N J, Hunter J R. 2006. Sea-level rise at tropical Pacific and Indian Ocean islands [J]. *Global and Planetary Change* ,**53**(3):155-168.

Countries ranked by military strength. [EB/OL]. [2013-01-05]. http: // www. globalfirepower. com/ countries-comparison. asp.

Davidson R A, Lamber K B. 2001. Comparing the hurricane disaster risk of U. S. coastal counties [J]. *Natural Hazards Review* ,**8**:132-142.

Deyle R E,French S P,Olshansky R B,*et al*. 1998. Hazard assessment: the factual basis for planning and mitigation[A]. In: R. J. Bushy(ed.), *Cooperating wish Nature: Con-fronting Natural Hazards wish Land-Use Planning for Sustainable Communities* [C], Washington, D. C.: Joseph Henry Press, 119-166.

Diaz R J,Rosenberg R. 2008. Spreading dead zones and consequences for marine ecosystems[J]. *Science* ,**321**: 926-929.

Dilley M, *et al*. 2005. Natural disaster hotspots: a global risk analysis[M]. Washington DC.: The World Bank and Columbia University.

Edwards R. 2008. Sea levels:science and society[J]. *Progress in Physical Geography*, **32**(5):557-574.

Emanuel K. 2000. A statistical analysis of tropical cyclone intensity [J]. *Monthly Weather Review*, **128**(4): 1139-1152.

Emanuel K. 2005. Increasing destructiveness of tropical cyclones over the past 30 years[J]. *Nature*, **436**:686-688.

Food and Agriculture Organization, FAO profile for climate change [EB/ OL]. [2009-07-21]. http://www.fao. org/docrep/fao/012/ak914e/ak914e00.

Gruza G, Rankova E, Razuvaev V. 1999. Indicators of climate change for the Russian federation[J]. *Climatic Change*, **42**:219-242.

Habermas J. 1989. *The structural transformation of the public sphere*[M]. Cambridge: MIT Press.

HaimesY Y. 2009. On the complex definition of risk: a systems-based approach[J]. *Risk Analysis*, **29**(12): 1647-1654.

Helmuth B,Hofmann G E. 2000. Defining thermal stress in the rocky intertidal:linking ecology and physiology through biophysics[J]. *American Zoologist*, **40**:1051.

Howard K, Richard J R. 1998. Paying the price, the status and role of insurance against natural disaster in the United States [M]. Washington: Joseph Henry Press.

Hurst N W. 1998. *Risk Assessment: the Human Dimension*[M]. Cambridge: The Royal Society of Chemistry: 1-101.

IPCC (Intergovernmental Panel on Climate Change). 2007. *Climate Change* 2007: *Synthesis report*. Contribution of Working Groups I, II, and III to the Fourth Assessment Report of the Intergovernmental Panel on Climate Change [R]. Cambridge: Cambridge University Press.

IPCC. 2007. *Climate Change* 2007:*Impacts,Adaptation and Vulnerability-working Group II* contribution to IPCC Fourth Assessment Report. London:Cambridge University Press.

IPCC. 2007. Observations: Surface and Atmospheric Climate Change. In: *Climate Change* 2007: *The Physi-*

cal Science Basis. Contribution of Working Group I to the Fourth Assessment Report of the Intergovernmental Panel on Climate Change [M]. Cambridge, United Kingdom and New York, NY, USA: Cambridge University Press.

IPCC. 2007. Summary for Policymakers. In: *Climate Change 2007: The Physical Science Basis*. Contribution of Working Group I to the Fourth Assessment Report of the Intergovernmental Panel on Climate Change [M]. Cambridge, United Kingdom and New York, NY, USA: Cambridge University Press.

ISDR. Living with Risk: A Global Review of Disaster Reduction Initiatives [EB/ OL]. www. unisdr. org. 2004.

Juday G P, Barber V, Duffy P, *et al*. 2005. *Forests, land management, and agriculture* [M]. Arctic Climate Impact Assessment, Cambridge: Cambridge University Press: 781-862.

Kaplan S, Garrick B J. 1981. On the quantitative definition of risk[J]. *Risk Analysis*, **1**(1): 11-27.

Kerr R A. 2002. Whither Arctic Ice? Less of it, for sure[J]. *Science*, **297**(5586): 1491

Knuson T R, Tuleya R E, Kurihara Y. 1998. Simulated increase of hurricane intensities in a CO_2 warmed climate [J]. *Science*, **279**(5353): 1018-1020.

Kolluru R V, Bartell S M,. Pitblado R M, *et al*. 1996. *Risk assessment and management handbook*. New York: McGraw-Hill Inc.

Krishnamuri T N, Correa-Torres R, Latif M, *et al*. 1998. The impact of current and possibly future SST anomalies on thy frequency of Atlantic hurricanes [J]. *Tellus*, **50**(2): 186-210.

Lirer L, Petrosino P, Alberico I. 2001. Hazard assessment at volcanic fields: the Campi Flegrei case history [J]. *Journal of Volcanology and Geothermal Research*, **112**: 53-73.

Lowrance W. 1976. *Acceptable risk-science and the determination of safety* [M]. Los Altos, CA: William Kaufmann Inc.

Marotzke J. 2000. Abrupt climate change and thermohaline circulation: Mechanisms and predictability[J]. *Proceedings of the National Academy of Sciences of the United States of America*, **97**(4): 1347-1350.

Maskrey A. 1989. *Disaster Mitigation: A Community Based Approach* [M]. Oxford: Oxfam: 1-100.

McCabe G J, Clark M P, Serreze M C, 2001. Trends in Northern Hemisphere surface cyclone frequency and intensity[J]. *J. Climate*, **14**(12): 2763-2768.

Morton R A, Miller T L, Moore L J. 2004. *National assessment of shoreline change: Part 1 Historical shoreline changes and associated coastal land loss along the U. S. Gulf Of Mexico* [R]. Open File Report 2004-1043. U. S. Geological Survey.

Nath B, Hens L, Compton P, *et al*. 1996. *Environmental Mannagement* [M]. Beijing: Chinese Environmental Science Publishing House.

Okude A S, Ademiluyi I A. 2006. Coastal erosion phenomenon in Nigeria: Causes, control and implications [J]. *World Applied Sciences Journal*, **1**(1): 44-51.

Oppenheimer M, Alley R B. 2005. Ice sheets, global warming, and Article 2 of the UNFCCC [J]. *Climate Change*, 68: 257-267.

Oschlies A, Schuiz K G, Riebesell U, et al. 2008. Simulated 21st century's increase in oceanic suboxia by CO_2-enhanced biotic carbon export [J]. *Global Biogeochemical cycles*, **22**: GB4008.

OTI'Ersen G, Stenseth N C. 2001. Atlantic climate governs oceanographic and ecological variability in the Barents Sea[J]. Oceanography, **46**(7): 1774-1780.

Pielke R A Jr, Landsea C, Mayfield M, *et al*. 2005. Hurricanes and global warming[J]. *American Meteorological Society*, **86**(11): 1571-1575.

Rosa E A. 1998. Metatheoretical foundations for post-normal risk[J]. *Journal of Risk Research*, **1**(1):15-44.

Saunders M A, Lea A S. 2008. Large contribution of sea surface warming to recent increase in Atlantic hurricane activity[J]. *Nature*, **451**:557-560.

Smith K. 1996. *Environmental hazards: assessing risk and reducing disaster* [M]. London: Routledge: 1-389.

Solomon S. Qin D, Manning M, et al. 2007. *Climate change* 2007: *The physical science basis*. Contribution of working group I to the fourth assessment report of the intergovernmental panel on climate change[R]. Cambridge: Cambridge University Press: 996.

Sprintall J. 2008. Long-term trends and interannual variability of temperature in Drake Passage[J]. *Progress in Oceanography*, **77**(4):316-330.

The Royal society. 2005. Ocean acidification due to increasing atmospheric carbon dioxide[EB/OL]. http://royalsociety. org/ocean-acidification-due-to-increasing-atmospheric-carbon-dioxide.

Tobin C, Montz B E. 1997. *Natural Hazards: Explanation and Integration*[M]. New fork: The Guilford Press: 1-388.

Trefor M. Briefing: China's other navies[N]. [2012-07-05]. Jane's Defance weekly.

Trenberth K E, Jones P D, *et al*. 2007. Observations: Surface and Atmospheric Climate Change. In: *Climate Change* 2007: *The Physical Science Basis*. Contribution of Working Group I to the Fourth Assessment Report of the Intergovernmental Panel on Climate Change [Solomon, S., D. Qin, M. Manning, Z. Chen, M. Marquis, K. B. Averyt, M. Tignor and H. L. Miller (eds.)]. Cambridge University Press, Cambridge, United Kingdom and New York, NY, USA.

United Nations, Department of Humanitarian Affairs. Internationally Agreed Glossary of Basic Terms Ralated to Disaster Management, DNA/93/36, Geneva, 1992.

United Nations. 1991. Department of Humanitarian Affairs. *Mitigating Natural Disasters: Phenomena Effects and options—A Manual for Policy Makers and Plannersp*[M]. New York: United Nations: 1-164.

Vilhjálmsson H, Håkon Hoel A, Agnarsson A, *et al*. 2005. Fisheries and aquaculture. *Arctic Climate Impact Assessment*, 691-780.

Walther G R, Post E, Convey P, *et al*. 2002. Ecological responses to recent climate change[J]. *Nature*, **416**: 389-395.

Webster P J, Holland G J, Curry J A, *et al*. 2005. Change in Tropical Cyclone Number, During, and Intensity in a Warming Environment[J]. *Science*, **309**(5742):1844-1846.

Whitehouse M J, Meredith M P, Rother Y P, *et al*. 2008. Rapid warming of the ocean around south Georgia, Southern ocean, during the 20th century: forcings, characteristics and implications for lower trophic levels [J]. *Deep sea Research Part I: Oceanographic Research Papers*, **55**(10):1218-1228.

Yue J, Dong Y, Chen M C, *et al*. 2011. Sea level change and forecast in the future-climate of the past, today and the future[J]. *Marine Science Bulletin*, **13**(2):33-50.

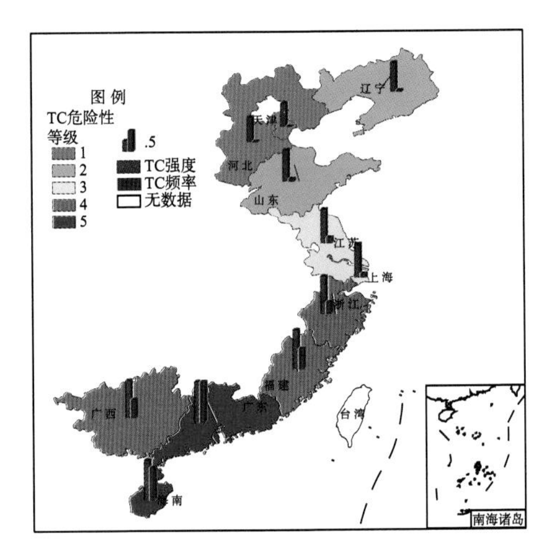

图 7.2 我国沿海地区热带气旋危险性等级区划

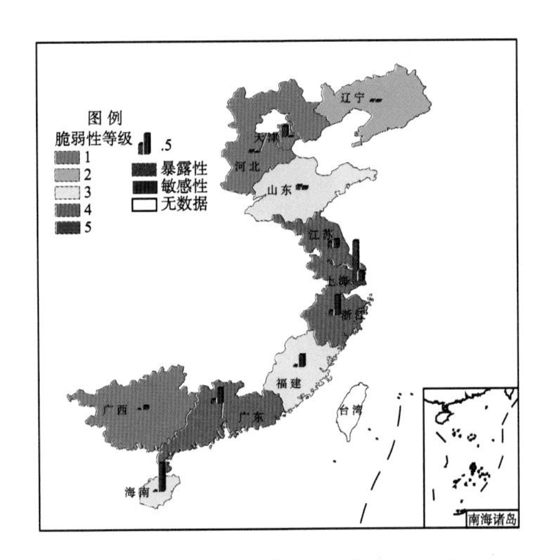

图 7.3 我国沿海地区热带气旋脆弱性等级区划

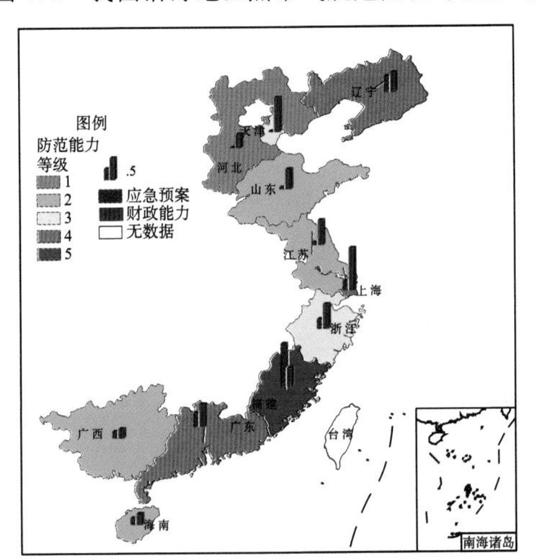

图 7.4 我国沿海地区热带气旋防范能力等级区划

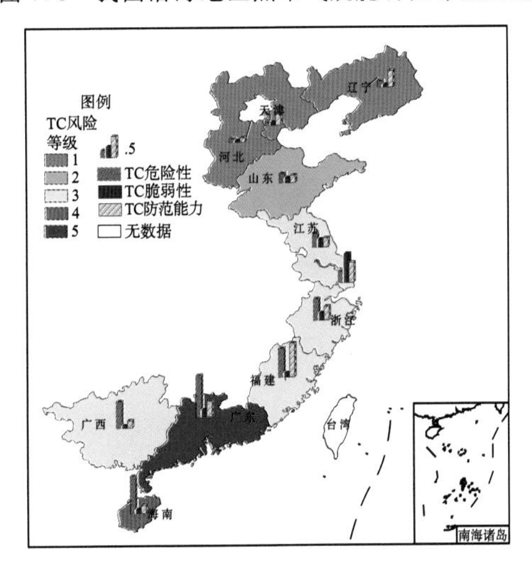

图 7.5 我国沿海地区热带气旋灾害风险等级区划

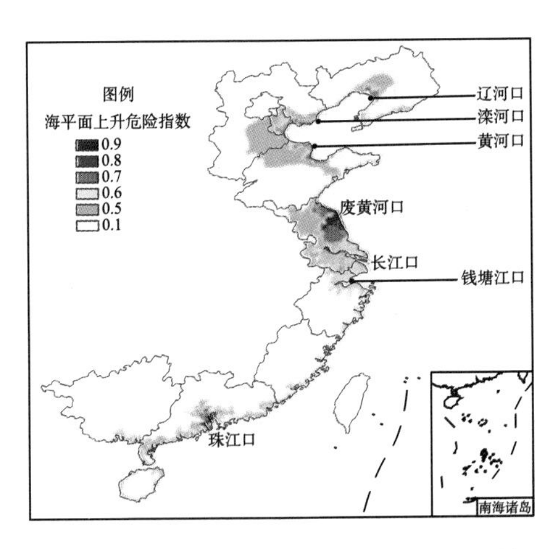

图 7.8 我国沿海地区海平面上升危险指数地理分布图

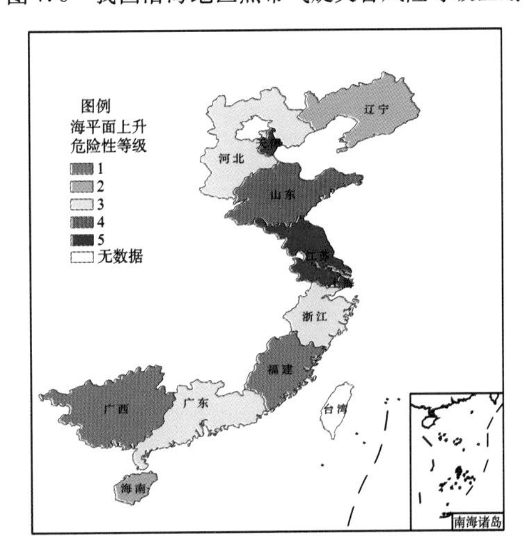

图 7.10 我国沿海地区海平面上升危险性等级区划

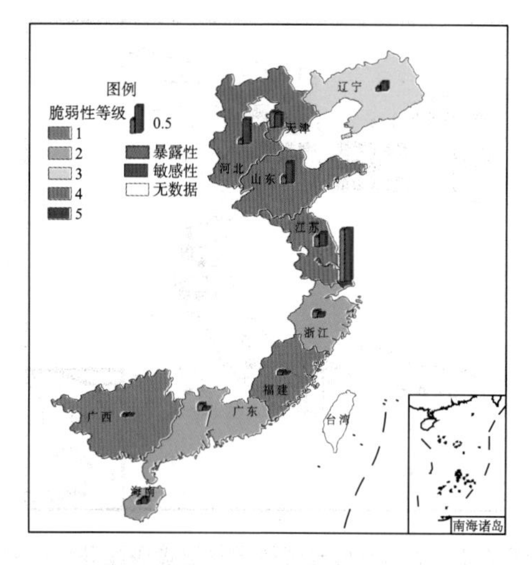

图 7.11　我国沿海地区海平面上升脆弱性等级区划

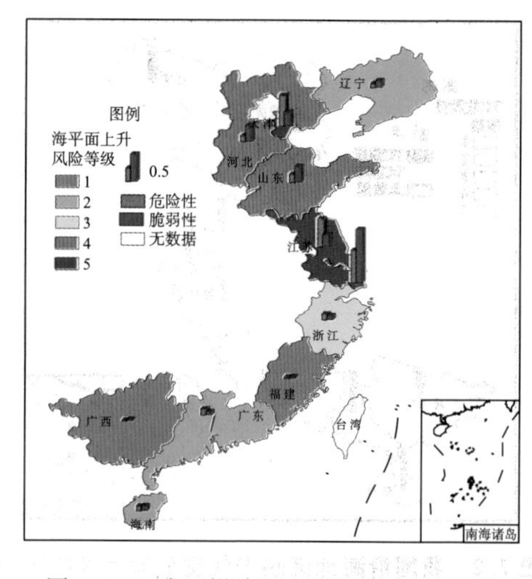

图 7.12　我国沿海地区海平面上升风险等级区划

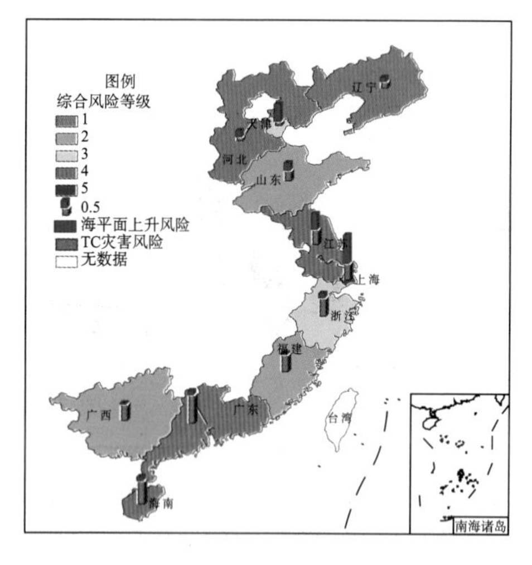

图 7.14　气候变化背景下我国沿海经济发展风险等级区划

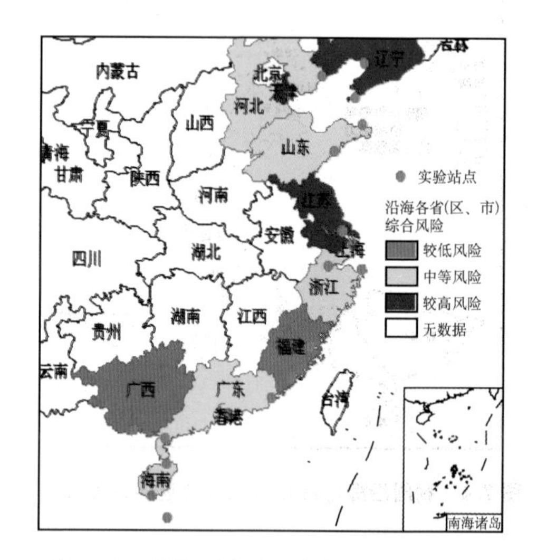

图 7.15　沿海军事基地气候变化综合风险实验区划

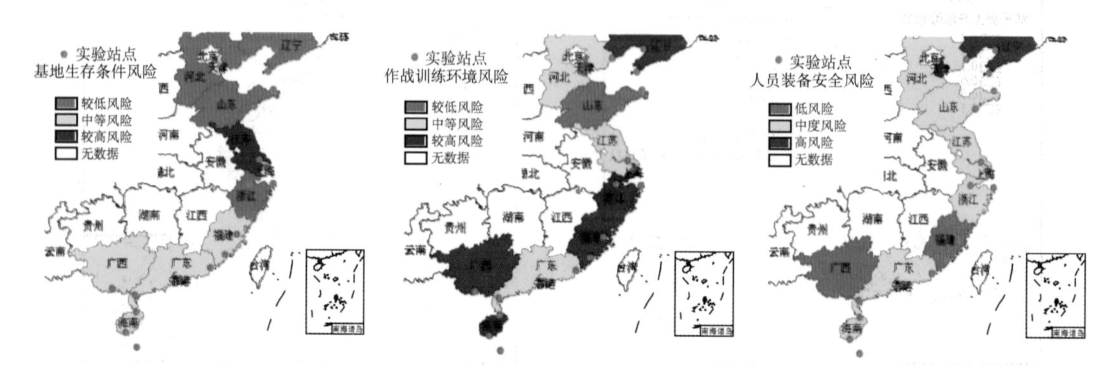

图 7.16　沿岸军事基地风险特征指标区划

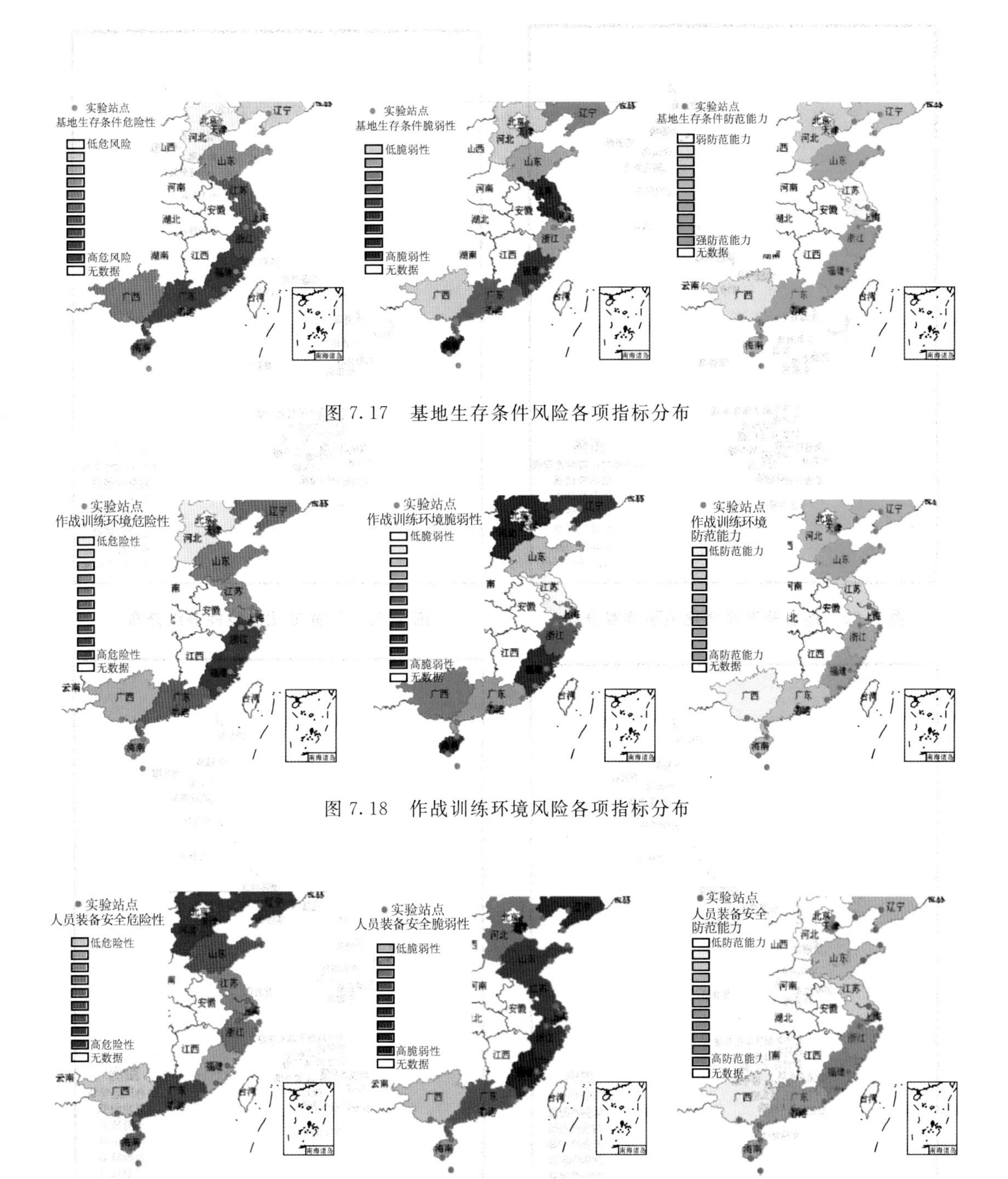

图 7.17　基地生存条件风险各项指标分布

图 7.18　作战训练环境风险各项指标分布

图 7.19　人员装备安全风险各项指标分布

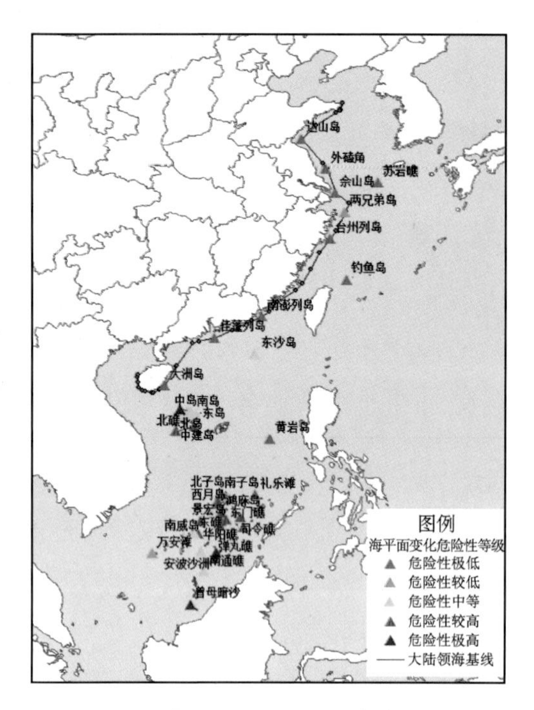

图 7.22　岛礁海平面变化危险等级分布

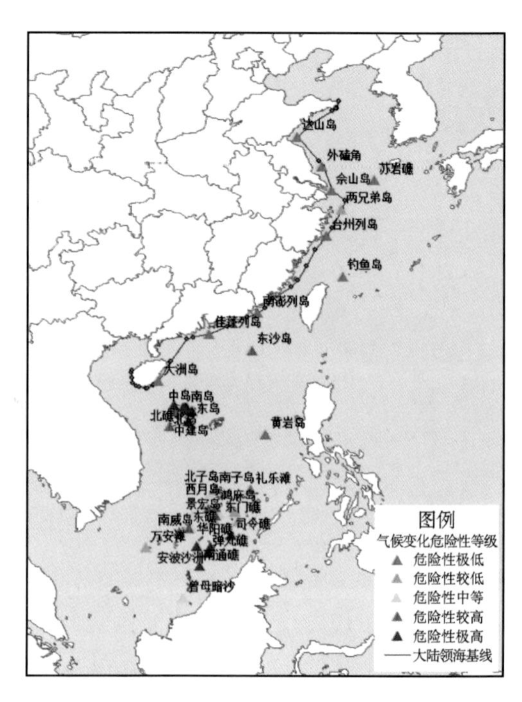

图 7.23　气候变化危险性等级分布

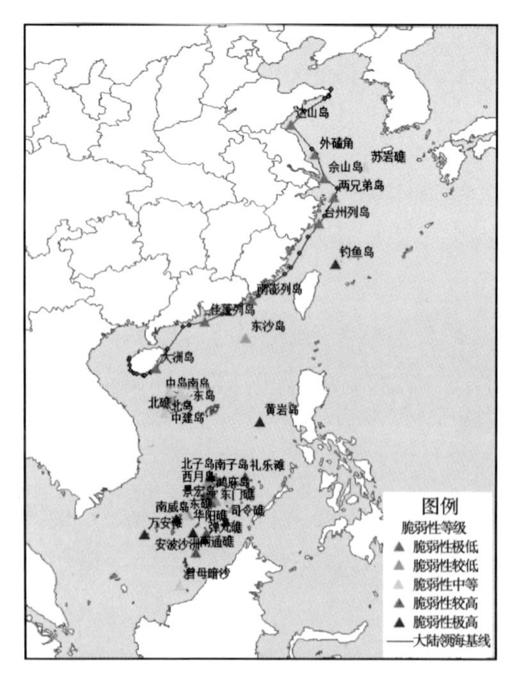

图 7.24　岛礁主权争端脆弱性分布

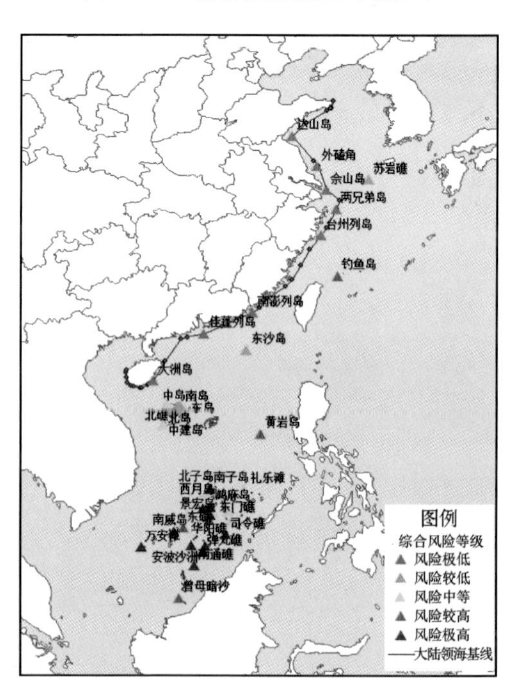

图 7.25　气候变化背景下岛礁主权争端风险分布